建筑工程管理与建筑设计研究

梁万波　徐　征　吕沐轩　著

图书在版编目（ＣＩＰ）数据

建筑工程管理与建筑设计研究 / 梁万波，徐征，吕
沐轩著. -- 长春：吉林科学技术出版社，2022.9
ISBN 978-7-5578-9713-0

Ⅰ．①建… Ⅱ．①梁… ②徐… ③吕… Ⅲ．①建筑工
程－工程管理－研究②建筑设计－研究 Ⅳ．①TU71
②TU2

中国版本图书馆 CIP 数据核字(2022)第 177757 号

建筑工程管理与建筑设计研究

著　　　梁万波　徐　征　吕沐轩
出 版 人　宛　霞
责任编辑　周振新
封面设计　南昌德昭文化传媒有限公司
制　　版　南昌德昭文化传媒有限公司
幅面尺寸　185mm×260mm
字　　数　330 千字
印　　张　15.5
印　　数　1－1500 册
版　　次　2022年9月第1版
印　　次　2023年4月第1次印刷

出　　版　吉林科学技术出版社
发　　行　吉林科学技术出版社
地　　址　长春市福祉大路5788号
邮　　编　130118
发行部电话/传真　0431-81629529 81629530 81629531
　　　　　　　　　81629532 81629533 81629534
储运部电话　0431-86059116
编辑部电话　0431-81629518
印　　刷　三河市嵩川印刷有限公司

书　　号　ISBN 978-7-5578-9713-0
定　　价　110.00元

《建筑工程管理与建筑设计研究》
编审会

前言 PREFACE

我国经济的快速发展推动了城市建筑的持续创新，随着新型城市化与城镇化的出现，现代建筑设计理念也在发生着质的转变，建筑设计思路更加开阔，设计理念更加创新，设计方向更加多元化。而建筑设计新理念的提出，要求我们要用发展的眼光去看待和接受新的设计理念，变革对建筑设计的认知。

现代建筑设计理念主要是指借助现代先进的建筑材料、建筑施工技术与现代先进科技，在保证建筑基本使用功能的前提下，从节能、建筑艺术、环保、人文精神等多方面对建筑进行创意性设计，从而达到功能与"艺术"的和谐。现代建筑设计创意性思维本质上涵盖了多方面的创造因素，这些新的理念不但来自外界因素给予的灵感，也在一定程度上结合了建筑师个人的风格、爱好及其他特性，这些个人因素也是现代建筑设计新理念中不可或缺的部分，它在某种程度上表现了建筑设计的来源与动力，同时也是建筑设计新理念中想象力充分发挥的基本思路。

建筑设计是建筑工程的核心，对建筑工程具有重要的意义，只有有效的管理和做好工程设计，才能更好地实施建筑的所有步骤。由此可见，两者与建筑工程的质量息息相关，而建筑工程的质量不仅关系到企业的生死存亡，也时刻关系人们的生命财产安全，只有两者协调并进的良好发展，才能使建筑行业得到更快的发展与提高，所以对两者的结合研究就显得尤为重要。

本书是关于建筑工程管理与建筑设计方面研究的著作，首先对建筑工程管理的概念与发展进行简要概述，依次对现代建筑工程的成本管理、质量管理、合同管理、安全管理、环境管及风险管理几个方面做了介绍；然后对建筑设计的相关问题进行梳理和分析，包括建筑设计的基本原理、建筑内部空间组合设计以及建筑外部空间设计及群体组合等几个方面的探讨。本书论述严谨，结构合理，条理清晰，内容丰富，其不仅能够为建筑工程学提供翔实的理论知识，同时能为当前的工程管理以及设计相关理论的深入研究提供借鉴。

由于时间仓促，加之水平有限，难免存在纰漏之处，恳请读者提出宝贵意见。

目录 CONTENTS

第一章 建筑工程管理

第一节 项目与建筑工程项目

一、项目

（一）项目的概念

项目是指在一定约束条件（资源、时间、质量）下，具有特定目标的一次性活动。关于项目的定义很多，许多相关组织都给项目下过定义。比较典型的有：（1）美国项目管理协会（PMI）对项目的定义为：项目是为提供某项独特产品、服务或成果所做的临时性努力。（2）英国标准化协会（BSI）发布的《项目管理指南》一书对项目的定义为：具有明确的开始和结束点、由某个人或者某个组织所从事的具有一次性特征的一系列协调活动，以实现所要求的进度、费用以及各功能因素等特定目标。（3）国际质量管理标准 ISO10006 对项目的定义为：具有独特性的过程，有开始和结束日期，由一系列相互协调和受控的活动组成。过程的实施是为达到规定的目标，包括满足时间、费用和资源约束条件。

项目可以是建造一栋大楼、一个工厂、一个体育馆，开发一个油田，或者建设一座水坝，像国家大剧院的建设、三峡工程建设都是项目；项目也可以是一项新产品的开发、一项科研课题的研究，或一项科学试验，像新药的研制、转基因作物的实验研究等。

从上述定义可以看出，项目可以是一个组织的任务或努力，也可以是多个组织的共同努力，它们可以小到只涉及几个人，也可以大到涉及几百人，甚至可以大到涉及成千上万的人员。项目的时间长短也不同，有的在很短时间内就可完成，有的需要很长时间，甚至很多年才能够完成。实际上，现代项目管理所定义的项目包括各种组织所开展的一次性、独特性的任务或活动。

（二）项目的特征

尽管项目的定义多种多样，但都具有一些共同的特征。

1. 项目具有一次性

任何项目都有确定的起点和终点，而不是持续不断地工作。从这个意义来讲，项目都是一次性的。因此，项目的一次性可以理解为：每一个项目都有自己明确的时间起点和终点，都是有始有终的；项目的起点是项目开始的时间，项目的终点是项目目标已经实现，或者项目目标已经无法实现，从而中止项目的时间；项目的一次性和项目持续时间的长短无关，不管项目持续多长时间，一个项目都是有始有终的。

2. 项目具有目标性

项目目标性是指任何一个项目都是为实现特定的组织目标服务的。因此，任何一个项目都必须根据组织目标确定出项目的目标。这些项目目标主要分两个方面：一是有关项目工作本身的目标，二是有关项目可交付成果的目标。例如，就一栋建筑物的建设项目而言，项目工作的目标包括项目工期、造价和质量等，项目可交付成果的目标包括建筑物的功能、特性、使用寿命和使用安全性等等。

3. 项目具有独特性

项目独特性是指项目所生成的产品或服务与其他产品或服务相比都具有一定的独特之处。每个项目都有不同于其他项目的特点，项目可交付成果、项目所处地理位置、项目实施时间、项目内部和外部环境、项目所在地的自然条件和社会条件等都会存在或多或少的差异。

4. 项目具有特定的约束条件

每个项目都有自己特定的约束条件，可以是资金、时间、质量等，也可是项目所具有的有限的人工、材料和设备等资源。

5. 项目的实施过程具有渐进性

渐进性（也称"复杂性"）意味着分步实施、连续积累。由于项目的复杂性，项目的实施过程是一个阶段性过程，不可能在短时间内完成，其实施过程要经过不断的修正、调整和完善。项目的实施需要持续的资源投入，逐步积累才可以交付成果。

6. 项目的其他特性

项目除上述特性以外还有其他一些特性，如项目的生命周期性、多活动性，项目组织的临时性等。从根本上讲，项目包含着一系列相互独立、相互联系、相互依赖的活动，包括从项目的开始到结束整个过程所涉及的各项活动。另外，项目组织的临时性也主要是由于项目的一次性造成的。项目组织是为特定项目而临时组建的，一次性的项目活动结束以后，项目组织就会解散，项目组织的成员需要重新安排。

（三）项目生命周期

项目作为一种创造独特产品与服务的一次性活动是有始有终的，项目从始至终的整个过程构成了一个项目的生命周期。对于项目生命周期也有一些不同的定义，其中，美国项目管理协会（PMI）对项目生命周期的定义表述为："项目是分阶段完成的一项独特性的任务，一个组织在完成一个项目时会将项目划分成一系列的项目阶段，以便更好地管理和控制项目，更好地将组织的日常运作与项目管理结合在一起。项目的各个阶段放在一起就构成了一个项目的生命周期。"

这一定义从项目管理的角度，强调项目过程的阶段性和由项目阶段所构成的项目生命周期，这对开展项目管理是非常有利的。

项目生命周期的定义还有许多种，但是基本上大同小异。然而，在对项目生命周期的定义和理解中，必须区分两个完全不同的概念，即项目生命周期和项目全生命周期的概念。

项目全生命周期的概念可以用英国皇家特许测量师协会 RICS（Royal Institute of Charted Surveyors）所给的定义来说明。具体表述为："项目全生命周期是包括整个项目的建造、使用（运营）以及最终清理的全过程。项目的全生命周期一般可划分成项目的建造阶段、使用（运营）阶段和清理阶段。项目的建造、使用（运营）和清理阶段还可以进一步划分为更详细的阶段，这些阶段构成一个项目的全生命周期。"由这个定义可以看出，项目全生命周期包括项目生命周期（建造周期）和项目可交付成果的生命周期 [从使用（或运营）到清理的周期] 两个部分，而项目生命周期（建造周期）只是项目全生命周期中的项目建造阶段。

二、建筑工程项目

（一）建筑工程项目的界定

建筑工程项目是一项固定资产投资，它是最为常见的，也是最为典型的项目类型，属于投资项目中最为重要的一类，是投资行为和建设行为相结合的投资项目。这里所定义的工程项目主要是由建筑工程及安装工程（以建筑物为代表）和土木工程（以公路、铁路、桥梁等为代表）共同构成，因此也可称为"建设工程项目"。

建筑工程项目一般经过前期策划、设计、施工等一系列程序，在一定的资源约束条件下，形成特定的生产能力或使用效能并且形成固定资产。

（二）建筑工程项目的分类

建筑工程项目种类繁多，可以从不同的角度进行分类。

1. 按投资来源

可分为政府投资项目、企业投资项目、利用外资项目及其他投资项目。

2. 按建设性质

可分为新建项目、扩建项目、改建项目、迁建项目与技术改造项目。

3. 按项目用途

可分为生产性项目和非生产性项目。

4. 按项目建设规模

可分为大型、中型和小型项目。

5. 按产业领域

可分为工业项目、交通运输项目、农林水利项目、基础设施项目和社会公益项目等。

不同类别的工程项目，在管理上既有共性要求，又存在着一些差别。

（三）建筑工程项目的构成

建筑工程项目一般可以分为单项工程、单位工程、分部工程和分项工程。

1. 单项工程

是指具有独立的设计文件，建成后能够独立发挥生产能力并获得效益的一组配套齐全的工程项目。

2. 单位工程

是指具有独立的设计文件，独立的施工条件并且能形成独立使用功能的工程项目。它是单项工程的组成部分。

3. 分部工程

是单位工程的组成部分。一般按专业性质、工程部位或特点、功能和工程量确定。工业与民用建筑工程的分部工程通常包括地基与基础、主体结构、建筑装饰装修、屋面工程、建筑给水排水及采暖、通风和空调、建筑电气、建筑智能化、建筑节能和电梯分部工程。

4. 分项工程

是分部工程的组成部分。一般按主要工种、材料、施工工艺和设备类别等进行划分。如混凝土结构工程中按主要工种分为模板工程、钢筋工程、混凝土工程等分项工程。

（四）建筑工程项目的特点

建筑工程项目除具有一般项目的基本特征外，还具有如下特征：

1. 工程项目投资大

一个工程项目的资金投入少则几百万元，多则上千万元、数亿元。

2. 建设周期长

由于工程项目规模大，技术复杂，涉及的专业面广，投资回收期长，因此，从项目决策、设计、建设到投入使用，少则几年，多则十几年。

3. 不确定因素多，风险大

工程项目由于建设周期长，露天作业多，受外部环境影响大，所以，不确定因素多，风险大。

4. 项目参与人员多

工程项目是一项复杂的系统工程，参与的人员众多。这些人员来自不同的参与方，他们往往涉及不同的专业，并在不同的层次上进行工作，其主要的人员包括建设单位人员、建筑师、结构工程师、机电工程师、项目管理人员、监理工程师、其他咨询人员等。另外，还涉及行使工程项目监督管理的政府建设行政主管部门以及其他相关部门的人员。

（五）建筑工程项目建设生命周期

将建筑工程项目实施的各个不同阶段集合在一起就构成一个工程项目建设的生命周期。即从工程项目建设意图产生到项目启用的全过程，它包括了项目的决策阶段和项目的实施阶段。

建筑工程项目全生命周期是指从工程项目建设意图产生到工程项目拆除清理的全过程，它包括项目的决策阶段、项目的实施阶段、项目使用（运营）和清理阶段。

决策阶段工作是确定项目的目标，包括投资、质量和工期等。实施阶段工作是完成建设任务并使项目建设的目标尽可能实现。使用（运营）阶段工作是确保项目的使用（运营），使项目能够保值和增值。清理阶段工作是工程项目的拆除和清理。

第二节　建设工程管理类型与任务

一、工程管理类型

（一）业主方项目管理

业主方的项目管理是全过程的，包括项目策划决策与建设实施阶段的各个环节。由于建设工程项目属于一次性任务，业主或建设单位自行进行项目管理往往存在很大的局限性。首先，在技术和管理方面，业主或者建设单位缺乏配套的专业化力量；其次，即使业主或建设单位配备完善的管理机构，没有连续的工程任务也是不经济的。在计划经济体制下，每个建设单位都建立一个筹建处或基建处来管理工程建设，这样无法做到资源的优化配置和动态管理，而且也不利于建设经验的积累和应用。在市场经济体制下，业主或建设单位完全可以依靠专业化、社会化的工程项目管理单位，为其提供全过程或若干阶段的项目管理服务。当然，在我国工程建设管理体制下，工程监理单位接受工程建设单位委托实施监理，也属于一种专业化的工程项目管理服务。值得指出的是，和一般的工程项目管理咨询服务不同，我国的法律法规赋予工程监理单位、监理工程师更多的社会责任，特别是建设工程质量管理、安全生产管理方面的责任。事实上，业主方项目管理，既包括业主或建设单位自身的项目管理，也包括受其委托的工程监理单位、工程项目管理单位的项目管理。

（二）工程总承包方项目管理

在工程总承包（如设计－建造 D&B、设计－采购－施工 EPC）模式下，工程总承包单位将全面负责建设工程项目的实施过程，直到最终交付使用功能和质量标准符合合同文件规定的工程项目。因此，工程总承包方项目管理是贯穿于项目实施全过程的全面管理，既包括设计阶段，也包括施工安装阶段。工程总承包单位为取得预期经营效益，必须在合同条件的约束下，依靠自身的技术和管理优势或实力，通过优化设计及施工方案，在规定的时间内，按质按量地全面完成建设工程项目，全面履行工程总承包合同。建设工程实施工程总承包，对于工程总承包单位的项目管理水平提出了更高要求。

（三）设计方项目管理

工程设计单位承揽到建设工程项目设计任务后，需要根据建设工程设计合同所界定的工作目标及义务，对建设工程设计工作进行自我管理。设计单位通过项目管理，对建设工程项目的实施在技术和经济上进行全面而详尽的安排，引进先进技术和科研成果，形成设计图纸和说明书，并在工程施工过程中配合施工和参与验收。由此可见，设计项目管理不仅局限于工程设计阶段，而是延伸到工程施工和竣工验收阶段。

（四）施工方项目管理

工程施工单位通过竞争承揽到建设工程项目施工任务后，需要根据建设工程施工合同所界定的工程范围，依靠企业技术和管理的综合实力，对工程施工全过程进行系统管理。从一般意义上讲，施工项目应该是指施工总承包的完整工程项目，既包括土建工程施工，又包括机电设备安装，最终成功地形成具有独立使用功能的建筑产品。然而，由于分部工程、子单位工程、单位工程、单项工程等是构成建设工程项目的子系统，按子系统定义项目，既有其特定的约束条件和目标要求，而且也是一次性任务。因此，建设工程项目按专业、按部位分解发包时，施工单位仍可将承包合同界定的局部施工任务作为项目管理对象，这就是广义的施工项目管理。

（五）物资供应方项目管理

从建设工程项目管理的系统角度看，建筑材料、设备供应工作也是建设工程项目实施的一个子系统，有其明确的任务和目标、明确的制约条件以及与项目实施子系统的内在联系。所以，制造商、供应商同样可以将加工生产制造和供应合同所界定的任务，作为项目进行管理，以适应建设工程项目总目标控制的要求。

二、工程管理任务

（一）项目组织协调

1. 外部环境协调

与政府部门之间的防调，如规划、城建、市政、消防、人防、环保、城管等部门的协调；资源供应方面的协调，如供水、供电、供热、通信、运输和排水等方面的协调；生产要素方面的协调，比如材料、设备、劳动力和资金等方面的协调；社区环境方面的协调。

2. 项目参与单位之间的协调

主要有业主、监理单位、设计单位、施工单位、供货单位、加工单位等。

3. 项目参与单位内部的协调

即项目参与单位内部各部门、各层次之间及个人之间的协调。

（二）合同管理

包括合同签订和合同管理两项任务。合同签订包括合同准备、谈判、修改和签订等工作；合同管理包括合同文件的执行、合同纠纷的处理和索赔事宜的处理工作。在执行合同管理任务时，要重视合同签订的合法性和合同执行的严肃性，为了实现管理目标服务。

（三）进度管理

包括方案的科学决策、计划的优化编制和实施有效控制三方面的任务。方案的科学决策是实现进度控制的先决条件，它包括了方案的可行性论证、综合评估和优化决策。只有决策出优化的方案，才能编制出优化的计划。计划的优化编制，包括科学确定项目的工序及其衔接关系、持续时间、优化编制网络计划和实施措施，是实现进度控制的重要基础。实施有效控制包括同步跟踪、信息反馈、动态调整和优化控制，是实现进度控制的根本保证。

（四）投资（费用）控制

投资控制包括编制投资计划、审核投资支出、分析投资的变化情况、研究投资减少途径和采取投资控制措施五项任务。前两项属于投资的静态控制，后三项属于投资的动态控制。

（五）质量控制

质量控制包括制定各项工作的质量要求及质量事故预防措施，各方面的质量监督与验收制度，以及各个阶段的质量处理和控制措施三方面的任务。制订的质量要求要具有科学性，质量事故预防措施要具备有效性。质量监督和验收包括对设计质量、施工质量及材料设备质量的监督和验收，要严格检查制度和加强分析。质量事故处理与控制要对每一个阶段均严格管理和控制，采取了细致而有效的质量事故预防和处理措施，以确保质量目标的实现。

（六）风险管理

随着工程项目规模的不断大型化和技术复杂化，业主和承包商所面临的风险越来越多。工程建设客观现实告诉人们，要保证工程项目的投资效益，就必须对项目风险进行定量分析和系统评价，以提出风险防范对策，形成一套有效的项目风险管理程序。

（七）信息管理

信息管理是工程项目管理工作的基础工作，是实现项目目标控制的保证，其主要任务就是及时、准确地向项目管理各级领导、各参加单位及各类人员提供所需的综合程度不同的信息，一边在项目进展的全过程中，动态地进行项目规划，迅速正确地进行各种决策，并且及时检查决策执行情况，反映工程实施中暴露出来的各类问题，为项目总目标控制服务。

（八）安全管理

安全管理要贯穿整个建设工程的始终，在建设工程中要建立"安全第一，预防为主"的理念，一开始就要确定项目的最终安全目标，制订项目的安全保证计划。

三、工程管理模式

（一）常见的工程项目管理模式

1. 设计－招标－建造 DBB 模式

DBB（Design Bid Build）模式，是一种比较通用的传统模式。这种模式最突出的特点是要求工程项目的实施必须按设计－招标－建造的顺序进行，只有一个阶段结束后另一个阶段才能进行。在这种模式中，项目的主要参与方包括建设单位、设计单位和施工承包单位。建设单位分别与设计单位和施工承包单位签订合同，形成了正式的合同关系。建设单位首先选择工程咨询单位进行可行性研究等工作，待项目立项后，再选择设计单位进行项目设计，设计完成后通过招标选择施工承包单位，然后与施工承包单位签订施工承包合同。

这种模式的优点是：参与方即建设单位、设计单位、施工承包单位在各自合同的约束下，各自行使自己的权利和义务。工作界面清晰，特别适用于各个阶段需要严格逐步审批的情况。如政府投资的公共工程项目多采用了这种模式。缺点是管理和协调工作较复杂，建设单位管理费较高，前期投入较高，不易控制工程总投资，特别是在设计过程中对"可施工性"考虑不够时，易产生变更，引起索赔，经常会由于图纸问题产生争端等，工期较长，出现质量事故时，不利于工程事故的责任划分。

2. 代理型管理 CM 模式

代理型管理 CM（Construction Manager）模式是建设单位委托一名 CM 经理（建设单位聘请的职业经理人）来为建设单位提供某一阶段或全过程的工程项目管理服务，包括可行性研究、设计、采购、施工、竣工验收以及试运行等工作，建设单位与 CM 经理是咨询合同关系。采用代理型管理 CM 模式进行项目管理，关键在于选择 CM 经理。CM 经理负责协调设计单位和施工承包单位，以及不同承包单位之间的关系。

这种模式的最大优点是：发包前就可确定完整的工作范围和项目原则；拥有完善的管理与技术支持；可缩短工期，节省投资等。缺点是：合同方式多为平行发包，管理协调困难，对 CM 经理的管理协调能力有很高的要求，CM 经理不对进度和成本做出保证；索赔和变更的费用可能较高，建设单位风险大。

3. 风险型管理 CM 模式

风险型管理 CM（Construction Manager）模式中，CM 经理担任类似施工总承包单位的角色，但又不是总承包单位，往往将施工任务分包出去。施工承包单位的选择过程需经建设单位确认，建设单位一般不与施工承包单位签订工程施工合同，但对某些专业性很强的工程内容和工程专用材料、设备，建设单位可直接与其专业施工承包单位和材料、设备供应单位签订合同。建设单位与 CM 经理单位签订的合同既包括 CM 服务内容，也包括工程施工承包内容。

一般情况下，建设单位要求 CM 经理提出保证最大工程费用 GMP（Guaranteed Maximum Price）以保证建设单位的投资控制。如工程结算超过 GMP，由 CM 经理所在单位赔偿；如果低于 GMP，节约的投资归建设单位，但可按合同约定给予 CM 经理所在单位一定比例的奖励。GMP 包括工程的预算总成本和 CM 经理的酬金。CM 经理不直接从事设计和施工，主要从事项目管理工作。

该模式的优点是：可以提前开工提前竣工，建设单位任务较轻，风险较小。缺点是：由于 CM 经理介入工程时间较早（一般在设计阶段介入）且不承担设计任务，在工程的预算总成本中包含有设计和投标的不确定因素；风险型 CM 经理不易选择。

4. 设计管理 DM 模式

设计管理 DM（Design Management）模式类似于 CM 模式，但是比 CM 模式更为复杂，也有两种形式。

一种形式是建设单位与设计单位和施工承包单位分别签订合同，由设计单位负责设计并对项目的实施进行管理。另一种形式是建设单位只与设计单位签订合同，由该设计单位分别与各个单独的施工承包单位和材料供应单位签订分包合同。要管理好众多的分包单位和材料供应单位，这对于设计单位的项目管理能力提出了更高的要求。

5. 设计 - 采购 - 施工 EPC 模式

设计 - 采购 - 施工 EPC（Engineering Procurement Construction）模式是建设单位将工程项目的设计、采购、施工等工作全部委托给工程总承包单位负责组织实施，使建设单位获得一个现成的工程项目，由建设单位"转动钥匙"就可以运行。这种模式，在招标与订立合同时以总价合同为基础，即为总价包干合同。

该模式的主要特点是：建设单位把工程项目的设计、采购、施工等工作全部委托给工程总承包单位，建设单位只负责整体性、原则性的目标管理和控制，减少了设计与施工在合同上的工作界面，从而解除了施工承包单位因招标图纸出现错误而进行索赔的权力，同时排除了施工承包单位在进度管理上与建设单位可能产生的纠纷,有利于实现设计、采购、施工的深度交叉,在确保各阶段合理周期的前提下加快进度,缩短建设总工期;能够较好地实现对工程造价的控制,降低全过程建设费用;由于实行总承包,建设单位对工程项目的参与较少,对于工程项目的控制能力降低,变更能力较弱;风险主要由工程总承包单位承担。

6. 施工总承包管理 MC 模式

施工总承包管理 MC（Managing Contractor）模式是指建设单位委托一个施工承包单位或由多个施工承包单位组成施工联合体或施工合作体作为施工总承包管理单位,建设单位另委托其他施工承包单位作为分包商进行施工。一般情况下,施工总承包管理单位不参与具体工程项目的施工,但如果想承担部分工程的施工,也可以参加该部分工程的投标,通过竞争取得施工任务。施工总承包管理模式的合同关系有两种可能:一是建设单位与分包商直接签订合同,但必须经过施工总承包管理单位的认可;二是由施工总承包管理单位和分包商签订合同。

7. 项目管理服务 PM 模式

项目管理服务 PM（Project Management）模式,是指从事工程项目管理的单位受建设单位委托,按照合同约定,代表建设单位对工程项目的实施进行全过程或若干阶段的管理和服务,PM 模式属于咨询型项目管理服务。

8. 项目管理承包 PMC 模式

项目管理承包 PMC（Project Management Contract）模式,是由建设单位通过招标方式聘请具有相应资质和专业素质、管理专长的项目管理承包单位,作为建设单位代表或建设单位的延伸,对工程项目建设的全过程或部分阶段进行管理承包。包括进行工程的整体规划、工程招标,选择 EPC 承包单位,并对设计、采购、施工过程进行全面管理。PMC 模式属于代理型项目管理服务。

9. 建造 - 运营 - 移交 BOT 模式

建造 - 运营 - 移交 BOT（Build Operate Transfer）模式是指以投资人为项目发起人,从政府获得某项目基础设施的建设特许权,然后由其独立地联合其他各方组建项目公司,负责项目的融资、设计、建造和经营。其主要特征是:政府将拟订的一些城市基础设施工程交由专业投资人投资建设,并在项目建成后授之若干年的特许经营权,使其通过运营收回工程投资与收益。其基本运作程序是:项目确定、项目招标、项目发起人组织投标、成立公司、签署各种合同和协议、项目建设、项目经营以及项目移交。

BOT 模式的最大优点是:由于获得政府许可和支持,有时可得到优惠政策,拓宽了融资渠道。BOT 模式的缺点是:项目发起人必须具备很强的经济实力,资格预审及招投标程序复杂。

（二）工程项目管理模式的选择

建设单位在选择项目管理模式时，应考虑的主要因素包括：（1）项目的复杂性和对项目的进度、质量、投资等方面的要求。（2）投资、融资有关各方对项目的特殊要求。（3）法律、法规、部门规章以及项目所在地政府的要求。（4）项目管理者和参与者对该管理模式认知和熟悉的程度。（5）项目的风险分担，即项目各方承担风险的能力和管理风险的水平。（6）项目实施所在地建设市场的适应性，在市场上能否找到合格的实施单位（施工承包单位、管理单位等）。

一个项目也可以选择多种项目管理模式。当建设单位的项目管理能力比较强时，也可将一个工程项目划分为几个部分，分别采用了不同的项目管理模式。通常，工程项目管理模式由项目建设单位选定，但总承包单位也可选用一些其需要的项目管理模式。

（三）建设单位项目管理模式

目前，项目建设单位委托专业项目管理单位进行工程项目管理的模式越来越受到关注与认同。继《关于培育发展工程总承包和工程项目管理企业的指导意见》发布后，原建设部又出台了《建设工程项目管理办法》，这对我国专业化工程项目管理业务的发展起到了积极的推动作用。不仅业内最早从事工程项目全过程管理的少数专业项目管理单位的规模和业务量逐步扩大，且业内传统的工程监理、招标代理、工程造价等咨询单位也开始涉足项目建设单位项目管理业务，一个新兴的行业正在我国各地不断地发展壮大。

建设单位项目管理模式是建设单位进行工程项目建设活动的组织模式，它决定工程项目建设过程中各参与方的角色和合同关系。建设单位是工程项目的总策划者、总组织者和总集成者，其管理模式决定了工程项目管理的总体框架和项目各参与方的职责、义务及风险责任等。建设单位应根据其项目管理的能力水平及工程项目的目标、规模和复杂程度等特点，合理选择工程项目管理模式。目前，国内项目建设单位管理模式主要包括建设单位自行管理模式、建设单位委托管理（PM、PMC）模式和一体化项目管理团队（IPMT）模式等。

1. 建设单位自行管理模式

建设单位自行管理是指建设单位主要依靠自身力量进行项目管理，即自行设立项目管理机构，并将项目管理任务交由该机构。在计划经济时期，建设单位通常是组建一个临时的基建办、筹建处或者指挥部等，自行管理工程项目建设。项目建成后，项目管理机构就解散，人员从哪来就回哪去，这种管理模式已经不能适应目前的工程项目建设。采用建设单位自行管理模式，前提条件是建设单位要拥有相对稳定的、专业化的项目管理团队和较为丰富的项目管理经验。在建设单位不具备自行招标规定条件时，还需委托招标代理单位承担项目招标采购工作。根据工程项目实行政府主管部门审批、备案或核准的需要，可能还需委托工程咨询单位承担编制项目建议书及可行性研究报告等工作。

采用建设单位自行管理模式，可以充分保障建设单位对工程项目的控制，随时采取措施来保障建设单位利益的最大化；可以减少对外合同关系，有利于工程项目建设各阶段、各环节的衔接和提高管理效率；但是也具有组织机构庞大、建设管理费用高等缺点，对于缺少连续性工程项目建设的建设单位而言，不利于管理经验的积累。

这种管理模式一般适用于以下三种情况：（1）建设单位常年进行工程项目投资建设，拥有稳定的、专业化的工程项目管理团队，具有与所投资项目相适应的管理经验与能力。（2）项目投资较小，建设周期较短，建设规模不大，技术不太复杂的工程项目。（3）具有保密等特殊要求的工程项目。

如不属于这三种情况，建设单位宜委托专业化、社会化的工程项目管理单位来承担项目管理工作。

2. 建设单位委托管理模式

（1）项目管理服务 PM 模式

PM 管理模式属于咨询型项目管理服务，建设单位不设立专业的项目管理机构，只派出管理代表主要负责项目的决策、资金筹措和财务管理、采购和合同管理、监督检查和协调各参与方工作衔接等工作，而将工程项目的实施工作委托给项目管理单位。建设单位是项目建设管理的主导者、重大事项的决策掌握者。项目管理单位按委托合同的约定承担相应的管理责任，并且得到相对固定的服务费，在违约情况下以管理费为基数承担相应的经济赔偿责任。项目管理单位不直接与该项目的总承包单位或勘察、设计、供货、施工等单位签订合同，但可以按合同约定，协助建设单位与工程项目的总承包单位或勘察、设计、供货、施工等单位签订合同，并且受建设单位委托监督合同的履行。

该模式由项目管理单位代替建设单位进行管理与协调，往往从项目建设一开始就对项目进行管理，可以充分发挥项目管理单位的专业技能、经验和优势，形成统一、连续、系统的管理思路。但增加了建设单位的额外费用，建设单位与各承包单位（设计单位、施工承包单位）之间增加了管理层，不利于沟通，项目管理单位的职责不易明确。因而，主要用于大型项目或复杂项目，特别适用于建设单位管理能力不强的工程项目。

在我国工程项目建设中，一些建设单位根据项目管理单位具备相应的资质和能力，将其他相关咨询工作委托给该项目管理单位一并承担，比如工程监理、工程造价咨询等。目前，我国建设主管部门提倡和鼓励建设单位将工程监理业务委托给该项目管理单位，实行项目管理与工程监理一体化模式，但该项目管理单位必须具备相应的工程监理资质和能力。采用一体化模式，可减少工程项目实施过程中的管理层次和工作界面，节约部分管理资源，达到资源最优化配置；可使项目管理与工程监理沟通顺畅，充分融合，高度统一，决策迅速，执行力强，项目管理团队与监理团队分工明确，职责清晰，工程质量容易得到保证。

（2）项目管理承包 PMC 模式

PMC 模式属于代理型项目管理服务。一般情况下，PMC 管理承包单位不参与具体工程设计、施工，而是将项目所有的设计、施工任务发包出去，PMC 管理承包单位与各承包单位签订承包合同。

PMC 模式，建设单位与 PMC 管理承包单位签订项目管理承包合同，PMC 管理承包单位对建设单位负责，与建设单位的目标和利益保持一致。建设单位一般不与设计、施工承包单位和材料、设备供应单位等签订合同，但对于某些专业性很强的工程内容和工程专用材料、设备，建设单位可直接与其专业施工承包单位和材料、设备供应单位签订合同。

PMC 模式可充分发挥项目管理承包单位在项目管理方面的专业技能，统一协调和管理项目的设计与施工，可减少矛盾；项目管理承包单位负责管理整个项目的实施阶段，有利于减少设计变更；建设单位与项目管理承包单位的合同关系简单，组织协调比较有利，可以提早开工，缩短项目工期。但由于建设单位与施工承包单位没有合同关系，控制施工难度较大；建设单位对于工程费用也不能直接控制，存在很大风险。

PMC 模式是一种管理承包的方式，项目管理单位不仅承担合同范围的管理工作，而且还对合同约定的管理目标进行承包，如不能实现管理目标，该项目管理单位将承担以管理承包费用为基数的经济处罚。在项目实施过程中，由于管理效果显著使项目建设单位节约了工程投资的，可按合同约定给予项目管理单位一定比例的奖励；反之，如果由于管理失误导致工程投资超过委托合同约定的最高目标值，则项目管理单位要承担超出部分的经济赔偿责任。

采用 PMC 管理承包模式，建设单位通常只需要组织一个精干的管理班子，负责工程项目建设重大事项的决策、监督和资金筹措，工程项目建设管理活动均委托给专业化、社会化的项目管理单位承担。

PMC 管理模式适用于以下三种情况：①只有一次建设任务的，建设单位没必要成立项目管理机构。②建设单位缺少项目管理队伍、能力和经验；建设单位无精力或不愿意、不允许介入项目管理具体事务的。③对于大型或超大型工程项目，由于投资大、技术复杂、投资方多，要求的管理程度高，建设单位将项目的全过程管理委托给项目管理单位负责，项目管理单位与建设单位签订项目管理承包合同，代表建设单位对项目实施全过程管理的。这种方式有利推进工程项目专业化管理，提高工程项目管理水平。

项目管理承包模式在我国建设领域中还是一个新的管理模式，近年国内在大型合资项目中有所应用。

3. 一体化项目管理团队 IPMT 模式

一体化项目管理团队 IPMT（Integrated Project Management Team）模式是指建设单位和专业化的项目管理单位分别派出人员组成项目管理团队，合并办公，共同负责工程项目的管理工作。这既能充分运用项目管理单位在工程项目建设方面的经验和技术，又能体现建设单位的决策权。IPMT 管理模式是融合咨询型项目管理 PM 模式和代理型项目管理 PMC 模式的特点而派生出的一种新型的项目建设管理模式。

目前，在我国工程项目建设过程中，建设单位很难做到将全部工程项目建设管理权委托给项目管理单位。建设单位虽然通常都设有较小的管理机构，但往往不具有承担相应项目管理的经验、能力和规模，建设单位却又无意解散自己的机构。这种情况下，建设单位可聘请一家具有工程项目管理经验和能力的项目管理单位，并与聘请的项目管理单位组成一体化项目管理团队，起到优势互补以及人力资源优化配置的作用。

采用一体化管理模式，建设单位既可在工程项目实施过程中不失决策权，又可较充分地利用工程项目管理单位经验丰富的人才优势和管理技术。在进行项目全过程的管理中，建设单位把工程项目建设管理工作交给经验丰富的管理单位，自己则把主要精力放在项目决策、资金筹措上，有利于决策指挥的科学性。由于项目管理单位人员与建设单位管理人员共同工作，可减少中间上报、审批的环节，使项目管理工作效率大幅度提高。

IPMT 管理模式中由于建设单位拥有项目建设管理的主动权，对于项目建设过程中的质量情况了如指掌，可以减少双方工作交接的困难与时间，也有助于解决一些项目后期由建设单位运营管理而项目管理单位对运营不够专业的问题。IPMT 管理模式可避免建设单位因项目建设需要而引进大量建设人才和工程项目建设完成后这些人员需重新安排工作的问题。

但采用这种管理模式的最大问题是，因为两个管理团队可能具有不同的企业文化、工资体系、工作系统，机构的融合存在风险，双方的管理责任也很难划分清楚，同时还存在项目管理单位派出人员中的优秀人才被建设单位高薪聘走的风险。

第三节　建筑工程项目经理

一、项目经理的设置

（一）建设单位的项目经理

建设单位的项目经理是由建设单位（或项目法人）委派的领导和组织一个完整工程项目建设的总负责人。对一些小型工程项目，项目经理可由一人担任。而对于一些规模大、工期长、技术复杂的工程项目，建设单位也可委派分阶段项目经理，如准备阶段项目经理、设计阶段项目经理和施工阶段项目经理等。

（二）咨询、监理单位的项目经理

当工程项目比较复杂而建设单位又没有足够的人员组建一个能够胜任项目管理任务的项目管理机构时，就需要委托咨询单位为其提供项目管理服务。咨询单位需要委派项目经理并组建项目管理机构按项目管理合同履行其义务。对于实施监理的工程项目，工程监理单位也需要委派项目经理——总监理工程师并组建项目监理机构履行监理义务。当然，如果咨询、监理单位为建设单位提供工程监理与项目管理一体化服务，则只需设置一个项目经理，对工程监理与项目管理服务总负责。

对于建设单位而言，即使委托咨询监理单位，仍需要建立一个以自己的项目经理为首的项目管理机构。因为在工程项目建设过程中，有许多重大问题仍需由建设单位进行决策，咨询监理机构不能完全代替建设单位行使其职权。

（三）设计单位的项目经理

设计单位的项目经理是指设计单位领导和组织一个工程项目设计的总负责人，其职责是负责一个工程项目设计工作的全部计划、监督以及联系工作。设计单位的项目经理从设计角度控制工程项目总目标。

（四）施工单位的项目经理

施工单位的项目经理是指施工单位领导和组织一个工程项目施工的总负责人，是施工单位在施工现场的最高责任者和组织者。施工单位的项目经理在工程项目施工阶段控制质量、成本、进度目标，并且负责安全生产管理和环境保护。

二、项目经理的任务与责任

（一）项目经理的任务

1. 施工方项目经理的职责

项目经理在承担工程项目施工管理过程中，履行下列职责：（1）贯彻执行国家和工程所在地政府的有关法律、法规和政策，执行企业的各项管理制度；（2）严格财务制度，加强财经管理，正确处理国家、企业与个人的利益关系；（3）执行项目承包合同中由项目经理负责履行的各项条款；（4）对工程项目施工进行有效控制，执行有关技术规范和标准，积极推广应用新技术，确保工程质量和工期，实现安全、文明生产，努力提高经济效益。

2. 施工项目经理应具有的权限

项目经理在承担工程项目施工的管理过程中，应按照建筑施工企业与建设单位签订的工程承包合同，与本企业法定代表人签订"项目管理目标责任书"，并在企业法定代表人授权范围内，负责工程项目施工的组织管理。施工项目经理应具有下列权限：（1）参与企业进行的施工项目投标和签订施工合同。（2）经授权组建项目经理部，确定项目经理部的组织结构，选择、聘任管理人员，确定管理人员的职责，并定期进行考核、评价和奖惩。（3）在企业财务制度规定的范围内，根据企业法定代表人授权和施工项目管理的需要，决定了资金的投入和使用，决定项目经理部的计酬办法。（4）在授权范围内，按物资采购程序性文件的规定行使采购权。（5）根据企业法定代表人授权或按照企业的规定选择、使用作业队伍。（6）主持项目经理部工作，组织制定施工项目的各项管理制度。（7）根据企业法定代表人授权，协调和处理与施工项目管理有关的内部与外部事项。

3. 施工项目经理的任务

施工项目经理的任务包括项目的行政管理和项目管理两个方面，其在项目管理方面的主要任务：施工安全管理、施工成本控制、施工进度控制、施工质量控制、工程合同管理、工程信息管理和与工程施工有关的组织和协调等。

（二）项目经理的责任

1. 施工企业项目经理的责任应在"项目管理目标责任书"中加以体现

经考核和审定，对未完成"项目管理目标责任书"确定的项目管理责任目标或造成亏损的，应按其中有关条款承担责任，并接受经济或行政处罚。

"项目管理目标责任书"应包括下列内容：（1）企业各业务部门与项目经理部之间的关系；（2）项目经理部使用作业队伍的方式，项目所需材料供应方式和机械设备供应方式；（3）应达到的项目进度目标、项目质量目标、项目安全目标和项目成本目标；（4）在企业制度规定以外的、由法定代表人向项目经理委托的事项；（5）企业对项目经理部人员进行奖惩的依据、标准、办法以及应承担的风险；（6）项目经理解职和项目经理部解体的条件及方法。

在国际上，由于项目经理是施工企业内的一个工作岗位，项目经理的责任则由企业领导根据企业管理的体制和机制，以及根据项目的具体情况而定。企业针对每个项目有十分明确的管理职能分工表，该表明确项目经理对哪些任务承担策划、决策、执行、检查等职能，其将承担的则是相应责任。

2. 项目经理对施工项目管理应承担的责任

工程项目施工应建立以项目经理为首的生产经营管理系统，实行项目经理负责制。项目经理在工程项目施工中处于中心地位，对工程项目施工负有全面管理的责任。

3. 项目经理对施工安全和质量应承担的责任

要加强对建筑业企业项目经理市场行为的监督管理，对于发生重大工程质量安全事故或市场违法违规行为的项目经理，必须依法予以严肃处理。

4. 项目经理对施工项目应承担的法律责任

项目经理由于主观原因或由于工作失误，有可能承担法律责任和经济责任。政府主管部门将追究的主要是其法律责任，企业将追究的主要是其经济责任，但是，如果由于项目经理的违法行为而导致企业的损失，企业也有可能追究其法律责任。

三、项目经理的素质与能力

（一）项目经理应具备的素质

1. 品格素质

项目经理的品格素质是指项目经理从行为作风中表现出来的思想、认识、品行等方面的特征，比如遵纪守法、爱岗敬业、高尚的职业道德、团队的协作精神、诚信尽责等。

项目经理是在一定时期和范围内掌握一定权力的职业，这种权力的行使将会对工程项目的成败产生关键性影响。工程项目所涉及的资金少则几十万，多则几亿，甚至几十亿。因此，要求项目经理必须正直、诚实，敢于负责，心胸坦荡，言而有信，言行一致，有较强的敬业精神。

2. 知识素质

项目经理应具有项目管理所需要的专业技术、管理、经济、法律法规知识，并懂得在实践中不断深化和完善自己的知识结构。同时，项目经理还应当具有一定的实践经验，即具有项目管理经验和业绩，这样才能得心应手地处理各种可能遇到的实际问题。

3. 性格素质

项目经理的工作中，做人的工作占相当大的部分。所以要求项目经理在性格上要豁达、开朗，易于和各种各样的人相处；既要自信有主见，又不能刚愎自用；要坚强，能经得住失败和挫折。

4. 学习的素质

项目经理不可能对工程项目所涉及的所有知识都有比较好的储备，相当一部分知识需要在工程项目管理工作中学习掌握。因此，项目经理必须善于学习，包括从书本中学习，更要向团队成员学习。

5. 身体素质

身体健康，精力充沛。

（二）项目经理应具备的能力

1. 创新能力

由于科学技术的迅速发展，新技术、新工艺、新材料、新设备等的不断涌现，人们对建筑产品不断提出新的要求。同时，建筑市场改革的深入发展，大量新的问题需要探讨和解决。面临新形势、新任务，项目经理只有解放思想，以创新的精神、创新的思维方法和工作方法来开展工作，才能实现工程项目总目标。所以，创新能力是项目经理业务能力的核心，关系到项目管理的成败和项目投资效益的好坏。

创新能力是项目经理在项目管理活动中，善于敏锐地察觉旧事物的缺陷，准确地捕捉新事物的萌芽，提出大胆、新颖的推测和设想，继而进行科学周密的论证，提出可行解决方案的能力。

2. 决策能力

项目经理是项目管理组织的当家人，统一指挥、全权负责项目管理工作，要求项目经理必须具备较强的决策能力。同时，项目经理的决策能力是保证了项目管理组织生命机制旺盛的重要因素，也是检验项目经理领导水平的一个重要标志，因此，决策能力是项目经理必要能力的关键。

决策能力是指项目经理根据外部经营条件和内部经营实力，从多种方案中确定工程项目建设方向、目标和战略的能力。

3. 组织能力

（1）组织分析能力

是指项目经理依据组织理论和原则，对于工程项目建设的现有组织进行系统分析的能力。主要是分析现有组织的效能，对利弊进行正确评价，并找出存在的主要问题。

（2）组织设计能力

是指项目经理从项目管理的实际出发，以提高组织管理效能为目标，对工程项目管理组织机构进行基本框架的设计，提出建立哪些系统，分几个层次，明确各主要部门的上下左右关系等。

（3）组织变革能力

是指项目经理执行组织变革方案的能力和评价组织变革方案实施成效的能力。执行组织变革方案的能力，就是在贯彻组织变革设计方案时，引导有关人员自觉行动的能力。评价组织变革方案实施成效的能力，是指项目经理对组织变革方案实施后的利弊，具有做出正确评价的能力，以利组织日趋完善，使组织的效能不断提高。

4. 指挥能力

项目经理是工程项目建设活动的最高指挥者，担负着有效地指挥工程项目建设活动的职责，因此，项目经理必须具有高度的指挥能力。

项目经理的指挥能力，表现在正确下达命令的能力和正确指导下级的能力两个方面。项目经理正确下达命令的能力，是强调其指挥能力中的单一性作用；而项目经理正确指导下级的能力，则是强调其指挥能力中的多样性作用。项目经理面对的是不同类型的下级，他们的年龄不同，学历不同，修养不同，性格、习惯也不同，有各自的特点，所以，必须采取因人而异的方式和方法，从而使每一个下级对同一命令有统一的认识和行动。

坚持命令单一性和指导多样性的统一，是项目经理指挥能力的基本内容。而要使项目经理的指挥能力有效地发挥，还必须制定一系列有关的规章制度，做到赏罚分明，令行禁止。

5. 控制能力

工程项目的建设如果缺乏有效控制，其管理效果一定不佳。而对工程项目实行全面而有效的控制，则决定于项目经理的控制能力。

控制能力是指项目经理运用各种手段（包括经济、行政、法律、教育等手段），来保证工程项目实施的正常进行及实现项目总目标的能力。

项目经理的控制能力，体现在自我控制能力、差异发现能力和目标设定能力等方面。自我控制能力是指本人通过检查自己的工作，进行自我调整的能力。差异发现能力是对执行结果与预期目标之间产生的差异，能及时测定和评议的能力。如果没有差异发现能力，就无法控制局面。目标设定能力是指项目经理应善于规定以数量表示出来的接近客观实际的明确的工作目标。这样才便与实际结果进行比较，找出差异，以利于采取措施进行控制。由于工程项目风险管理的日趋重要，项目经理基于风险管理的目标设定能力和差异发现能力也越来越成为关键能力。

6. 协调能力

项目经理对协调能力掌握和运用得当，就可以对外赢得良好的项目管理环境，对内充分调动职工的积极性、主动性和创造性，取得良好的工作效果，以至超过设定的工作目标。

协调能力是指项目经理处理人际关系，解决各方面矛盾，使各单位、各部门乃至全体职工为实现工程项目目标密切配合、统一行动的能力。

现代大型工程项目，牵涉到很多单位、部门和众多的劳动者。要使各单位、各部门、各环节、各类人员的活动能在时间、数量、质量上达到和谐统一，除依靠科学的管理方法、严密的管理制度之外，在很大程度上要靠项目经理的协调能力。协调主要是协调人与人之间的关系。协调能力具体表现在以下几个方面：

（1）善于解决矛盾的能力

由于人与人之间在职责分工、工作衔接、收益分配差异和认识水平等方面的不同，不可避免地会出现各种矛盾。如果处理不当，还会激化。项目经理应善于分析产生矛盾的根源，掌握矛盾的主要方面，妥善解决矛盾。

（2）善于沟通情况的能力

用于工程对象的费用构成间接成本。成本如此分类，能正确反映工程成本的构成，考核各项生产费用的使用是否合理，便于找出降低成本的途径。

3. 固定成本和可变成本

（1）固定成本

固定成本指在一定期间和一定的工程量范围内，其发生的成本额不受工程量增减变动的影响而相对固定的成本。如折旧费、大修理费、管理人员工资、办公费、照明费等。这一成本是为了保持一定的生产管理条件而发生的，项目的固定成本每月基本相同，但是，当工程量超过一定范围需要增添机械设备或管理人员时，固定成本将会发生变动。另外，所谓固定，指其总额而言，分配到单位工程量上的固定费用则是变动的。

（2）可变成本

可变成本指发生总额随着工程量的增减变动而成比例变动的费用，如直接用于工程的材料费、实行计件工资制的人工费等。所谓可变，指其总额而言，分配到单位工程量上的可变费用则是不变的。

将施工过程中发生的全部费用划分为固定成本和可变成本，对于成本管理和成本决策具有重要作用。因为固定成本是维持生产能力必须的费用，要降低单位工程量的固定费用，就需从提高劳动生产率，增加总工程量数额并降低固定成本的绝对值入手，降低变动成本就需从降低单位分项工程的消耗入手。

二、建筑工程项目成本管理概念

施工成本管理就是指在保证工期和质量满足要求的情况下，采取了相应管理措施，包括组织措施、经济措施、技术措施、合同措施，把成本控制在计划范围内，并进一步寻求最大限度的成本节约。

项目成本管理的重要性主要体现在以下几方面：（1）项目成本管理是项目实现经济效益的内在基础。（2）项目成本管理是动态反映项目一切活动的最终水准。（3）项目成本管理是确立项目经济责任机制，实现有效控制和监督的手段。

三、项目成本管理的内容

1. 成本预测

项目成本预测是通过成本信息和工程项目的具体情况，并运用一定的专门方法，对未来的成本水平及其可能发展趋势作出科学的估计，其实质就是在施工以前对成本进行核算，项目成本预测是项目成本决策与计划的依据。

2. 成本计划

项目成本计划是项目经理部对项目施工成本进行计划管理的工具。它是以货币形式编制工程项目在计划期内的生产费用、成本水平、成本降低率以及为降低成本所采取的主要措施和规划的书面方案，它是建立项目成本管理责任制、开展成本控制和核算的基础。一般来说，一个项目成本计划应包括从开工到竣工所必需的施工成本，它是降低项目成本的指导文件，是设立目标成本的依据。

3. 成本控制

项目成本控制是指在施工过程中，对于影响项目成本的各种因素加强管理，并采取各种有效措施，将施工中实际发生的各种消耗和支出严格控制在成本计划范围内，随时揭示并及时反馈，严格审查各项费用是否符合标准、计算实际成本和计划成本之间的差异并进行分析，消除施工中的损失浪费现象，发现和总结先进经验。通过成本控制，使之最终实现甚至超过预期的成本节约目标。项目成本控制应贯穿在工程项目从招投标阶段开始直到项目竣工验收的全过程，它是企业全面成本管理的重要环节。

4. 成本核算

项目成本核算是指项目施工过程中所发生的各种费用和各种形式项目成本的核算。一是按照规定的成本开支范围对施工费用进行归集，计算出施工费用的实际发生额；二是根据成本核算对象，采用适当的方法，计算出该工程项目的总成本和单位成本。项目成本核算所提供的各种成本信息，是成本预测、成本计划、成本控制、成本分析和成本考核等各个环节的依据。所以，加强项目成本核算工作，对降低项目成本、提高企业的经济效益有积极的作用。

5. 成本分析

项目成本分析是在成本形成过程中，对项目成本进行的对比评价和剖析总结工作，它贯穿于项目成本管理的全过程，也就是说项目成本分析主要利用工程项目的成本核算资料（成本信息），与目标成本（计划成本）、预算成本以及类似的工程项目的实际成本等进行比较，了解成本的变动情况，同时也要分析主要技术经济指标对成本的影响，系统地研究成本变动的因素，检查成本计划的合理性，并且通过成本分析，深入揭示成本变动的规律，寻找降低项目成本的途径，以便有效地进行成本控制。

6. 成本考核

成本考核是指在项目完成后，对项目成本形成中的各责任者，按项目成本目标责任制的有关规定，将成本的实际指标与计划、定额、预算进行对比和考核，评定项目成本计划的完成情况和各责任者的业绩，并以此给以相应的奖励和处罚；通过成本考核，做到有奖有惩，赏罚分明，才能有效地调动企业的每一个职工在各自的施工岗位上努力完成目标成本的积极性，为了降低项目成本和增加企业的积累做出自己的贡献。

综上所述，项目成本管理中每一个环节都是相互联系和相互作用的。成本预测是成本决策的前提，成本计划是成本决策所确定目标的具体化。成本控制则是对成本

计划的实施进行监督，保证决策的成本目标实现，而成本核算又是成本计划是否实现的最后检验，它所提供的成本信息又对下一个项目成本预测和决策提供基础资料。成本考核是实现成本目标责任制的保证和实现决策目标的重要手段。

四、建筑工程项目成本管理的措施

（一）组织措施

组织措施是从施工成本管理的组织方面采取的措施。施工成本控制是全员的活动，如实行项目经理责任制，落实施工成本管理的组织机构和人员，明确各级施工成本管理人员的任务和职能分工、权利和责任。施工成本管理不但是专业成本管理人员的工作，各级项目管理人员也负有成本控制责任。

组织措施的另一方面是编制施工成本控制工作计划，确定合理详细的工作流程。要做好施工采购规划，通过生产要素的优化配置、合理使用、动态管理，有效控制实际成本；加强施工定额管理和施工任务单管理，控制活劳动和物化劳动的消耗；加强施工调度，避免因施工计划不周和盲目调度造成窝工损失、机械利用率降低、物料积压等而使施工成本增加。成本控制工作只有建立在科学管理的基础之上，具备合理的管理体制，完善的规章制度，稳定的作业秩序，完整准确的信息传递，才能取得成效。组织措施是其他各类措施的前提和保障，而且一般不需增加什么费用，运用得当可以收到良好的效果。

（二）技术措施

施工过程中降低成本的技术措施，包括：进行技术经济分析，确定最佳的施工方案；结合施工方法，进行材料使用的比选，在满足功能要求的前提下，通过代用、改变配合比、使用添加剂等方法降低材料消耗的费用；确定最合适的施工机械、设备使用方案。结合项目的施工组织设计及自然地理条件，降低了材料的库存成本和运输成本；先进的施工技术的应用，新材料的运用，新开发机械设备的使用等。在实践中，也要避免仅从技术角度选定方案而忽视对其经济效果的分析论证。

技术措施不仅对解决施工成本管理过程中的技术问题是不可缺少的，而且对纠正施工成本管理目标偏差也有相当重要的作用。因此，运用技术纠偏措施的关键，一是要能提出多个不同的技术方案，二是要对不同的技术方案进行技术经济分析。

（三）经济措施

经济措施是最易为人们所接受和采用的措施。管理人员应编制资金使用计划，确定、分解施工成本管理目标。对于施工成本管理目标进行风险分析，并制定防范性对策。对各种支出，应认真做好资金的使用计划，并在施工中严格控制各项开支。及时准确地记录、收集、整理、核算实际发生的成本。对各种变更，及时做好增减账，及时落实业主签证，及时结算工程款。通过偏差分析和未完工程预测，可发现一些潜在的问题将引起未完工程施工成本增加，对这些问题应以主动控制为出发点，及时采取预防措施。由此可见，经济措施的运用绝不仅仅是财务人员的事情。

（四）合同措施

采用合同措施控制施工成本，应贯穿整个合同周期，包括从合同谈判开始到合同终结的全过程。首先是选用合适的合同结构，对各种合同结构模式进行分析、比较，在合同谈判时，要争取选用适合工程规模、性质和特点的合同结构模式。其次，在合同的条款中应仔细考虑一切影响成本和效益的因素，特别是潜在的风险因素。通过对引起成本变动的风险因素的识别和分析，采取必要的风险对策，如通过合理的方式，增加承担风险的个体数量，降低损失发生的比例，并且最终使这些策略反映在合同的具体条款中。在合同执行期间，合同管理的措施既要密切注视对方合同执行的情况，以寻求合同索赔的机会；同时也要密切关注自己履行合同的情况，以防止被对方索赔。

五、项目成本管理的原则

项目成本管理需要遵循以下六项原则：（1）领导者推动原则。（2）以人为本，全员参与原则。（3）目标分解，责任明确原则。（4）管理层次与管理内容的一致性原则。（5）动态性、及时性、准确性原则。（6）过程控制和系统控制原则。

六、项目成本管理影响因素和责任体系

（一）项目成本管理影响因素

影响项目成本管理的主要因素有以下几方面：投标报价；合同价；施工方案；施工质量；施工进度；施工安全；施工现场平面管理；工程变更；索赔费用等。

（二）项目成本管理责任体系

1. 组织管理层

组织管理层主要是设计和建立项目成本管理体系、组织体系的运行，行使管理和监督职能。它的成本管理除生产成本，还包括了经营管理费用。负责项目全面管理的决策，确定项目的合同价格和成本计划，确定项目管理层的成本目标。

2. 项目经理部

项目经理部的成本管理职能，是组织项目部人员执行组织确定的项目成本管理目标，发挥现场生产成本控制中心的管理职能。负责项目生产成本的管理，实施成

本控制，实现项目管理目标责任书的成本目标。

第二节　建筑工程成本预测

一、项目成本预测的概念

成本预测，就是依据成本的历史资料和有关信息，在认真分析当前各种技术经济条件、外界环境变化及可能采取的管理措施的基础上，对未来的成本与费用及其发展趋势所作的定量描述和逻辑推断。

项目成本预测是通过成本信息和工程项目的具体情况，对未来的成本水平及其发展趋势作出科学的估计，其实质就是工程项目在施工以前对成本进行核算。通过成本预测，使项目经理部在满足业主和企业要求的前提下，确定工程项目降低成本的目标，克服盲目性，提高预见性，为了工程项目降低成本提供决策与计划的依据。

二、项目成本预测的意义

（一）成本预测是投标决策的依据

建筑施工企业在选择投标项目过程中，往往需根据项目是否盈利、利润大小等诸因素确定是否对工程投标。

（二）成本预测是编制成本计划的基础

计划是管理的第一步。正确可靠的成本计划，必须遵循客观经济规律，从实际出发，对于成本作出科学的预测。这样才能保证成本计划不脱离实际，切实起到控制成本的作用。

（三）成本预测是成本管理的重要环节

推算其成本水平变化的趋势及其规律性，预测实际成本。它是预测和分析相结合，是事后反馈和事前控制相结合。通过成本预测，发现问题，找出薄弱环节，有效控制成本。

三、项目成本预测程序

（一）制定预测计划

制定预测计划是预测工作顺利进行的保证。预测计划的内容主要包括：组织领导及工作布置，配合的部门，时间进度，搜集材料范围等等。

（二）搜集整理预测资料

根据预测计划，搜集预测资料是进行预测的重要条件。预测资料一般有纵向和横向两方面的数据。纵向资料是企业成本费用的历史数据，据此分析其发展趋势；横向资料是指同类工程项目、同类施工企业的成本资料，据此分析所预测项目与同类项目的差异，并作出估计。

（三）选择预测方法

成本的预测方法可以分为定性预测法和定量预测法。

定性预测法是根据经验和专业知识进行判断的一种预测方法。常用的定性预测法有：管理人员判断法、专业人员意见法、专家意见法及市场调查法等。

定量预测法是利用历史成本费用资料以及成本和影响因素之间的数量关系，通过一定的数学模型来推测、计算未来成本的可能结果。

（四）成本初步预测

根据定性预测的方法及一些横向成本资料的定量预测，对成本进行初步估计。这一步的结果往往比较粗糙，需结合现在的成本水平进行修正，才能保证预测结果的质量。

（五）影响成本水平的因素预测

影响成本水平南因素主要有：物价变化、劳动生产率、物料消耗指标、项目管理费开支、企业管理层次等。可根据近期内工程实施情况、本企业以及分包企业情况、市场行情等，推测未来哪些因素会对成本费用水平产生影响，其结果如何。

（六）成本预测

根据初步的成本预测以及对成本水平变化因素预测结果，确定成本情况。

（七）分析预测

误差成本预测往往与实施过程中及其后的实际成本有出入，而产生预测误差。预测误差大小，反映预测准确程度的高低。如误差较大，应分析产生误差的原因，并积累经验。

四、项目成本预测方法

（一）定性预测方法

成本的定性预测指成本管理人员根据专业知识和实践经验，通过调查研究，利用已有资料，对成本的发展趋势及可能达到的水平所作的分析和推断。由于定性预测主要依靠管理人员的素质和判断能力，因而这种方法必须建立在对项目成本耗费的历史资料、现状及影响因素深刻了解的基础之上。

定性预测偏重于对市场行情的发展方向和施工中各种影响项目成本因素的分析，发挥专家经验和主观能动性，比较灵活，可以较快地提出预测结果；但进行定性预测时，也要尽可能地搜集数据，运用数学方法，其结果通常也是从数量上测算。这种方法简便易行，在资料不多、难以进行定量预测时最为适用。

在项目成本预测地过程中，经常采用的定性预测方法主要有：经验评判法、专家会议法、德尔菲法和主观概率法等等。

（二）定量预测方法

定量预测方法也称统计预测方法，是根据已掌握的比较完备的历史统计数据，运用一定数学方法进行科学的加工整理，借以揭示有关变量之间的规律性联系，从而推判未来发展变化情况。

定量预测偏重于数量方面的分析，重视预测对象的变化程度，能将变化程度在数量上准确地描述；它需积累和掌握历史统计数据，客观实际资料，作为预测地依据，运用数学方法进行处理分析，受主观因素影响较少。

定量预测的主要方法有：算术平均法、回归分析法、高低点法、量本利分析法和因素分析法。

五、回归分析法和高低点法

（一）回归分析法

在具体的预测过程中经常会涉及几个变量或者几种经济现象，并且需要探索它们之间的相互关系。例如成本与价格及劳动生产率等都存在着数量上的一定相互关系。对客观存在的现象之间相互依存关系进行分析研究，测定两个或两个以上变量之间的关系，寻求其发展变化的规律性，从而进行推算和预测，称为回归分析。在进行回归分析时，不论变量的个数多少，必须选择其中的一个变量为因变量，而把其他变量作为自变量，然后根据已知的历史统计数据资料，研究测定因变量和自变量之间的关系。利用回归分析法进行预测，称为回归预测。

在回归分析预测中，所选定的因变量是指需要求得预测值的那个变量，即预测对象。自变量则是影响预测对象变化的，与因变量有密切关系的那个或那些变量。

回归分析有一元线性回归分析、多元线性回归分析和非线性回归分析等。这里仅介绍一元线性回归分析在成本预测中的应用。

1. 一元线性回归分析预测的基本原理

一元线性回归分析预测法是根据历史数据在直角坐标系上描绘出相应点，再在各点间作一直线，使直线到各点的距离最小，即偏差平方和为最小，因而，这条直线就最能代表实际数据变化的趋势（或者称倾向线），用这条直线适当延长来进行预测是合适的。

2. 一元线性回归分析预测的步骤

先根据 X、Y 两个变量的历史统计数据，把 X 与 Y 作为已知数，寻求合理的 a、b 回归系数，然后，依据 a、b 回归系数来确定回归方程。这是运用回归分析法的基础。

利用已求出的回归方程中 a、b 回归系数的经验值，把 a、b 作为已知数，根据具体条件，测算 y 值随着 x 值的变化而呈现的未来演变，这是运用回归分析法的目的。

（二）高低点法

高低点法是成本预测的一种常用方法，它是根据统计资料中完成业务量（产量或产值）最高和最低两个时期的成本数据，通过计算总成本中的固定成本、变动成本和变动成本率来预测成本的。

第三节　建筑工程成本计划

一、项目成本计划的概念和重要性

成本计划，是在多种成本预测的基础上，经过分析、比较、论证以及判断之后，以货币形式预先规定计划期内项目施工的耗费和成本所要达到的水平，并且确定各个成本项目比预计要达到的降低额和降低率，提出保证成本计划实施所需要的主要措施方案。

项目成本计划是项目成本管理的一个重要环节，是实现降低项目成本任务的指导性文件，也是项目成本预测的继续。

项目成本计划的过程是动员项目经理部全体职工，挖掘降低成本潜力的过程；也是检验施工技术质量管理、工期管理、物资消耗和劳动力消耗管理等效果的全过程。

项目成本计划的重要性具体表现为以下几个方面：（1）是对于生产耗费进行控制、分析和考核的重要依据。（2）是编制核算单位其他有关生产经营计划的基础。（3）是国家编制国民经济计划的一项重要依据。（4）可以动员全体职工深入开展增产节约、降低产品成本的活动。（5）是建立企业成本管理责任制、开展经济核算和控制生产费用的基础。

二、成本计划与目标成本

所谓目标成本，即项目（或企业）对未来产品成本所规定的奋斗目标。它比已经达到的实际成本要低，但又是经过努力可以达到的。目标成本管理是现代化企业经营管理的重要组成部分，它是市场竞争的需要，是企业挖掘内部潜力、不断降低产品成本、提高企业整体工作质量的需要，是衡量企业实际成本节约或者开支，考核企业在一定时期内成本管理水平高低的依据。

施工项目的成本管理实质就是一种目标管理。项目管理的最终目标是低成本、高质量、短工期，而低成本是这三大目标的核心和基础。目标成本有很多形式，在制定目标成本作为编制施工项目成本计划和预算的依据时，可能以计划成本、定额成本或标准成本作为目标成本，还将随着成本计划编制方法的变化而变化。

三、项目成本目标的分解

通过计划目标成本的分解，使项目经理部的所有成员和各个单位、部门明确自己的成本责任，并按照分工去开展工作。通过计划目标成本的分解，将各分部分项工程成本控制目标和要求，各成本要素的控制目标和要求，落实到成本控制的责任者。

项目经理部进行目标成本分解，方法有两个：一是按工程成本项目分解。二是按项目组成分解，大中型工程项目通常是工程由若干单项工程构成的，而每个单项工程包括了多个单位工程，每个单位工程又是由若干个分部分项工程所构成。所以，首先要把项目总施工成本分解到单项工程和单位工程，再进一步分解到分部工程和分项工程中。

在完成施工项目成本分解之后，接下来就要具体地分析成本，编制分项工程的成本支出计划，从而得到详细的成本计划表。

四、成本计划的编制依据

编制成本计划的过程是动员全体施工项目管理人员的过程，是挖掘降低成本潜力的过程，是检验施工技术质量管理、工期管理、物资消耗和劳动力消耗管理等是否落实的过程。

项目成本计划编制依据有：（1）承包合同。合同文件除包括合同文本外，还包括招标文件、投标文件、设计文件等，合同中的工程内容、数量、规格、质量、工期和支付条款都将对工程的成本计划产生重要的影响，因此，承包方在签订合同前应进行认真的研究与分析，在正确履约的前提下降低工程成本。（2）项目管理实施规划。其中工程项目施工组织设计文件为核心的项目实施技术方案与管理方案，是在充分调查和研究现场条件及有关法规条件的基础上制定的，不同实施条件下的技术方案和管理方案，将导致工程成本的不同。（3）可行性研究报告和相关设计文件。（4）已签订的分包合同（或估价书）。（5）生产要素价格信息。包括：人工、材料、机械台班的市场价；企业颁布的材料指导价、企业内部机械台班价格、劳动力内部挂牌价格；周转设备内部租赁价格、摊销损耗标准；结构件外加工计划和合同等。（6）反映企业管理水平的消耗定额（企业施工定额），和类似工程的成本资料。

五、项目成本计划的原则和程序

（一）项目成本计划的原则

（1）合法性原则。（2）先进可行性原则。（3）弹性原则。（4）可比性原则。（5）统一领导分级管理的原则。（6）从实际出发的原则。（7）与其他计划结合的原则。

（二）项目成本计划编制的程序

编制成本计划的程序，因项目的规模大小、管理要求不同而不同。大中型项目一般采用了分级编制的方式，即先由各部门提出部门成本计划，再由项目经理部汇总编制全项目工程的成本计划；小型项目一般采用了集中编制方式，即由项目经理部先编制各部门成本计划，再汇总编制全项目的成本计划。

六、项目成本计划的内容

（一）项目成本计划的组成

1. 直接成本计划

直接成本计划主要反映工程成本的预算价值、计划降低额和计划降低率。直接成

本计划的具体内容如下：（1）编制说明。指对工程的范围、投标竞争过程及合同条件、承包人对项目经理提出的责任成本目标、项目成本计划编制的指导思想和依据等的具体说明。（2）项目成本计划的指标。项目成本计划的指标应经过科学的分析预测确定，可以采用对比法、因素分析法等进行测定。（3）按工程量清单列出的单位工程计划成本汇总表。（4）按成本性质划分的单位工程成本汇总表，根据清单项目的造价分析，分别对人工费、材料费、机械费、措施费、企业管理费和税费进行汇总，形成单位工程成本计划表。（5）项目计划成本应在项目实施方案确定和不断优化的前提下进行编制，因为不同的实施方案将导致直接工程费、措施费和企业管理费的差异。成本计划的编制是项目成本预控的重要手段。因此，应在开工前编制完成，以便将计划成本目标分解落实，为了各项成本的执行提供明确的目标、控制手段和管理措施。

2. 间接成本

计划间接成本计划主要反映施工现场管理费用的计划数、预算收入数及降低额。间接成本计划应根据工程项目的核算期，以项目总收入费的管理费为基础，制定各部门费用的收支计划，汇总后作为工程项目的管理费用的计划。在间接成本计划中，收入应与取费口径一致，支出应与会计核算中管理费用的二级科目一致。间接成本的计划的收支总额，应与项目成本计划中管理费一栏的数额相符。各部门应按照节约开支、压缩费用的原则，制定"管理费用归口包干指标落实办法"，从而保证该计划的实施。

（二）项目成本计划表

1. 项目成本计划任务表

项目成本计划任务表主要是反映项目预算成本、计划成本、成本降低额以及成本降低率的文件，是落实成本降低任务的依据。

2. 项目间接成本计划表

项目间接成本计划表主要指施工现场管理费计划表。反映了发生在项目经理部的各项施工管理费的预算收入、计划数和降低额。

3. 项目降低成本计划表

根据企业下达给该项目的降低成本任务和该项目经理部自己确定的降低成本指标而制定出项目成本降低计划。它是编制成本计划任务表的重要依据。它是由项目经理部有关业务和技术人员编制的。其根据是项目的总包和分包的分工，项目中的各有关部门提供的降低成本资料及技术组织措施计划。在编制降低成本计划表时，还应参照企业内外以往同类项目成本计划的实际执行情况。

七、项目成本计划编制的方法

（一）施工预算法

施工预算法，是指以施工图中的工程实物量，套以施工工料消耗定额，计算工料消耗量，并进行工料汇总，然后统一以货币形式反映其施工生产耗费水平。

采用施工预算法编制成本计划，是以单位工程施工预算为依据，并且考虑结合技术节约措施计划，以进一步降低施工生产耗费水平。

施工预算法计划成本 = 施工预算工料消耗费用 – 技术节约措施计划节约额

（二）技术节约措施法

技术节约措施法是指以工程项目计划采取的技术组织措施和节约措施所能取得的经济效果为项目成本降低额，然后求工程项目的计划成本的方法。用公式表示为：

工程项目计划成本 = 工程项目预算成本 – 技术节约措施计划节约额（成本降低额）

（三）成本习性法

成本习性法是固定成本和变动成本在编制成本计划中的应用，主要按照成本习性，将成本分成固定成本和变动成本两类，以此计算计划成本。具体划分可以采用按费用分解的方法。

1. 材料费

与产量有直接联系，属于变动成本。

2. 人工费

在计时工资形式下，生产工人工资属于固定成本，因为不管生产任务完成与否，工资照发，与产量增减无直接联系。如果采用了计件超额工资形式，其计件工资部分属于变动成本，奖金、效益工资和浮动工资部分，亦应计入变动成本。

3. 机械使用费

其中有些费用随产量增减而变动，如燃料费、动力费等，属变动成本。有些费用不随产量变动，如机械折旧费、大修理费、机修工和操作工的工资等，属于固定成本。另外还有机械的场外运输费和机械组装拆卸、替换配件、润滑擦拭等经常修理费，由于不直接用于生产，也不随产量增减成正比例变动，而是在生产能力得到充分利用，产量增长时，所分摊的费用就少些，在产量下降时，所分摊的费用就要大一些，所以这部分费用为介于固定成本和变动成本之间的半变动成本，可按一定比例划为固定成本和变动成本。

4. 措施费

水、电、风、气等费用以及现场发生的其他费用，多数与产量发生联系，属于变动成本。

5. 施工管理费

其中大部分在一定产量范围内与产量的增减没有直接联系，比如工作人员工资、生产工人辅助工资、工资附加费、办公费、差旅交通费、固定资产使用费、职工教育经费、上级管理费等，基本上属于固定成本。检验试验费、外单位管理费等与产量增减有直接联系，则属于变动成本范围。此外，劳动保护费中的劳保服装费、防暑降温费、防寒用品费，劳动部门都有规定的领用标准和使用年限，基本上属于固定成本范围。技术安全措施费、保健费，大部分与产量有关，属于变动成本。工具用具使用费中，行政使用的家具费属固定成本。工人领用工具，随管理制度不同而不同，有些企业对机修工、电工、钢筋、车工、钳工、刨工的工具按定额配备，规定使用年限，定期以旧换新，属于固定成本；而对民工、木工、抹灰工、油漆工的工具采取定额人工数、定价包干，则又属于变动成本。

在成本按习性划分为固定成本与变动成本后，可用下列公式计算：

工程项目计划成本 = 项目变动成本总额 + 项目固定成本总额

第四节　建筑工程成本控制

一、建筑工程项目成本控制概要

（一）项目成本控制的概念

项目成本控制是指项目经理部在项目成本形成的过程中，为了控制人、机、材消耗和费用支出，降低工程成本，达到预期的项目成本目标，所进行的成本预测、计划、实施、核算、分析、考核、整理成本资料与编制成本报告等一系列活动。

项目成本控制是在成本发生和形成的过程中，对成本进行的监督检查。成本的发生和形成是一个动态的过程，这就决定成本的控制也应该是一个动态过程，因此，也可称为成本的过程控制。

项目成本控制的重要性，具体可表现为以下几个方面：（1）监督工程收支，实现计划利润。（2）做好盈亏预测，指导工程实施。（3）分析收支情况，调整资金流动。（4）积累资料，指导今后投标。

（二）项目成本控制的依据

1. 项目承包合同文件

项目成本控制要以工程承包合同为依据，围绕降低工程成本这个目标，从预算收入和实际成本两方面，努力挖掘增收节支潜力，以求获得最大的经济效益。

2. 项目成本计划

项目成本计划是根据工程项目的具体情况制定的施工成本控制方案，既包括预定的具体成本控制目标，又包括了实现控制目标的措施和规划，是项目成本控制的指导文件。

3. 进度报告

进度报告提供了每一时刻工程实际完成量，工程施工成本实际支付情况等重要信息。施工成本控制工作正是通过实际情况与施工成本计划相比较，找出二者之间的差别，分析偏差产生的原因，从而采取措施改进以后的工作。此外，进度报告还有助于管理者及时发现工程实施中存在的隐患，并且在事态还未造成重大损失之前采取有效措施，尽量避免损失。

4. 工程变更与索赔资料

在项目的实施过程中，由于各方面的原因，工程变更是很难避免的。工程变更一般包括设计变更、进度计划变更、施工条件变更、技术规范与标准变更、施工次序变更、工程数量变更等。一旦出现变更，工程量、工期、成本都必将发生变化，从而使得施工成本控制工作变得更加复杂和困难。所以，施工成本管理人员应当通过对变更要求当中各类数据的计算、分析，随时掌握变更情况，包括已发生工程量、将要发生工程量、工期是否拖延、支付情况等重要信息，判断变更以及变更可能带来的索赔额度等。

除了上述几种项目成本控制工作的主要依据以外，有关施工组织设计、分包合同文本等也都是项目成本控制的依据。

（三）项目成本控制的要求

项目成本控制应满足下列要求：（1）要按照计划成本目标值来控制生产要素的采购价格，并认真做好材料、设备进场数量和质量的检查、验收与保管。（2）要控制生产要素的利用效率和消耗定额，比如任务单管理、限额领料、验工报告审核等。同时要做好不可预见成本风险的分析和预控，包括编制相应的应急措施等。（3）控制影响效率对消耗量的其他因素（如工程变更等）所引起的成本增加。（4）把项目成本管理责任制度与对项目管理者的激励机制结合起来，以增强管理人员的成本意识和控制能力。（5）承包人必须有一套健全的项目财务管理制度，按规定的权限和程序对项目资金的使用和费用的结算支付进行审核、审批，使其成为项目成本控制的一个重要手段。

（四）项目成本控制的原则

1. 全面控制原则

（1）项目成本的全员控制。（2）项目成本的全过程控制。（3）项目成本的全企业各部门控制。

2. 动态控制原则

（1）项目施工是一次性行为，其成本控制应更重视事前、事中控制。（2）编制成本计划，制订或者修订各种消耗定额和费用开支标准。（3）施工阶段重在执行成本计划，落实降低成本措施，实行成本目标管理。（4）建立灵敏的成本信息反馈系统。各责任部门能及时获得信息，纠正不利成本偏差。

3. 节约原则

（1）编制工程预算时，应"以支定收"，保证预算收入；在施工过程中，要"以收定支"，控制资源消耗和费用支出。（2）严格控制成本开支范围，费用开支标准和有关财务制度，对于各项成本费用的支出进行限制和监督。抓住索赔时机，搞好索赔、合理力争甲方给予经济补偿。

二、项目成本控制实施的步骤

在确定了项目施工成本计划之后，必须定期地进行施工成本计划值与实际值的比较，当实际值偏离计划值时，分析产生偏差的原因，采取了适当的纠偏措施，以确保施工成本控制目标的实现。其实施步骤如下：

（一）比较

按照某种确定的方式将施工成本计划值与实际值逐项进行比较，以发现施工成本是否已超支。

（二）分析

在比较的基础上，对比较的结果进行分析，以确定偏差的严重性及偏差产生的原因。这是施工成本控制工作的核心，其主要目的在于找出产生偏差的原因，从而采取具有针对性的措施，减少或者避免相同原因的事件再次发生或减少由此造成的损失。

（三）预测

根据项目实施情况估算整个项目完成时的施工成本。预测的目的在于为决策提供支持。

（四）纠偏

当工程项目的实际施工成本出现了偏差，应当根据工程的具体情况、偏差分析和预测的结果，采取适当的措施，以期达到使施工成本偏差尽可能小的目的。纠偏是施工成本控制中最具实质性的一步。只有通过纠偏，才能最终达到有效控制施工成本的目的。

（五）检查

检查是指对工程的进展进行跟踪和检查，及时了解工程进展状况以及纠偏措施的执行情况和效果，为了今后的工作积累经验。

三、项目成本控制的对象和内容

（一）项目成本控制的对象

以项目成本形成的过程作为控制对象。根据对项目成本实行全面、全过程控制的要求，具体包括：工程投标阶段成本控制；施工准备阶段成本控制；施工阶段成本控制；竣工交代使用及保修期阶段的成本控制。

以项目的职能部门、施工队和生产班组作为成本控制的对象。成本控制的具体内容是日常发生的各种费用和损失。项目的职能部门、施工队和班组还应当对自己承担的责任成本进行自我控制，这是最直接、最有效的项目成本控制。

以分部分项工程作为项目成本的控制对象。项目应该根据分部分项工程的实物量，参照施工预算定额，联系项目管理的技术素质、业务素质和技术组织措施的节约计划，编制包括工、料、机消耗数量和单价、金额在内的施工预算，作为对分部分项工程成本进行控制的依据。

以对外经济合同作为成本控制对象。

（二）项目成本控制的内容

工程投标阶段中标以后，应根据项目的建设规模，组建与之相适应的项目经理部，同时以标书为依据确定项目的成本目标，并下达给项目经理部。

（三）施工准备阶段

根据设计图纸和有关技术资料，对于施工方法、施工顺序、作业组织形式、机械设备选型、技术组织措施等进行认真的研究分析，并运用价值工程原理，制定出科学先进、经济合理的施工方案。

（四）施工阶段

（1）将施工任务革和限额领料单的结算资料与施工预算进行核对，计算分部分项工程的成本差异，分析差异产生的原因，并采取有效的纠偏措施。（2）做好月度成本原始资料的收集和整理，正确计算月度成本。实行责任成本核算。（3）经常检查对外经济合同的履约情况，为了顺利施工提供物质保证。定期检查各责任部门和责任者的成本控制情况。

（五）竣工验收阶段

（1）重视竣工验收工作，顺利交付使用。在验收前，要准备好验收所需要的各种书面资料（包括竣工图）送甲方备查；对验收中甲方提出的意见，应根据设计要求和合同内容认真处理，如果涉及费用，应请甲方签证，列入工程结算。（2）及时办理工程结算。（3）在工程保修期间，应由项目经理指定保修工作的责任者，并责成保修责任者根据实际情况提出保修计划（包括费用计划），以此作为控制保修费用的依据。

四、项目成本控制的实施方法

（一）以项目成本目标控制成本支出

1. 人工费的控制

人工费的控制实行"量价分离"的原则，将作业用工及零星用工按定额工日的一定比例综合确定用工数量和单价，通过劳务合同进行控制。

2. 材料费的控制

材料费控制同样按照"量价分离"的原则，控制材料用量和材料价格。首先，是材料用量的控制，在保证符合设计要求和质量标准的前提下，合理地使用材料，通过材料需用量计划、定额管理、计量管理等手段有效控制材料物资的消耗，具体方法如下：

（1）材料需用量计划的编制实行适时性、完整性、准确性控制

在工程项目施工过程中，每月应根据施工进度计划，编制材料需用量计划。计划的适时性是指材料需用量计划的提出和进场要适时。计划的完整性是指材料需用量计划的材料品种必须齐全，材料的型号、规格、性能、质量要求等要明确。计划的准确性是指材料需用量的计算要准确，绝不能粗估冒算。需用量计划应包括需用量和供应量，需用量计划应包括两个月工程施工的材料用量。

（2）材料领用控制

材料领用控制是通过实行限额领料制度来控制。限额领料制度可采用定额控制

和指标控制。定额控制指对于有消耗定额的材料，以消耗定额为依据，实行限额发料制度。指标控制指对于没有消耗定额的材料，则实行计划管理和按指标控制。

（3）材料计量控制

准确做好材料物资的收发计量检查和投料计量检查。计量器具要按期检验、校正，必须受控；计量过程必须受控；计量方法必须全面、准确并且受控。

（4）工序施工质量控制

工程施工前道工序的施工质量往往影响后道工序的材料消耗量。从每个工序的施工来讲，则应时时受控，一次合格，避免返修而增加材料消耗。

其次，是材料价格的控制。材料价格主要由材料采购部门控制。由于材料价格是由买价、运杂费、运输中的合理损耗等组成，因此控制材料价格，主要是通过掌握市场信息，应用招标和询价等方式控制材料、设备的采购价格。

施工项目的材料物资，包括构成工程实体的主要材料和结构件，以及有助工程实体形成的周转使用材料和低值易耗品。从价值角度看，材料物资的价值，约占建筑安装工程造价的 60% ~ 70% 以上，其重要程度自然是不言而喻的。材料物资的供应渠道和管理方式各不相同，控制的内容和方法也有所不同。

3. 施工机械使用费的控制

合理选择施工机械设备，合理使用施工机械设备对成本控制具有十分重要的意义，尤其是高层建筑施工。据某些工程实例统计，在高层建筑地面以上部分的总费用中，垂直运输机械费用占 6% ~ 10%。由于不同的起重运输机械有不同的用途和特点，因此在选择起重运输机械时，首先应根据工程特点和施工条件确定采取了何种起重运输机械的组合方式。

施工机械使用费主要由台班数量和台班单价两方面决定，为有效控制施工机械使用费支出，主要从以下几个方面进行控制：（1）合理安排施工生产，加强设备租赁计划管理，减少因安排不当引起的设备闲置。（2）加强机械设备的调度工作，尽量避免窝工，提高现场设备利用率。（3）加强现场设备的维修保养，避免因不正确使用造成机械设备的停置。（4）做好机上人员与辅助生产人员的协调与配合，提高施工机械台班产量。

4. 施工分包费用的控制

分包工程价格的高低，必然对项目经理部的施工项目成本产生一定的影响。因此，施工项目成本控制的重要工作之一是对分包价格的控制。项目经理部应在确定施工方案的初期确定需要分包的工程范围。决定分包范围的因素主要是施工项目的专业性和项目规模。对于分包费用的控制，主要是要做好分包工程的询价、订立平等互利的分包合同、建立稳定的分包关系网络、加强施工验收和分包结算等工作。

（二）以施工方案控制资源消耗

资源消耗数量的货币表现大部分是成本费用。因此，资源消耗的减少，就等于成本费用的节约；控制了资源消耗，也就是控制了成本费用。

以施工预算控制资源消耗的实施步骤和方法如下：

（1）在工程项目开工前，根据施工图纸和工程现场的实际情况，制定施工方案。（2）组织实施。施工方案是进行工程施工的指导性文件，有步骤、有条理地按施工方案组织施工，可以合理配置人力和机械，可以有计划地组织物资进场，从而做到均衡施工。（3）采用价值工程，优化施工方案。价值工程，又称价值分析，是一门技术与经济相结合的现代化管理科学，应用价值工程，既研究在提高功能的同时不增加成本，或者在降低成本的同时不影响功能，把提高功能和降低成本统一在最佳方案中。

第五节 建筑项目成本核算

一、项目成本核算概述

项目成本核算是施工项目管理系统中一个极其重要的子系统，也是项目管理最根本的标志和主要内容。

项目成本核算在施工项目成本管理中的重要性体现在两个方面：一方面，它是施工项目进行成本预测、制订成本计划和实行成本控制所需信息的重要来源；另一方面，它又是施工项目进行成本分析和成本考核的基本依据。成本预测是成本计划的基础。成本计划是成本预测的结果，也是所确定的成本目标的具体化。成本控制是对成本计划的实施进行监督，以保证成本目标的实现。而成本核算则是对于成本目标是否实现的最后检验。成本考核是实现决策目标的重要手段。由此可见，施工项目成本核算是施工项目成本管理中最基本的职能，离开了成本核算，就谈不上成本管理，也就谈不上其他职能的发挥，这就是施工项目成本核算与施工项目成本管理的内在联系。

（一）项目成本核算的对象

项目成本核算的对象是指在计算工程成本中确定的归集和分配生产费用的具体对象，即生产费用承担的客体。确定成本核算对象，是设立工程成本明细分类账户、归集和分配生产费用以及正确计算工程成本的前提。

成本核算对象主要根据企业生产的特点与成本管理上的要求确定。由于建筑产品的多样性和设计、施工的单件性，在编制施工图预算、制订成本计划以及与建设单位结算工程价款时，都是以单位工程为对象。所以，按照财务制度规定，在成本核算中，施工项目成本一般应以独立编制施工图预算的单位工程为成本核算对象，但也可以按照承包工程项目的规模、工期、结构类型、施工组织和现场情况等，结合成本管理要求，灵活划分成本核算对象。一般说来有以下几种划分核算对象的方法：（1）一个单位工程由几个施工单位共同施工时，各施工单位都应以同一单位工程为成本核算对象，各自核算自行完成的部分。（2）规范大、工期长的单位工程，可以将工程划分为若干部位，以令部位的工程作为成本核算对象。（3）同一建设项目，由同一施工单位施工，并在同一施工地点，属于同一建设项目的各个单位工程合并作为一个成本核算对象。（4）改建、扩建的零星工程，可根据实际情况和管理需要，以一个单项工程为成本核算对象，或者将同一施工地点的若干个工程量较少的单项工程合并作为一个成本核算对象。

（二）项目成本核算的要求

项目成本核算的基本要求如下：（1）项目经理部应根据财务制度和会计制度的有关规定，建立项目成本核算制，明确项目成本核算的原则、范围、程序、方法、内容、责任及要求，并设置核算台账，记录原始数据。（2）项目经理部应按照规定的时间间隔进行项目成本核算。（3）项目成本核算应坚持三同步的原则。项目经济核算的三同步是指统计核算、业务核算、会计核算三者同步进行。统计核算即产值统计，业务核算即人力资源与物质资源的消耗统计，会计核算即成本会计核算。根据项目形成的规律，这三者之间必然存在同步关系，即完成多少产值、消耗多少资源、发生多少成本，三者应该同步，否则项目成本就会出现盈亏异常情况。（4）建立以单位工程为对象的项目生产成本核算体系，是因为单位工程是施工企业的最终产品（成品），可以独立考核。（4）项目经理部应编制定期成本报告。

二、项目成本核算的方法

（一）建筑工程项目成本核算的信息关系

建筑工程项目成本核算需要各方面提供信息。

（二）建筑工程项目成本核算的工作流程

建筑工程项目成本核算的工作流程是：预算→降低成本计划→成本计划→施工中的核算→竣工结算。

三、项目成本核算的过程

成本的核算过程，实际上也是各成本项目的归集和分配的过程。成本的归集是指通过一定的会计制度，以有序的方式进行成本数据的搜集和汇总；而成本的分配是指将归集的间接成本分配给成本对象的过程，也称间接成本的分摊或者分派。

工程直接费在计算工程造价时可按定额和单位估价表直接列入，但是在项目较多的单位工程施工情况下实际发生时却有相当一部分的费用也需通过分配方法计入。间接成本一般按一定标准分配计入成本核算对象——单位工程。核算的内容如下：（1）人工费的归集和分配；（2）材料费的归集和分配；（3）周转材料的归集和分配；（4）结构件的归集和分配；（5）机械使用费的归集和分配；（6）施工措施费的归集和分配；（7）施工间接费的归集和分配；（8）分包工程成本的归集和分配。

四、建筑工程项目成本会计的账表

项目经理部应根据会计制度的要求，设立核算必要的账户，进行规范的核算。首先应建立三本账，再由三本账编制施工项目成本的会计报表，即四表。

（一）三账

三账包括工程施工账、其他直接费账与施工间接费账。

1. 工程施工账

用于核算工程项目进行建筑安装工程施工所发生的各项费用支出，是以组成工程项目成本的成本项目设专栏记载的。

工程施工账按照成本核算对象核算的要求，又可以分为单位工程成本明细账和工程项目成本明细账。

2. 其他直接费账

先以其他直接费费用项目设专栏记载，月终再分配计入受益单位工程的成本。

3. 施工间接费账

用于核算项目经理部为组织和管理施工生产活动所发生的各项费用支出，以项目经理部为单位设账，按间接成本费用项目设专栏记载，月终再按一定的分配标准计入受益单位工程的成本。

（二）四表

四表包括在建工程成本明细表、竣工工程成本明细表、施工间接费表以及工程项目成本表。

1. 在建工程成本明细表

要求分单位工程列示，以组成单位工程成本项目的三本账汇总形成报表，账表相符，按月填表。

2. 竣工工程成本明细表

要求在竣工点交后，以单位工程列示，实际成本账表相符，按月填表。

3. 施工间接费表。要求按核算对象的间接成本费用项目列示，账表相符，按月填表。

4. 工程项目成本表

该报表属于工程项目成本的综合汇总表，表中除按成本项目列示之外，还增加了工程成本合计、工程结算成本合计、分建成本、工程结算其他收入和工程结算成本总计等项，综合了前三个报表，汇总反映项目成本。

第六节　建筑工程成本分析与考核

一、项目成本分析概要

（一）项目成本分析的概念

项目成本分析，就是根据统计核算、业务核算和会计核算提供的资料，对项目成本的形成过程和影响成本升降的因素进行分析，以寻求进一步降低成本的途径（包括项目成本中的有利偏差的挖潜和不利偏差的纠正）；另一方面，通过了成本分析，可从账簿、报表反映的成本现象看清成本的实质，从而增强项目成本的透明度和可控性，为了加强成本控制，实现项目成本目标创造条件。由此可见，项目成本分析，也是降低成本、提高项目经济效益的重要手段之一。

（二）项目成本分析的作用

（1）有助于恰当评价成本计划的执行结果。（2）揭示成本节约和超支的原因，进一步提高企业管理水平。（3）寻求进一步降低成本的途径和方法，不断地提高企业的经济效益。

（三）项目成本分析的内容

一般来说，项目成本分析主要包括以下三种方法：

1. 随着项目施工的进展而进行的成本分析

（1）分部分项工程成本分析；（2）月（季）度成本分析；（3）年度成本分析；（4）竣工成本分析。

2. 按成本项目进行的成本分析

（1）人工费分析；（2）材料费分析；（3）机具使用费分析；（4）措施费分析；（5）间接成本分析。

3. 针对特定问题而与成本有关事项的分析

（1）成本盈亏异常分析；（2）工期成本分析；（3）资金成本分析；（4）质量成本分析；（5）技术组织措施、节约效果分析；（6）其他有利因素和不利因素对成本影响的分析。

一般来说，项目成本分析的内容主要包括以下几个方面：（1）人工费用水平的合理性；（2）材料以及能源利用效果；（3）机械设备的利用效果；（4）施工质量水平的高低；（5）其他影响项目成本变动的因素。

二、项目成本分析的依据

（一）会计核算

会计核算主要是价值核算。会计是对一定单位的经济业务进行计量、记录、分析和检查，作出预测，参与决策，实行监督，旨在实现最优经济效益的一种管理活动。由于会计记录具有连续性、系统性、综合性等特点，所以是施工成本分析的重要依据。

（二）业务核算

业务核算是各业务部门根据业务工作的需要而建立的核算制度，它包括原始记录和计算登记表，如单位工程以及分部分项工程进度登记，质量登记，工效、定额计算登记，物资消耗定额记录，测试记录等。业务核算的范围比会计、统计核算要广，会计和统计核算一般是对已经发生的经济活动进行核算，而业务核算不但可以对已经发生的，而且还可以对尚未发生或正在发生的经济活动进行核算，看是否可以做，是否有经济效果。它的特点是，对个别的经济业务进行单项核算。业务核算的目的，在于迅速取得资料，在经济活动中及时采取措施进行调整。

（三）统计核算

统计核算是利用会计核算资料和业务核算资料，把企业生产经营活动客观现状的大量数据，按统计方法加以系统整理，表明其规律性。它的计量尺度比会计宽，可以用货币计算，也可以用实物或劳动量计量。它通过全面调查和抽样调查等特有的方法，不但能提供绝对数指标，还能提供相对数和平均数指标，可以计算当前的实际水平，确定变动速度，可以预测发展的趋势。

三、项目成本分析的方法

（一）比较法

比较法，又称"指标对比分析法"，就是通过技术经济指标的对比，检查目标的完成情况，分析产生差异的原因，进而挖掘内部潜力的方法。这种方法，具有通俗易懂、简单易行、便于掌握的特点，因而得到了广泛的应用，但在应用时必须注意各技术经济指标的可比性。比较法的应用，通常有以下三种形式：（1）将实际指标与目标指标对比。（2）本期实际指标和上期实际指标对比。（3）与本行业平均水平、先进水平对比。

（二）因素分析法

因素分析法又称连环置换法。这种方法可用来分析各种因素对成本的影响程度。在进行分析时，首先要假定众多因素中的一个因素发生了变化，而其他因素不变，然后逐个替换，分别比较其计算结果，以确定各个因素的变化对成本的影响程度。因素分析法的计算步骤如下：（1）确定分析对象，并且计算出实际与目标数的差异。（2）确定该指标是由哪几个因素组成的，并按其相互关系进行排序（排序规则是：先实物量，后价值量；先绝对值，后相对值）。（3）以目标数为基础，将各因素的目标数相乘，作为分析替代的基数。（4）将各个因素的实际数按照上面的排列顺序进行替换计算，并将替换后的实际数保留下来。（5）将每次替换计算所得的结果，与前一次的计算结果相比较，两者的差异即为该因素对于成本的影响程度。（6）各个因素的影响程度之和，应与分析对象的总差异相等。因素分析法是把项目成本综合指标分解为各个相关联的原始因素，以确定指标变动的各因素的影响程度。它可以衡量各项因素影响程度的大小，以查明原因，改进措施，降低成本。

四、综合成本分析和专项成本分析

（一）综合成本的分析方法

所谓综合成本，是指涉及多种生产要素，并受多种因素影响的成本费用，如分部分项工程成本，月（季）度成本、年度成本等。由于这些成本都是随着项目施工的进展而逐步形成的，与生产经营有着密切的关系。所以，做好上述成本的分析工作，无疑将促进项目的生产经营管理，提高项目的经济效益。

1. 分部分项工程成本分析

分部分项工程成本分析是施工项目成本分析的基础。分部分项工程成本分析的对象为已完成分部分项工程。分析的方法是：进行预算成本、目标成本和实际成本的"三算"对比，分别计算实际偏差和目标偏差，分析偏差产生的原因，为今后的分部分项工程成本寻求节约途径。

分部分项工程成本分析的资料来源是：预算成本来自投标报价成本，目标成本来自施工预算，实际成本来自施工任务单的实际工程量、实耗人工和限额领料单的实耗材料。

由于施工项目包括很多分部分项工程，不可能也没有必要对每一个分部分项工程进行成本分析。但是，对于那些主要分部分项工程必须进行成本分析，而且要做到从开工到竣工进行系统的成本分析。这是一项很有意义的工作，因为通过主要分部分项工程成本的系统分析，可以基本上了解项目成本形成的全过程，为了竣工成本分析和今后的项目成本管理提供一份宝贵的参考资料。

2. 月（季）度成本分析

月（季）度成本分析，是施工项目定期的、经常性的中间成本分析。对于具有一次性特点的施工项目来说，有着特别重要的意义：因为通过月（季）度成本分析，可以及时发现问题，以便按照成本目标指定的方向进行。

月（季）度成本分析的依据是当月（季）的成本报表。分析的方法通常有以下几种：（1）通过实际成本与预算成本的对比；（2）通过实际成本与目标成本的寸比；（3）通过对各成本项目的成本分析，可以了解成本总量的构成比例和成本管理的薄弱环节；（4）通过主要技术经济指标的实际和目标对比，分析产量、工期、质量、"三材"节约率、机械利用率等对成本的影响；（5）通过对技术组织措施执行效果的分析，寻求更加有效的节约途径；（6）分析其他有利条件和不利条件对于成本的影响。

3. 年度成本分析

企业成本要求一年结算一次，不得将本年成本转入下一年度。而项目成本则以项目的寿命周期为结算期，要求从开工、竣工到保修期结束连续计算，最后结算出成本总量及其盈亏。由于项目的施工周期一般较长，除进行月（季）度成本核算和分析外，还要进行年度成本的核算和分析。这不仅是为了满足企业汇编年度成本报表的需要，同时也是项目成本管理的需要。因为通过年度成本的综合分析，可以总结一年来成本管理的成绩和不足，为今后的成本管理提供经验和教训，从而对项目成本进行更有效的管理。

年度成本分析的依据是年度成本报表。年度成本分析的内容，除月（季）度成本分析的六个方面以外，重点是针对下一年度的施工进展情况规划切实可行的成本管理措施，以保证施工项目成本目标的实现。

4. 竣工成本的综合分析

凡是有几个单位工程而且是单独进行成本核算（即成本核算对象）的施工项目，其竣工成本分析应以各单位工程竣工成本分析资料为基础，再加上项目经理部的经营效益（如资金调度、对外分包等所产生的效益）进行综合分析。如果施工项目只有一个成本核算对象（单位工程），就以该成本核算对象的竣工成本资料作为成本分析的依据。

单位工程竣工成本分析，应包括以下三方面的内容：（1）竣工成本分析。（2）主要资源节超对比分析。（3）主要技术节约措施及经济效果分析。通过以上分析，可以全面了解单位工程的成本构成和降低成本的来源，对于今后同类工程的成本管理有一定的参考价值。

（二）项目专项成本的分析方法

1. 成本盈亏异常分析

检查成本盈亏异常的原因，应从经济核算的"三同步"入手。因为，项目经济核算的基本规律是：在完成多少产值、消耗多少资源、发生多少成本之间，有着必然的同步关系。如果违背这个规律，就会发生成本的盈亏异常。

2. 工期成本分析

工期成本分析，就是计划工期成本与实际工期成本的比较分析。

3. 资金成本分析

资金与成本的关系，就是工程收入与成本支出的关系。根据工程成本核算的特点，工程收入和成本支出有很强的配比性。在一般情况下，都希望工程收入越多越好，成本支出越少越好。

4. 技术组织措施执行效果分析

技术组织措施必须与工程项目的工程特点相结合，技术组织措施有很强的针对性和适应性（当然也有各工程项目通用的技术组织措施）。计算节约效果的方法一般按以下公式计算：

措施节约效果＝措施前的成本－措施后的成本对节约效果的分析，需要联系措施的内容和执行过程来进行。

五、项目成本考核

（一）项目成本考核的概念

项目成本考核，是指对项目成本目标（降低了成本目标）完成情况和成本管理工作业绩两方面的考核。这两方面的考核，都属于企业对项目经理部成本监督的范畴。应该说，成本降低水平与成本管理工作之间有着必然的联系，又受偶然因素的影响，但都是对项目成本评价的一个方面，都是企业对项目成本进行考核和奖罚的依据。

项目的成本考核，特别要强调施工过程中的中间考核，这对具有一次性特点的施工项目来说尤其重要。

（二）项目成本考核的内容

1. 企业对项目经理考核的内容

（1）项目成本目标与阶段成本目标的完成情况；（2）建立以项目经理为核心的成本管理责任制的落实情况；（3）成本计划的编制和落实情况；（4）对各部门、各作业队和班组责任成本的检查和考核情况；（5）在成本管理中贯彻责、权、利相结合原则的执行情况。

2. 项目经理对所属各部门、各作业队和班组考核的内容

（1）对各部门的考核内容：本部门、本岗位责任成本的完成情况，本部门、本岗位成本管理责任的执行情况。（2）对各作业队的考核内容：对于劳务合同规定的承包范围和承包内容的执行情况，劳务合同以外的补充收费情况，对班组施工任务单的管理情况及班组完成施工任务后的考核情况。（3）对生产班组的考核内容（平时由作业队考核）。以分部分项工程成本作为班组的责任成本。以施工任务单和限额领料单的结算资料为依据，和施工预算进行对比，考核班组责任成本的完成情况。

第三章　建筑工程质量管理

第一节　建筑工程项目质量控制概述

一、质量

根据我国国家标准和国际标准，质量的定义是"反映产品或服务满足明确或隐含需要能力的特征和特性的总和"。产品或服务是质量的主体。简单地说，所谓质量，一是必须符合规定要求，二是要能够满足用户期望，狭义上的质量是指产品质量。

（一）产品质量

产品质量指产品满足人们在生产及生活中所需的使用价值及其属性。它们体现为产品的内在和外在的各种质量指标。产品质量可以从两个方面理解：第一，产品质量好坏和高低是根据产品所具备的质量特性能否满足人们需要及满足程度来衡量的；第二，产品质量具有相对性（一方面产品质量对有关产品所规定的要求标准和规定等因时而异，会随时间、条件而变化；另一方面，产品质量满足期望的程度因为用户需求程度不同，因人而异）。

（二）工程质量

1. 施工质量

施工的工程质量是指承建工程的使用价值，也就是施工工程的适应性。正确认识施工的工程质量是至关重要的。质量是为了使用目的而具备的工程适应性，不是指绝对最佳的意思。应该考虑实际用途和社会生产条件的平衡，考虑技术可能性和经济合理性。建设单位提出的质量要求是考虑质量性能的一个重要条件，通常表示为一定幅度。施工企业应按照质量标准进行最经济的施工，从而降低工程造价，提高性能，从而提高工程质量。

2. 工序质量

工序质量也称生产过程质量，是指施工过程中影响工程质量的主要因素（如人、机器设备、原材料、操作方法和生产环境五大因素）对工程项目的综合作用过程，是生产过程五大要素的综合质量。

3. 工作质量

工作质量是指施工企业的生产指挥工作、技术组织工作、经营管理工作对达到施工工程质量标准、减少不合格品的保证程度，它也是施工企业生产经营活动各项工作的总质量。

工作质量不像产品质量那样直观，一般难以定量，通常是通过工程质量的高低、不合格率的多少、生产效率以及企业盈亏等经济效果来间接反映和定量的。

施工质量、工序质量和工作质量虽然含义不同，但三者是密切联系的。施工质量是施工活动的最终成果，它取决于工序质量。工作质量则是工序质量的基础和保证。所以，工程质量问题绝不是就工程质量而抓工程质量所能解决的，既要抓施工质量，更要抓工作质量。必须提高工作质量来保证工序的质量，从而保证和提高施工的工程质量。

（三）工程项目质量的特点

工程建设项目由于涉及面广，是一个极其复杂的综合过程，尤其是重大工程具有建设周期长、影响因素多、施工复杂等特点，使得工程项目的质量不同于一般工业产品的质量，主要表现在以下几个方面。

1. 影响因素多

工程项目质量的影响因素多。如决策、设计、材料、机械、施工工序、操作方法、技术措施、管理制度及自然条件等都直接或间接地影响工程项目的质量。

2. 波动范围大

因工程建设不像工业产品生产，有固定的自动线和流水线，有规范化的生产工艺和完善的检测技术，有成套的生产设备和稳定的生产环境，有相同系列规格和相同功能的产品。其本身的复杂性、多样性和单个性决定了工程项目质量的波动范围大。

3. 变异性

工程项目建设是涉及面广、工期长、影响因素多的系统工程建设。系统中任何环节、任何因素出现质量问题都将引起系统质量因素的质量变异，造成了工程质量事故。

4. 隐蔽性

工程项目在施工过程中，由于工序交接多，中间产品多，隐蔽工程多，若不及时检查发现质量问题，事后再看表面就容易判断错误，形成虚假质量。

5. 终检局限性

工程项目建成后，不可能像某些工业产品那样，通过拆卸或解体来检查内在的质量。即使发现质量有问题，也不可能像工业产品那样实行"包换"或"退款"。

（四）工程项目质量的影响因素

工程项目质量的影响因素可概括为人、材料、机械、方法（或工艺）和环境五大因素，严格控制这五大因素是保证工程项目质量的关键。

1. 人对工程质量的影响

人是指直接参与工程项目建设的管理者和操作者。工作质量是工程项目质量的一个组成部分，只有提高工作质量，才能保证工程产品质量，而工作质量又取决于与工程建设有关的所有部门和人员。因此，每个工作岗位和每个人的工作都直接或间接地影响工程项目的质量。提高工作质量的关键在控制人的素质，人的素质主要包括思想觉悟、技术水平、文化修养、心理行为、质量意识、身体条件等。

2. 材料对工程质量的影响

材料是指工程建设中所使用的原材料、半成品、构件和生产用的机电设备等。材料质量是形成工程实体质量的基础，材料质量不合格，工程质量也就不可能符合标准，加强材料的质量控制是提高工程质量的重要保障。

3. 机械对工程质量的影响

机械是指工程施工机械设备和检测施工质量所用的仪器设备。施工机械是现代机械化施工中不可缺少的设施，它对工程施工质量有直接影响。在施工机械设备选型及性能参数确定时，都应考虑到它对保证质量的影响，特别要注意考虑它经济上的合理性、技术上的先进性和使用操作及维护上的方便。质量检验所用的仪器设备是评价质量的物质基础，它对质量评定有直接影响，应采用先进的检测仪器设备，并加以严格控制。

4. 方法或工艺对工程质量的影响

方法或工艺是指施工方法、施工工艺及施工方案。施工方案的合理性、施工方法或工艺的先进性均对施工质量影响极大。在施工实践中，往往由于施工方案考虑不周和施工工艺落后而拖延进度，影响质量，增加投资。为此，在制定和审核施工方案和施工工艺时，必须结合工程的实际，从技术、组织、管理、经济等方面进行全面分析，综合考虑，确保施工方案技术上可行，经济上合理，并且有利于提高工程质量。

5. 环境对工程质量的影响

影响工程项目质量的环境因素很多，其中主要影响因素有自然环境，如地质、水文、气象等；技术环境因素，如工程建设中所用的规程、规范和质量评价标准等；工程地理环境，如质量保证体系、质量检验、监控制度、质量签证制度等。环境因素对工程项目质量的影响具有复杂和多变的特点，而且有些因素是人难以控制的。这就要求参与工程建设的各方应尽可能全面了解可能影响项目质量的各种环境因素，采取相应的控制措施，确保工程项目质量。

工程项目施工的最终成果是建成并准备交付使用的建设项目，是一种新增加的、能独立发挥经济效益的固定资产，它将对整个国家或局部地区的经济发展发挥重要作用。但只有合乎质量要求的工程才能投产和交付使用，才能发挥经济效益。如果建设质量不合格就会影响按期使用或留下隐患，造成危害，建设项目的经济效益就不能发挥。因此，建设项目参与各方必须牢固树立"百年大计，质量第一"的思想，做到好中求快，好中求省。

二、建设工程项目质量管理

（一）建设工程项目质量管理的定义

所谓质量管理，按国际标准（ISO）的定义是：为达到质量要求所采取的作业技术和活动。而建设工程项目质量管理是指企业为保证和提高工程质量，对各部门、各生产环节有关质量形成的活动进行调查、组织、协调、控制、检验、统计和预测的管理方法。广义地说，它是为最经济地生产出符合使用者要求的高质量产品所采用的各种方法的体系。随着科学技术的发展和市场竞争的需要，质量管理已越来越为人们所重视，并逐渐发展为一门新兴的学科。

工程项目的质量形成是一个有序的系统过程，在这个过程中，为了使工程项目具有满足用户某种需要的使用价值及其属性，需要进行一系列的技术作业和活动，其目的在于监控工程项目建设过程中所涉及的各种影响质量的因素，并排除在质量形成的各相关阶段导致质量事故的因素，预防质量事故的发生。这些作业技术和活动包括在质量形成的各个环节中，所有的技术和活动都必须在受控状态下进行，这样才可能得到满足项目规定的质量要求的工程。在质量管理过程中，要及时排除在各个环节上出现的偏离有关规范、标准、法规以及合同条款的现象，使之恢复正常，以达到控制的目的。

工程项目的质量管理包括业主的质量控制、承包商的质量控制和政府的质量控制三方面。在实行建设监理制中，业主的质量控制主要委托社会监理来进行，承包商的质量控制主要包含于设计、施工质量保证体系与全面质量管理中。

（二）建设工程项目质量管理的原则

1. "质量第一"的原则

建设产品作为一种特殊的商品，具有使用年限长，质量要求高，一旦失事将会造成人民生命财产巨大损失的特点。因此，建设项目参与各方应自始至终地把"质量第一"作为对工程项目质量管理的基本原则。

2. "以人为核心"的原则

人是质量的创造者，质量管理必须"以人为核心"，把人作为管理的动力，调动人的积极性、创造性。处理好与各方的关系，增强质量意识，提高了人的素质，避免人为失误，通过提高工作质量确保工程质量。

3. "预防为主"的原则

坚持"预防为主"的方针，注重事前、事中控制。这样既有效地控制了工程质量，也加快了工程进度，提高了经济效益。

4. "按质量标准严格检查，一切用数据说话"的原则

质量标准是评价产品质量的尺度，数据是质量管理的依据。通过严格检查、整理、分析数据，判断质量是否符合标准，达到控制质量的目的。

（三）质量管理的基本方法

PDCA循环是人们在管理实践中形成的基本理论方法。从实践论的角度看，管理就是确定任务目标，并且按照PDCA循环原理来实现预期目标，由此可见，PDCA是质量管理的基本方法。

1. 计划P（Plan）

计划可以理解为质量计划阶段，明确目标并制订显现目标的活动方案。在建设工程项目的实施中，"计划"是指各相关主体根据其任务目标和责任范围，确定质量控制的组织制度、工作程序、技术方法、业务流程、资源配置、检验试验要求、质量记录方式、不合格处理、管理措施等具体内容和做法的文件，"计划"还需要对其实现预期目标的可行性、有效性、经济合理性进行分析论证，按照规定的程序与权限审批执行。

2. 实施D（Do）

实施包含两个环节，即计划行动方案的交底和按计划规定的方法和要求展开工程作业技术活动。计划交底目的在于使具体的作业者和管理者，明确计划的意图和要求，掌握标准，从而规范行为，全面地执行计划的行动方案，步调一致地去努力实现预期的目标。

3. 检查C（Check）

检查指对计划实施过程进行各种检查，包括作业者的自检、互检和专职管理者专检。各类检查都包含两大方面：一是检查是否严格执行了计划的行动方案，实际条件是否发生了变化，不执行计划的原因；二是检查计划执行的结果，即产出的质量是否达到标准的要求，对此进行确认和评价。

在项目管理中出现不协调的现象，往往是由于信息闭塞，情况没有沟通，为此，项目经理应具有及时沟通情况、善于交流思想的能力。

（3）善于鼓动和说服的能力

项目经理应有谈话技巧，既要在理论上和实践上讲清道理，又要以真挚的激情打动人心，给人以激励和鼓舞，催人向上。

四、项目经理的选择与培养

（一）项目经理的选择

在选择项目经理时，应注意以下几点：

1. 要有一定类似项目的经验

项目经理的职责是要将计划中的项目变成现实。所以，对于项目经理的选择，有无类似项目的工作经验是第一位的。那种只能动口不能动手的"口头先生"是无法胜任项目经理工作的。选择项目经理时，判断其是否具有相应的能力可以通过了解其以往的工作经历和结合一些测试来进行。

2. 有较扎实的基础知识

在项目实施过程中，由于各种原因，有些项目经理的基础知识比较弱，难以应付遇到的各种问题。这样的项目经理所负责的项目工作质量与工作效率不可能很好，所以选择项目经理时要注意其是否有较扎实的基础知识，对基础知识掌握程度的分析可以通过对其所受教育程度和相关知识的测试来进行。

3. 要把握重点，不可求全责备

对项目经理的要求的确比较宽泛，但是并不意味着非全才不可。事实上对不同项目的项目经理有不同的要求，且侧重点不同。我们不应该，也不可能要求所有项目经理都有一模一样的能力与水平。同时也正是由于不同的项目经理能力的差异，才可能使其适应不同项目的要求，保证不同的项目在不同的环境中顺利开展。因此，对项目经理的要求要把握重点，不可求全责备。

（二）项目经理的培养

1. 在项目实践中培养

项目经理的工作是要通过其所负责团队的努力，把计划中的项目变成现实。项目经理的能力和水平将在实践中接受检验。所以，在培养项目经理时，首先要注重的就是在实践中培养与锻炼。在实践中培养出的项目经理将能很快适应项目经理工作的要求。

2. 放手与帮带结合

项目经理的成长不是一朝一夕的事，是在实践中逐步成长起来的，更是伴着成功和失败成长起来的，但项目本身是容不得失败的。所以，要让项目经理尽快成长起来，就必须在放手锻炼的同时，注意帮带结合。

3. 知识更新

项目经理要随着科技进步以及项目的具体情况，不断进行知识更新。项目经理的单位领导要注意为了项目经理的知识更新创造条件。同时，项目经理自己也要注意平时的知识更新与积累。

第二章　建筑工程成本管理

第一节　建筑工程项目成本管理概述

一、项目成本的概念、构成及形式

（一）建筑工程项目成本的构成

按照国家现行制度的规定，施工过程中所发生的各项费用支出均应计入施工项目成本。在经济运行过程中，没有一种单一的成本概念能适用于各种不同的场合，不同的研究目的就需要不同的成本概念，成本费用按性质可将其划分为直接成本和间接成本两部分。

1. 直接成本

直接成本是指施工过程中耗费的构成工程实体或有助于工程实体形成的各项费用支出，是可以直接计入工程对象的费用，包括人工费、材料费、施工机械使用费和施工措施费等等。

2. 间接成本

间接成本是指为施工准备、组织和管理施工生产的全部费用的支出，是非直接用于也无法直接计入工程对象，但为了进行工程施工所必须发生的费用，包括管理人员工资、办公费、差旅交通费等。

对于企业所发生的企业管理费用、财务费用和其他费用，则按规定计入当期损益，亦即计为期间成本，不得计入施工项目成本。

企业下列支出不仅不能列入施工项目成本，也不能列入企业成本，如购置和建造固定资产、无形资产和其他资产的支出；对于外投资的支出；被没收的财物；支付的滞纳金、罚款、违约金、赔偿金、企业赞助和捐赠支出等。

（二）建筑安装工程费用项目组成

目前我国的建筑安装工程费由直接费、间接费、利润和税金组成。

（三）建筑工程项目成本的主要形式

依据成本管理的需要，施工项目成本的形式要求从不同的角度来考察。

1. 事前成本和事后成本

根据成本控制要求，施工项目成本可分为事前成本和事后成本。

（1）事前成本

工程成本的计算和管理活动是和工程实施过程紧密联系的，在实际成本发生和工程结算之前所计算和确定的成本都是事前成本，它带有预测性和计划性。常用的概念有预算成本（包括施工图预算、标书合同预算）和计划成本（包括责任目标成本——企业计划成本、施工预算——项目计划成本）之分。

①预算成本

工程预算成本反映各地区建筑业的平均成本水平。它是根据施工图，以全国统一的工程量计算规则计算出来的工程量，按《全国统一建筑工程基础定额》《全国统一安装工程预算定额》和由各地区的人工日工资单价、材料价格、机械台班单价，并按有关费用的取费费率进行计算，包括直接费用和间接费用。预算成本又称施工图预算成本，它是确定了工程成本的基础，也是编制计划成本、评价实际成本的依据。

②计划成本

施工项目计划成本是指施工项目经理部根据计划期的有关资料（如工程的具体条件和施工企业为实施该项目的各项技术组织措施），在实际成本发生前预先计算的成本；也就是说，它是根据反映本企业生产水平的企业定额计划得到的成本计算数额反映了企业在计划期内应达到的成本水平，它是成本管理的目标也是控制项目成本的标准。成本计划对加强施工企业和项目经理部的经济核算，建立和健全施工项目成本管理责任制，控制施工过程中的生产费用，以及降低施工项目成本，具有十分重要的作用。

（2）事后成本

事后成本即实际成本，它是施工项目在报告期内实际发生的各项生产费用支出的总和。将实际成本与计划成本比较，可提示成本的节约和超支，考核企业施工技术水平及技术组织措施的贯彻执行情况和企业的经营效果。实际成本与预算成本比较，可以反映工程盈亏情况。因此，计划成本和实际成本都反映了施工企业的成本水平，它与建筑施工企业本身的生产技术水平、施工条件以及生产管理水平相对应。

2. 直接成本和间接成本

按生产费用计入成本的方法可将工程成本划分为直接成本和间接成本两种形式。按前所述，直接耗用于工程对象的费用构成直接成本；为进行工程施工但非直接耗

4. 处置 A（Action）

处置指对于质量检查所发现的质量问题或质量不合格，及时进行原因分析，采取必要的措施，予以纠正，保持质量形成的受控状态。处置分纠偏和预防两个步骤。前者是采取应急措施，解决当前的质量问题；后者是信息反馈管理部门，反思问题症结或计划时的不同，为了今后类似问题的质量预防提供借鉴。

在 PDCA 循环中，处理阶段是一个循环的关键，PDCA 的循环过程是一个不断解决问题、不断提高质量的过程。同时，在各级质量管理中都有一个 PDCA 循环，形成一个大环套小环，一环扣一环，互相制约，互为补充的有机整体。

第二节　建筑工程项目施工质量控制的内容和方法

一、施工准备的质量控制

（一）施工技术准备工作的质量控制

施工技术准备工作内容繁多，主要在室内进行。它主要包括熟悉施工图纸，组织设计图纸审查和设计图纸交底；对工程项目拟检查验收的各子项目进行划分和编号；审核相关质量文件，细化施工技术方案、施工人员以及机具的配置方案，编制作业技术指导书，绘制各种施工详图（如测量放线图、大样图及配筋、配板、配线图表等）进行技术交底和技术培训。

技术准备工作的质量控制就是复核审查上述技术准备工作的成果是否符合设计图纸和施工技术标准的要求；依据质量计划审查、完善施工质量控制措施；针对质量控制点，明确质量控制的重点对象和控制方法；尽可能提高了上述工作成果对施工质量的保证程度等。

（二）现场施工准备工作的质量控制

1. 计量控制

施工过程中的计量包括施工的投料计量、施工测量、监测计量和对各子项目或过程的测试、检验和分析计量等。开工前要建立和完善施工现场计量管理的规章制度；明确计量控制责任人，安排必要的计量人员；严格按规定维修和校验计量器具；统一计量单位，组织量值传递，保证量值统一，从而保证施工过程中计量的准确。

2. 测量控制

施工单位在开工前应编制并实施测量控制方案。施工单位应对建设单位提供的原始坐标点、基准线和水准点等测量控制点进行复核，将复测结果上报监理工程师，并经监理工程师审核、批准后建立施工测量控制网，进行工程定位和标高基准的控制。

3. 施工平面图控制

施工单位要绘制出合理的施工平面布置图，科学合理地使用施工场地。正确安设施工机械设备和其他临时设施，保持现场施工道路畅通无阻和通信设施完好，合理安排材料的进场与堆放，保持良好的防洪排水能力，保证充分的给水和供电。建设（监理）单位应会同施工单位制定严格的施工场地管理制度、施工纪律和奖惩措施，严禁乱占场地和擅自断水、断电、断路，及时制止和处理各种违纪行为，并且做好施工现场的质量检查记录。

（三）工程质量检查验收的项目划分

为了便于控制、检查、监督和评定每个工序和工种的工作质量，要把整个项目逐级划分为若干个子项目，并分级进行编号，据此对工程施工进行质量控制和检查验收。子项目划分要合理、明细，以利于分清质量责任，便于施工人员进行质量自控和检查监督人员检查验收，也有利于质量记录等资料的填写、整理和归档。

《建筑工程施工质量验收统一标准》，对于建筑工程质量验收逐级划分为单位（子单位）工程、分部（子分部）工程、分项工程和检验批做出如下规定。

（1）单位工程的划分应按下列原则确定：①具备独立施工条件并能形成独立使用功能的建筑物及构筑物为一个单位工程。②建筑规模较大的单位工程可将其能形成独立使用功能的部分划为一个子单位工程。（2）分部工程的划分应按下列原则确定：①分部工程的划分应按专业性质、建筑部位确定。比如，一般的建筑工程可划分为地基与基础、主体结构、建筑装饰装修、建筑屋面、建筑给水排水及采暖、建筑电气、智能建筑、通风与空调、电梯等分部工程。②当分部工程较大或较复杂时，可按材料种类、施工特点、施工程序、专业系统及类别等划分为若干子分部工程。（3）分项工程应按主要工种、材料、施工工艺、设备类别等进行划分。（4）分项工程可由一个或若干个检验批组成，检验批可根据施工及质量控制和专业验收需要按楼层、施工段、变形缝等进行划分。（5）室外工程可根据专业类别和工程规模划分单位（子单位）工程。一般室外单位工程可划分为室外建筑环境工程和室外安装工程。

二、施工过程的质量控制

建设工程项目施工是由一系列相互关联、相互制约的作业过程（工序）构成的，因此，施工质量控制，必须对各道工序的作业质量持续进行控制。工序作业质量的控制，首先，作业者的自控，这是因为作业者的能力以及其发挥的状况是决定作业质量的关键；其次，通过外部（如班组、质检人员等）的各种质量检查、验收以及对质量行为的监督来进行控制。

（一）工序施工质量控制

工序的质量控制是施工阶段质量控制的重点。只有严格控制工序质量才能确保工程的实体质量，工序施工质量控制包括工序施工条件控制和工序施工效果控制两方面。

1. 工序施工条件控制

工序施工条件控制就是控制工序活动中各种投入的生产要素质量和环境条件质量。控制的手段包括检查、测试、试验、跟踪监督等。控制的依据包括设计质量标准、材料质量标准、机械设备技术性能标准、施工工艺标准以及操作规程等。

2. 工序施工效果控制

工序施工效果通过工序产品的质量特征和特性指标来反映。对工序施工效果的控制就是通过控制工序产品的质量特征和特性指标，使之达到设计质量标准以及施工质量验收标准的要求。工序施工效果控制属于事后质量控制，其控制的途径是：实测获取数据、统计分析检测数据、判定质量等级，并且采取措施纠正质量偏差。

（二）施工作业质量的自控

1. 施工作业质量自控的意义

施工方是施工阶段质量自控主体。我国《建筑法》和《建设工程质量管理条例》规定：建筑施工企业对工程的施工质量负责；建筑施工企业必须按照工程设计要求、施工技术标准和合同的约定，对建筑材料、建筑构配件和设备进行检验，不合格的不得使用。可见，施工方不能因为监控主体（如监理工程师）的存在和监控责任的实施而减轻或免除其质量责任。

施工方作为工程施工质量的自控主体，要根据它在所承建的工程项目质量控制系统中的地位和责任，通过具体项目质量计划的编制和实施，有效地实现施工质量的自控目标。

2. 施工作业质量自控的程序

施工作业质量自控的程序包括施工作业技术交底、施工作业和作业质量的自检自查、互检互查以及专职质检人员的质量检查等等。

（1）施工作业技术交底

施工组织设计及分部分项工程的施工作业计划，在实施之前必须逐级进行交底。施工作业技术交底的内容包括作业范围、施工依据、质量目标、作业程序、技术标准和作业要领，以及其他与安全、进度、成本、环境等目标管理有关的要求和注意事项。

施工作业技术交底是施工组织设计和施工方案的具体化，施工作业技术交底的内容应既能保证作业质量，同时又具有可操作性。

（2）施工作业活动的实施

首先要对作业条件—作业准备状态是否落实到位进行确认，其中包括对施工程序和作业工艺顺序的检查确认，然后，严格按照技术交底的内容进行工序作业。

（3）施工：作业质量的检验

施工作业质量的检查包括施工单位内部的工序作业质量自检、互检、专检和交接检查；以及现场监理机构的旁站检查、平行检验等。施工作业质量检查是施工质量验收的基础，已完检验批及分部分项工程的施工质量，施工单位必须在完成质量自检并确认合格后，才能报请现场监理机构进行检查验收。

工序作业质量验收合格后，才能进行下一道工序的施工。未经验收合格的工序不得进行下一道工序的施工。

3. 施工作业质量自控的要求

为达到对工序作业质量控制的效果，在加强工序管理和质量目标控制方面应坚持以下要求。

（1）预防为主

严格按照施工质量计划进行各分部分项施工作业的部署。根据施工作业的内容、范围和特点制订施工作业计划，明确作业质量目标和作业技术要领，认真地进行作业技术交底，落实各项作业技术组织措施。

（2）重点控制

在施工作业计划中，认真贯彻实施施工质量计划中的质量控制点的控制措施，同时，根据作业活动的实际需要，进一步地建立工序作业控制点，强化工序作业的重点控制。

（3）坚持标准

工序作业人员在工序作业过程中应严格进行质量自检，开展作业质量互检；对已完的工序作业产品，即检验批或分部分项工程，严格坚持质量标准；对质量不合格的工序作业产品不得进行验收签证，必须按照规定的程序进行处理。

（4）记录完整

施工图纸、质量计划、作业指导书、材料质保书、检验试验及检测报告、质量验收记录等既是具备可追溯性的质量保证依据，也是工程竣工验收所必需的质量控制资料。因此，对于工序作业质量应有计划、有步骤地按照施工管理规范的要求进行填写记载，做到及时、准确、完整、有效，并具有可追溯性。

（三）施工作业质量的监控

1. 现场质量检查

现场质量检查是施工作业质量监控的主要手段。

（1）现场质量检查的内容

①开工前主要检查是否具备开工条件，开工后是否能够保持连续正常施工，能否保证工程质量。②工序交接检查，对于重要的工序或对工程质量有重大影响的工序，应严格执行"三检"制度（即自检、互检、专检），未经监理工程师（或建设单位技术负责人）检查认可不得进行下一道工序的施工。③隐蔽工程的检查，施工中凡是隐蔽工程必须检查认证后方可进行隐蔽掩盖。④停工后复工的检查，因客观因素停工或处理质量事故等停工复工时，经检查认可后方能复工。⑤分项、分部工程完工后的检查应经检查认可，并签署验收记录后，才能进行下一工程项目的施工。⑥成品保护的检查，检查成品有无保护措施和保护措施是否有效可靠。

（2）现场质量检查的方法有目测法、实测法、试验法等

①目测法

即凭借感官进行检查，也称观感质量检验，其手段可概括为"看、摸、敲、照"四个字。

看——肉眼进行外观检查，例如，清水墙面是否洁净，喷涂的密实度和颜色是否良好、均匀，工人的操作是否正常，内墙抹灰的大面及口角是否平直，混凝土外观是否符合要求等。

摸——通过触摸凭手感进行检查、鉴别，例如，油漆的光滑度等。

敲——用敲击工具进行音感检查，比如，对地面工程、装饰工程中的水磨石、面砖、石材饰面等均应进行敲击检查。

照——通过人工光源或反射光照射，检查难以看到或光线较暗的部位，例如，管道井、电梯井等内部管线、设备安装质量，装饰吊顶内连接及设备安装质量等等。

②实测法

通过实测数据与施工规范、质量标准的要求及允许偏差值进行比照，判断质量是否符合要求，其手段可概括为"靠、量、吊、套"四个字。

靠——用靠尺、塞尺检查诸如墙面、地面、路面等的平整度。

量——用测量工具和计量仪表等检查断面尺寸、轴线、标高、湿度、温度等的偏差，例如，大理石板拼缝尺寸，摊铺沥青拌和料的温度，混凝土坍落度的检测等。

吊——利用托线板以及线坠吊线检查垂直度，例如，砌体、门窗等的垂直度检查。

套——以方尺套方，辅以塞尺检查，例如，对阴阳角的方正、踢脚线的垂直度、预制构件的方正、门窗口以及构件的对角线检查等。

③试验法

试验法是指通过必要的试验手段对质量进行判断的检查方法，包括理化试验和无损检测。

工程中常用的理化试验包括物理力学性能方面的检验和化学成分及化学性能的测定等两个方面。物理力学性能的检验包括各种力学指标的测定，如抗拉强度、抗压强度、抗弯强度、抗折强度、冲击韧性、硬度、承载力等以及各种物理性能方面的测定，如密度含水量、凝结时间、安定性及抗渗、耐磨、耐热性能等。化学成分及化学性能的测定，如钢筋中的磷、硫含量，混凝土中粗骨料中的活性氧化硅成分以及耐酸、

耐碱、抗腐蚀性等。此外，有关施工质量验收规范规定，有的工序完成后必须进行现场试验，例如，对桩或地基的静载试验、下水管道的通水试验、压力管道的耐压试验、防水层的蓄水或淋水试验等。

利用专门的仪器仪表从表面探测结构物、材料、设备的内部组织结构或损伤情况。常用的无损检测方法有超声波探伤、X 射线探伤、γ 射线探伤等等。

2. 技术核定与见证取样送检

（1）技术核定

在建设工程项目施工过程中，因施工方对施工图纸的某些要求不甚清楚，或图纸内部存在某些矛盾，或工程材料调整与代用，改变建筑节点构造、管线位置或走向等需要通过设计单位明确或确认的，施工方必须以技术核定单的方式向监理工程师提出，报送设计单位核准确认。

（2）见证取样送检

为了保证建设工程质量，工程所使用的主要材料、半成品、构配件以及施工过程留置的试块、试件等应实行现场见证取样送检。见证人员由建设单位及工程监理机构中由有相关专业知识的人员担任；送检的实验室应具备经国家或地方工程检验检测主管部门核准的相关资质；见证取样送检必须严格按执行规定的程序进行，包括取样见证并记录、样本编号、填单、封箱、送实验室、核对、交接、试验检测以及报告等。

检测机构应当建立档案管理制度。检测合同、委托单、原始记录、检测报告应当按年度统一编号，编号应当连续，不得随意抽撤及涂改。

（四）隐蔽工程验收与施工成品质量保护

1. 隐蔽工程验收

凡会被后续施工所覆盖的施工内容，如地基基础工程、钢筋工程、预埋管线等均属隐蔽工程。其施工质量控制的程序要求施工方首先应完成自检并合格，然后填写专用的《隐蔽工程验收单》。验收单所列的验收内容应与已完的隐蔽工程实物一致，并事先通知监理机构及有关方面按约定的时间进行验收。验收合格的隐蔽工程由各方共同签署验收记录；验收不合格的隐蔽工程应按验收整改意见进行整改后重新验收。严格隐蔽工程验收的程序和记录，对预防工程质量隐患，提供可追溯的质量记录具有重要作用。

2. 施工成品质量保护

为了避免已完施工成品受到来自后续施工以及其他方面的污染或损坏，必须进行施工成品的保护。成品形成后可采取防护、覆盖、封闭、包裹等相应措施进行保护。

第三节　建筑工程质量验收

一、施工过程质量验收

进行建筑工程质量验收应将工程项目划分为单位（子单位）工程、分部（子分部）工程、分项工程和检验批。施工过程质量验收主要是指检验批和分项、分部工程的质量验收。

（一）施工过程质量验收的内容

1. 检验批质量验收

所谓检验批是指按同一的生产条件或按规定的方式汇总起来供检验用的，由一定数量样本组成的检验体。检验批可以根据施工及质量控制和专业验收需要按楼层、施工段、变形缝等进行划分。检验批是工程验收的最小单位，是分项工程乃至整个建筑工程质量验收的基础。

（1）检验批应由监理工程师（建设单位项目技术负责人）组织施工单位项目专业质量（技术）负责人等进行验收。（2）检验批质量验收合格应符合下列规定：主控项目和一般项目的质量经抽样检验合格；具有完整的施工操作依据、质量检查记录。

主控项目是指对检验批的基本质量起决定性作用的检验项目。因此，主控项目的验收必须从严要求，不允许有不符合要求的检验结果，主控项目的检查具有否决权。除主控项目以外的检验项目称之为一般项目。

2. 分项工程质量验收

（1）分项工程应由监理工程师（建设单位项目技术负责人）组织施工单位项目专业质量（技术）负责人进行验收。（2）分项工程质量验收合格应符合下列规定：分项工程所含的检验批均应符合合格质量的规定；分项工程所含的检验批的质量验收记录应当完整。

3. 分部工程质量验收

分部工程质量验收在其所含各分项工程验收的基础上进行，有如下相关规定:（1）分部工程应由总监理工程师（建设单位项目负责人）组织施工单位项目负责人和技术、质量负责人等进行验收；地基和基础、主体结构分部工程的勘察、设计单位工程项目负责人和施工单位技术、质量部门负责人也应参加相关分部工程验收。（2）分部（子分部）工程质量验收合格应符合下列规定：所含分项工程的质量均应验收合格；质量控制资料应完整；地基与基础、主体结构和设备安装等分部工程有关安全、使用功能、节能、环境保护的检验和抽样检验结果应符合有关规定；观感质量验收应符合要求。

必须注意的是，由于分部工程所含的各分项工程性质不同，因此，它并不是在所含分项验收基础上的简单相加，即所含分项验收合格且质量控制资料完整，只是分部工程质量验收的基本条件还必须在此基础上对涉及安全和使用功能的地基基础、主体结构、有关安全及重要使用功能的安装分部工程进行见证取样试验或抽样检测，而且还需要对其观感质量进行验收，并且综合给出质量评价，对于评价为"差"的检查点应通过返修处理等措施补救。

（二）施工过程质量验收不合格的处理

施工过程质量验收是以检验批的施工质量为基本验收单元。检验批质量不合格可能是由于使用的材料不合格，或施工作业质量不合格，或质量控制资料不完整等原因所致，其处理方法有以下几方面：（1）在检验批验收时，发现存在严重缺陷的应推倒重做，有一般的缺陷可通过返修或更换器具、设备消除缺陷后重新进行验收。（2）个别检验批发现某些项目或指标（如试块强度等）不满足要求难以确定是否验收时，应请有资质的法定检测单位检测鉴定，当鉴定结果能够达到设计要求时，应予以验收。（3）当检测鉴定达不到设计要求，但是经原设计单位核算仍能满足结构安全和使用功能的检验批可予以验收。（4）严重质量缺陷或超过检验批范围内的缺陷，经法定检测单位检测鉴定以后，认为不能满足最低限度的安全储备和使用功能则必须进行加固处理，虽然改变外形尺寸，但能满足安全使用要求，可按技术处理方案和协商文件进行验收，责任方应承担经济责任。（5）通过返修或者加固处理后仍不能满足安全使用要求的分部工程严禁验收。

二、竣工质量验收

施工项目竣工质量验收是施工质量控制的最后一个环节，是对施工过程质量控制成果的全面检验，是从终端把关方面进行质量控制。未经验收或验收不合格的工程不得交付使用。

（一）竣工质量验收的依据

工程项目竣工质量验收的依据有：国家相关法律法规和建设主管部门颁布的管理条例和办法；工程施工质量验收统一标准；专业工程施工质量验收规范；批准的设计文件、施工图纸以及说明书；工程施工承包合同；其他相关文件。

（二）竣工质量验收的要求

1. 工程项目竣工质量验收

（1）检验批的质量应按主控项目和一般项目验收。（2）工程质量的验收均应在施工单位自检合格的基础上进行。（3）隐蔽工程在隐蔽前应由施工单位通知监理工程师或建设单位专业技术负责人进行验收，并应形成验收文件，验收合格后方可继续施工。（4）参加工程施工质量验收的各方人员应具备规定的资格，单位工程的验收人员应具备工程建设相关专业的中级以上技术职称并具有5年以上从事工程建设相关专业的工作经历，参加单位工程验收的签字人员应为各方项目负责人。（5）涉及结构安全的试块、试件以及有关材料应按规定进行见证取样检测。对涉及结构安全、使用功能、节能、环境保护等重要分部工程应进行抽样检测。（6）承担见证取样检测及有关结构安全、使用功能等项目的检测单位应具备相应资质。（7）工程的观感质量应由验收人员现场检查，并且应共同确认。

2. 建筑工程施工质量验收合格应符合的要求

（1）符合相关专业验收规范的规定。（2）符合工程勘察、设计文件的要求。（3）符合合同约定。

（三）竣工质量验收的程序

建设工程项目竣工验收可分为验收准备、竣工预验收和正式验收三个环节进行。整个验收过程涉及建设单位、设计单位、监理单位及施工总分包各方的工作，必须按照工程项目质量控制系统的职能分工，以监理工程师为核心进行了竣工验收的组织协调。

1. 竣工验收准备

施工单位按照合同规定的施工范围和质量标准完成施工任务后，应自行组织有关人员进行质量检查评定。自检合格后，向现场监理机构提交工程竣工预验收申请报告，要求组织工程竣工预验收。施工单位的竣工验收准备包括工程实体的验收准备和相关工程档案资料的验收准备，使之达到竣工验收的要求，其中设备以及管道安装工程等，应经过试压、试车和系统联动试运行检查记录。

2. 竣工预验收

监理机构收到施工单位的工程竣工预验收申请报告后，应就验收的准备情况和验收条件进行检查，对工程质量进行竣工预验收。对工程实体质量及档案资料存在的缺陷及时提出整改意见，并与施工单位协商整改方案，确定整改要求和完成时间。具备下列条件时，由施工单位向建设单位提交工程竣工验收报告，申请工程竣工验收：（1）完成建设工程设计与合同约定的各项内容。（2）有完整的技术档案和施工管理资料。（3）有工程使用的主要建筑材料、构配件和设备的进场试验报告。（4）有工程勘察、设计、施工、工程监理等单位分别签署的质量合格文件。（5）有施工单位签署的工程保修书。

3. 正式竣工验收

建设单位收到工程竣工验收报告后，应由建设单位（项目）负责人组织施工（含分包单位）、设计、勘察、监理等单位（项目）负责人进行单位工程验收。建设单位应组织勘察、设计、施工、监理等单位和其他方面的专家组成竣工验收小组，负责检查验收的具体工作，并制定验收方案。

建设单位应在工程竣工验收前7个工作日前将验收时间、地点、验收组名单书面通知该工程的工程质量监督机构。建设单位组织竣工验收会议。正式验收过程的主要工作有以下几方面：（1）建设、勘察、设计、施工、监理单位分别汇报工程合同履约情况及工程施工各环节施工满足设计要求，质量符合法律、法规和强制性标准的情况。（2）检查审核设计、勘察、施工、监理单位的工程档案资料及质量验收资料。（3）实地检查工程外观质量，对于工程的使用功能进行抽查。（4）对工程施工质量管理各环节工作、对工程实体质量及质保资料情况进行全面评价，形成经验收组人员共同确认签署的工程竣工验收意见。（5）竣工验收合格后，建设单位应及时提出工程竣工验收报告。验收报告应附有工程施工许可证、设计文件审查意见、质量检测功能性试验资料及工程质量保修书等法规所规定的其他文件。（6）工程质量监督机构应对工程竣工验收工作进行监督。

三、竣工验收备案

我国实行建设工程竣工验收备案制度。新建、扩建和改建的各类房屋建筑工程和市政基础设施工程的竣工验收均应按《建设工程质量管理条例》规定进行备案。（1）建设单位应当自建设工程竣工验收合格之日起15日内，将建设工程竣工验收报告和规划、公安消防、环保等部门出具的认可文件或者准许使用文件报建设行政主管部门或者其他相关部门备案。（2）备案部门在收到备案文件资料后的15日内对文件资料进行审查，符合要求的工程，在验收备案表上加盖"竣工验收备案专用章"，并将一份退建设单位存档。如审查中发现建设单位在竣工验收过程中，有违反国家有关建设工程质量管理规定行为的应责令停止使用，重新组织竣工验收。（3）建设单位有下列行为之一的责令改正，处以工程合同价款百分之二以上百分之四以下的罚款；造成损失的依法承担赔偿责任。未组织竣工验收，擅自交付使用的；验收不合格，擅自交付使用的；对于不合格的建设工程按照合格工程验收的。

第四节 质量不合格的处理

一、建筑工程质量问题和质量事故的分类

（一）工程质量不合格

1. 质量不合格和质量缺陷

《质量管理体系·基础和术语》规定，凡工程产品未满足某个规定的要求称为质量不合格，而未满足某个与预期或者规定用途有关的要求称为质量缺陷。

2. 质量问题和质量事故

凡是工程质量不合格，影响使用功能或工程结构安全，造成永久质量缺陷或存在重大质量隐患，甚至直接导致工程倒塌或人身伤亡，必须进行返修、加固或报废处理，按照由此造成直接经济损失的大小分为质量问题和质量事故。

（二）工程质量事故

根据住房和城乡建设部《关于做好房屋建筑和市政基础设施工程质量事故报告和调查处理工作的通知》，工程质量事故是指由于建设、勘察、设计、施工、监理等单位违反工程质量有关法律、法规和工程建设标准，使工程产生结构安全、重要使用功能等方面的质量缺陷，造成人身伤亡或重大经济损失的事故。

工程质量事故具有成因复杂、后果严重、种类繁多、往往与安全事故共生的特点，建设工程质量事故的分类有多种方法，不同专业的工程类别对于工程质量事故的等级划分也不尽相同。

1. 按事故造成损失的程度分级

根据工程质量事故造成的人员伤亡或者直接经济损失，住房和城乡建设部《关于做好房屋建筑和市政基础设施工程质量事故报告和调查处理工作的通知》文中将工程质量事故分为四个等级。

（1）特别重大事故

是指造成30人以上死亡，或者100人以上重伤，或1亿元以上直接经济损失的事故。

（2）重大事故

是指造成10人以上30人以下死亡，或者50人以上100人以下重伤，或者5000

万元以上 1 亿元以下直接经济损失的事故。

（3）较大事故

是指造成 3 人以上 10 人以下死亡，或者 10 人以上 50 人以下重伤，或者 1000 万元以上 5000 万元以下直接经济损失的事故。

（4）一般事故

是指造成 3 人以下死亡，或者 10 人以下重伤，或者 100 万元以上 1000 万元以下直接经济损失的事故。

该等级划分所称的"以上"包括本数，所称的"以下"不包括本数。

2. 按事故责任分类

（1）指导责任事故

即由于工程实施指导或领导失误导致的质量事故。比如，工程项目负责人片面追求施工进度，降低施工质量控制和检验标准等造成的质量事故。

（2）操作责任事故

即在施工过程中，施工人员不按规程和标准实施操作造成的质量事故。例如，浇筑混凝土时随意加水，振捣疏漏等造成的混凝土质量事故。

（3）自然灾害事故

即由于突发的严重自然灾害等不可抗力造成的质量事故。例如地震、台风、暴雨、雷电、洪水等对工程造成的破坏甚至倒塌。这类事故虽然不是人为责任直接造成的，但灾害事故造成的损失程度也与责任人是否事前采取有效的预防措施有关，因此相关人员有可能负有责任。

二、建筑工程施工质量问题和质量事故的处理

（一）施工质量事故处理的依据

1. 质量事故的实况资料

质量事故的实况资料包括质量事故发生的时间、地点；质量事故状况的描述；质量事故发展变化的情况；有关质量事故的观测记录、事故现场状态的照片或者录像；事故调查组调查研究所获得的第一手资料。

2. 合同及合同文件

合同及合同文件包括工程承包合同、设计委托合同、设备和器材购销合同、监理合同及工程分包合同等。

3. 技术文件和档案

技术文件和档案主要是设计文件（如施工图纸和技术说明）与施工技术文件、

档案和资料，如施工方案、施工计划、施工记录、施工日志、建筑材料质量证明资料、现场制备材料的质量证明资料、质量事故发生后对事故状况的观测记录、试验记录或试验报告等）。

4. 建设法规

建设法规包括《建筑法》《建设工程质量管理条例》和《关于做好房屋建筑和市政基础设施工程质量事故报告和调查处理工作的通知》等与工程质量及质量事故处理有关的法规，以及勘察、设计、施工、监理等单位资质管理和从业者资格管理方面的法规，建筑市场管理方面的法规，和相关技术标准、规范、规程和管理办法等。

（二）施工质量事故报告和调查处理程序

1. 事故报告

工程质量事故发生后，事故现场有关人员应当立即向工程建设单位负责人报告；工程建设单位负责人接到报告后，应于1小时内向事故发生地县级以上人民政府住房和城乡建设主管部门及有关部门报告；同时应按照应急预案采取相应的措施。情况紧急时，事故现场有关人员可直接向事故发生地县级以上人民政府住房与城乡建设主管部门报告。

事故报告应包括下列内容：（1）事故发生的时间、地点、工程项目名称、工程各参建单位名称。（2）事故发生的简要经过、伤亡人数和初步估计的直接经济损失。（3）事故原因的初步判断。（4）事故发生后采取的措施及事故控制情况。（5）事故报告单位、联系人及联系方式。（6）其他应当报告的情况。

此外，事故报告后出现新情况，以及事故发生之日起30日内伤亡人数发生变化的应当及时补报。

2. 事故调查

住房和城乡建设主管部门应当按照有关人民政府的授权或委托，组织或参与事故调查组对事故进行调查。调查结果要形成事故调查报告，其主要内容应包括以下几个方面：（1）事故项目及各参建单位概况。（2）事故发生经过和事故救援情况。（3）事故造成的人员伤亡和直接经济损失。（4）事故项目有关质量检测报告和技术分析报告。（5）事故发生的原因和事故性质。（6）事故责任的认定与事故责任者的处理建议。（7）事故防范和整改措施。

3. 事故的原因分析

依据国家有关法律、法规和工程建设标准分析事故的直接原因和间接原因，必要时组织对事故项目进行检测鉴定和专家技术论证，找出造成事故的真实原因。

建筑工程管理与建筑设计研究

4. 事故处理

（1）事故的技术处理

广泛地听取专家及有关方面的意见，经科学论证，制定事故处理的技术方案并实施；其方案必须安全可靠、技术可行、不留隐患、经济合理、具有可操作性；处理后的工程应满足相应安全和使用功能要求。

（2）事故的责任处罚

依据人民政府对事故调查报告的批复和有关法律、法规的规定，对于事故相关责任者实施行政处罚，负有事故责任的人员涉嫌犯罪的依法追究刑事责任。

5. 事故处理的鉴定验收

事故处理的质量检查鉴定和验收，应严格按施工验收规范和相关质量标准的规定进行，准确地对事故处理的结果做出鉴定，形成了鉴定结论。

6. 提交事故处理报告

事故处理后，必须尽快提交完整的事故处理报告，其内容包括以下几个方面：（1）事故调查的原始资料、测试的数据。（2）事故原因分析和论证结果。（3）事故处理的依据。（4）事故处理的技术方案及措施。（5）实施技术处理过程中有关的数据、记录、资料，检查验收记录。（6）对于事故相关责任者的处罚情况和事故处理的结论等。

（三）施工质量事故处理的基本要求

（1）质量事故的处理应达到安全可靠、不留隐患、满足生产和使用要求、施工方便、经济合理的目的。（2）消除造成事故的原因，注意综合治理，防止事故再次发生。（3）正确确定技术处理的范围和正确选择处理的时间和方法。（4）切实做好事故处理的检查验收工作，认真落实防范措施。（5）确保事故处理期间的安全。

（四）施工质量缺陷处理的基本方法

1. 返修处理

当工程存在质量缺陷，但经过采取整修等措施后满足质量标准要求，又不影响使用功能或外观的要求时，可采取返修处理的方法。例如，某些混凝土结构表面出现蜂窝、麻面等问题。再如，因受撞击、冻害、火灾、酸类腐蚀、碱骨料反应等造成的结构表面或局部缺陷，在不影响其使用和外观的前提下，可进行返修处理。

2. 加固处理

加固处理用于针对危及结构承载力的质量缺陷的处理。通过加固处理，使建筑结构恢复或提高承载力，重新满足结构安全性和可靠性的要求。对混凝土结构常用的加固方法有：增大截面加固法、外包角钢加固法、粘钢加固法、增设支点加固法、增设剪力墙加固法、预应力加固法等。

3. 返工处理

当工程质量缺陷经过返修、加固处理后仍不能满足规定的质量标准要求，或不具备补救可能性时，则必须采取重新制作、重新施工的返工处理措施。例如，混凝土结构施工中误用了安定性不合格的水泥，无法采用了其他补救办法，不得不拆除重新浇筑。

4. 限制使用

当工程质量缺陷按修补方法处理后无法保证达到规定的使用要求和安全要求，而又无法返工处理或者返工处理被判定为经济损失太大而不值得的情况下，也可做出"减少楼层"等结构卸荷、减荷以及限制使用的决定。

5. 不做处理

如果工程质量虽然达不到规定的要求或标准，但其缺陷对结构安全或使用功能影响很小，经过分析、论证、法定检测单位鉴定和设计单位等认可后可不做专门处理。一般可不做专门处理的情况有以下几种。

（1）不影响结构安全和使用功能的

例如，有的工业建筑物出现放线定位的偏差，且严重超过规范标准规定，若要纠正会造成重大经济损失，但是经过分析、论证其偏差不影响生产工艺和正常使用，在外观上也无明显影响，可不做处理。

（2）后一道工序可以弥补的质量缺陷

例如，混凝土结构表面的轻微麻面可通过后续的抹灰工序弥补，可不做处理。

（3）法定检测单位鉴定合格的

例如，某检验批混凝土试块强度值不满足规范要求，但当法定检测单位对混凝土实体强度进行实际检测后的结果认定"其实际强度达到规范允许和设计要求值"时，可不做处理。对经检测虽未达到要求值，但是相差不大，经分析论证，只要使用前经再次检测达到设计强度也可不做处理，但应严格控制施工荷载。

（4）出现的质量缺陷，经检测鉴定达不到设计要求，但经原设计单位核算，仍能满足结构安全和使用功能的

例如，某一结构构件截面尺寸或材料强度未达到设计要求，但按实际情况进行复核验算后仍能满足设计要求的承载力时，可不进行专门处理。这种做法实际上是挖掘设计潜力或降低设计的安全系数，应当谨慎处理。

6. 报废处理

出现质量事故的工程，通过分析或实践，采取上述处理方法后仍不能满足规定的质量标准要求，则必须予以报废处理。

第五节 质量管理体系

一、建筑工程项目质量保证体系的概念

工程项目质量保证体系是指承包商以保证工程质量为目标，依据国家的法律、法规，国家和行业相关规范、规程和标准以及自身企业的质量管理体系，运用系统方法，策划并建立必要的项目部组织结构，针对工程项目施工过程中影响工程质量的因素和活动制订工程项目施工的质量计划，并且遵照实施的质量管理活动的总和。

二、建筑工程项目质量计划的内容

为了确保工程质量总目标的实现，必须对具体资源安排和施工作业活动合理地进行策划，并形成一个与项目规划大纲和项目实施规划共同构成统一计划体系的、具体的建筑工程项目施工质量计划，该计划一般包含在施工组织设计中或者包含在施工项目管理规划中。

建筑工程项目施工的质量策划需要确定的内容如下：（1）确定该工程项目各分部分项工程施工的质量目标。（2）相关法律、法规要求；建筑工程的强制性标准要求；相关规范、规程要求；合同和设计要求。（3）确定相应的组织管理工作、技术工作的程序，工作制度，人力、物力、财力等资源的供给，并使之文件化，以实现工程项目的质量目标，满足相关要求。（4）确定各项工作过程效果的测量标准、测量方法，确定原材料，半成品构配件与成品的验收标准，验证、确认、检验和试验工作的方法和相应工作的开展。（5）确定必要的工程项目施工过程中产生的记录（如工程变更记录、施工日志、技术交底、工序交接和隐蔽验收等记录）。策划的过程中针对工程项目施工各工作过程和各类资源供给做出的具体规定，并将其形成文件，这个（些）文件就是工程项目施工质量计划。

施工质量计划的内容一般应包括以下几点：（1）工程特点及施工条件分析（合同条件、法规条件和现场条件）。（2）依据履行施工合同所必须达到的工程质量总目标制订各分部分项工程分解目标。（3）质量管理的组织机构、人力、物力和财力资源配置计划。（4）施工质量管理要点的设置。（5）为了确保工程质量所采取的施工技术方案、施工程序，材料设备质量管理及控制措施，以及工程检验、试验、验收等项目的计划及相应方法等。（6）针对施工质量的纠正措施与预防措施。（7）质量事故的处理。

（一）施工质量总目标的分解

进行作业层次的质量策划时，首先必须将项目的质量总目标层层分解到分部分项工程施工的分目标上，以及按施工工期实际情况将质量总目标层层分解到项目施工过程的各年、季、月的施工质量目标。

各分质量目标较为具体，其中部分质量目标可量化，不可量化的质量目标应该是可测量的。

（二）建立质量保证体系

设立项目施工组织机构，并且确定各岗位的岗位职责。

1. 施工组织机构

2. 项目主要岗位的人员安排

（1）项目经理将由担任过同类型工程项目管理、具备丰富施工管理经验的国家一级建造师担任。（2）项目技术负责人将由具有较高技术业务素质和技术管理水平的工程师担任。（3）项目经理部的其他组成人员均经过大型工程项目的锻炼。（4）组成后的项目经理部具备以下特点：①领导班子具有良好的团队意识，班子精炼，组成人员在年龄和结构上有较大的优势，精力充沛，年富力强，施工经验丰富。②文化层次高、业务能力强，主要领导班子成员均具有大专以上学历，并具有中高级职称，各业务主管人员均有多年共同协作的工作经历。③项目部班子主要成员及各主要部室的职责执行《质量手册》《环境和职业健康安全管理手册》和相关《程序文件》。在施工过程中，充分发挥各职能部门、各岗位人员的职能作用，认真履行管理的职责。

3. 各岗位具体岗位职责

项目经理：项目施工现场全面管理工作的领导者和组织者，项目质量、安全生产的第一责任人，统筹管理整个项目的实施。负责协调项目甲方、监理、设计、政府部门及相关施工方的工作关系，认真履行与业主签订的合同，保证了项目合同规定的各项目标顺利完成，及时回收项目资金；领导编制施工组织设计、进度计划和质量计划，并贯彻执行；组织项目例会、参加公司例会，掌握项目工、料、机动态，按规定及时准确向公司报表；实行项目成本核算制，严格控制非生产性支出，自觉接受公司各职能部门的业务指导、监督及检查，重大事情、紧急情况及时报告；组织竣工验收资料收集、整理和编册工作。

现场执行经理：对于项目经理负责，现场施工质量、安全生产的直接责任人，安排协调各专业、工种的人员保障、施工进度和交叉作业，协调处理现场各方施工矛盾，保证施工计划的落实，组织材料、设备按时进场，协调做好进场材料、设备和已完工程的成品保护，组织专业产品的过程验收和系统验收，办理交接手续。

技术负责人：工程项目主要现场技术负责人。领导各专业责任师、质检员、施工队等技术人员保证施工过程符合技术规范要求，保证施工按正常秩序进行；通过技术管理,使施工建立在先进的技术基础上,保证工程质量的提高;充分发挥设备潜力,充分发挥材料性能,完善劳动组织,提高劳动生产率,完成计划任务,降低了工程成本,提高经营效果。

专业质量工程师:熟悉图纸和施工现场情况,参加图纸会审,做好记录,及时办理洽商和设计变更;编制施工组织设计和专业施工进度控制计划(总计划、月计划、周计划),编制项目本专业物资材料供应总体计划,交物资部、商务部审核;负责所辖范围内的安全生产、文明施工和工程质量,按季节、月、分部、分项工程和特殊工序进行安全和技术交底,编写《项目作业指导书》,编制成品保护实施细则;负责工序间的检查、报验工作,负责进场材料质量的检查与报验,确认分承包方每月完成实物工程量,记好施工日志,积累现场各种见证资料,管理、收集施工技术资料;掌握分承包方劳动力、材料、机械动态,参加项目每周生产例会,发现问题并及时汇报;工程竣工后负责编写《用户服务手册》。

质检员:负责整个施工过程中质量检查工作。熟悉工程运用施工规范、标准,按标准检查施工完成质量,及时发现质量不合格工序,报告主任工程师,会同专业工长提出整改方案,并检查整改完成情况。

材料员:认真执行材料检验与施工试验制度;熟悉工程所用材料的数量、质量及技术要求;按施工进度计划提出材料计划,会同采购人员保证工程所用材料按时到达现场;协助有关人员做好材料的堆放和保管工作。

资料员:负责整个工程资料的整理及收藏工作;按各种材料要求合验进场材料的必备资料,保证进场材料符合规范要求;填写并保存各种隐检、预检及评定资料。

(三)质量控制点的设置

作为质量计划的一部分,施工质量控制点的设置是施工技术方案的重要组成部分,是施工质量控制的重点对象。

1. 施工质量控制点的设置原则

(1)对工程的安全和使用功能有直接影响的关键部位、工序、环节及隐蔽工程应设立控制点。例如主要受力构件的钢筋位置、数量、钢筋保护层厚度、混凝土强度;砖砌体的强度、接槎质量、拉结筋质量、轴线位置、垂直度;基础级配砂石垫层密实度、屋面和卫生间防水性能、门窗正常的开启功能;水、暖、卫无跑冒滴漏堵;电气安装工程的安全性能等。(2)对下一道工序质量形成有较大影响的工序应设立控制点。例如,梁板柱模板的轴线位置;卫生间找平层泛水坡度;悬臂构件上部负弯矩筋位置、数量、间距和钢筋保护层厚度;上人吊顶中吊杆位置、间距、牢固性和主龙骨的承载能力;室外楼梯、栏杆和预埋铁件的牢固性等。(3)对于质量不稳定、经常出现不良品的工序、部位或对象应设立控制点,如易出现裂缝的抹灰工程等。例如,预应力空心板侧面经常开裂;砂浆和混凝土的和易性波动;混凝土结构出现蜂窝麻面;铝合金窗和塑钢窗封闭不严;抹灰常出现开裂空鼓等。(4)采用新技术、新工艺、新材料的部位或环节。(5)施工质量无把握的、施工条件困难的或技术难度大的工序或环节。

2. 施工质量控制点设置的具体方法

根据工程项目施工管理的基本程序，结合项目特点在制订项目总体质量计划时，列出各基本施工过程对局部和总体质量水平有影响的项目作为具体实施的质量控制点。例如，在建筑工程施工质量管理中，材料、构配件的采购，混凝土结构件的钢筋位置、尺寸，用钢结构安装的预埋螺栓的位置以及门窗装修和防水层铺设等均可作为质量控制点。

质量控制点的设定使工作重点更加明晰，事前预控的工作更有针对性。事前预控包括明确控制目标参数、制定实施规程（包括施工操作规程及检测评定标准）、确定检查项目和数量及其跟踪检查或批量检查方法、明确检查结果的判断标准及信息反馈要求。

3. 质量控制点的管理

（1）做好施工质量控制点的事前质量控制工作

①明确质量控制的目标与控制参数。②编制作业指导书和质量控制措施。③确定质量检查检验方式以及抽样的数量与方法。④明确检查结果的判断标准及质量记录与信息反馈要求等。

（2）向施工作业班组进行认真交底

确保质量控制点上的施工作业人员知晓施工作业规程及质量检验评定标准，掌握施工操作要领；技术管理和质量控制人员必须在施工现场进行重点指导和检查验收。

（3）做好施工质量控制点的动态设置和动态跟踪管理

施工质量控制点的管理应该是动态的，一般情况下，在工程开工前、设计交底和图纸会审时，可确定一批整个项目的质量控制点，随着工程的展开、施工条件的变化，定期或不定期进行质量控制点的调整，并补充到原质量计划中成为质量计划的一部分，以始终保持对质量控制重点的跟踪，并且使其处于受控状态。

对于危险性较大的分部分项工程或特殊施工过程，除按一般过程质量控制的规定执行外，还应由专业技术人员编制专项施工方案或作业指导书，经施工单位技术负责人、项目总监理工程师、建设单位项目负责人签字后执行。超过一定规模的危险性较大的分部分项工程还要组织专家对专项方案进行论证。作业前，施工员、技术员进行技术交底，使操作人员能够正确作业。严格按照三级检查制度进行检查控制。在施工中发现质量控制点有异常时，应当立即停止施工，召开分析会议，查找原因并采取对策予以解决。

施工单位应主动支持、配合监理工程师的工作。将施工作业质量控制点细分为"见证点"和"待检点"接受监理工程师对施工质量的监督和检查。凡属"见证点"的施工作业，如重要部位、特种作业、专门工艺等，施工方必须在该项作业开始前24h书面通知现场监理机构到位旁站，见证施工作业过程；凡属"待检点"的施工作业，如隐蔽工程等，施工方必须在完成施工质量自检的基础上，提前通知项目监理机构进行检查验收，然后才能进行工程隐蔽或下一道工序的施工。未经监理工程师检查验收合格的，不得进行工程隐蔽或下一道工序的施工。

（四）质量保证的方法和措施的制定

1. 质量保证方法的制定

质量保证方法的制定就是在针对建筑工程施工项目各个阶段各项质量管理活动和各项施工过程，为确保各质量管理活动和施工成果符合质量标准的规定，经过科学分析、确认，规定各项质量管理活动和各项施工过程必须采用的正确的质量控制方法、质量统计分析方法、施工工艺、操作方法和检查、检验以及检测方法。

2. 质量保证措施的制定

质量保证措施的制定就是针对原材料、构配件和设备的采购管理，针对施工过程中各分部分项工程的工序施工和工序间交接的管理，针对分部分项工程阶段性成品保护的管理，从组织方面、技术方面、经济方面、合同方面和信息方面制定有效、可行的措施。

（五）质量技术交底制度的制定

为确保施工各阶段的各施工人员明确知道目前工作的质量标准与施工工艺方法，使质量保证方法和措施能够得到有效的执行，必须建立质量技术交底制度。

技术交底制度大致包括如下内容：（1）必须严格遵循××规范及××标准要求，对每一道工序均需进行交底。（2）必须在各工序开始前××时间进行交底。（3）技术交底的组织者、交底人和交底对象。（4）交底应口头和书面同时进行。（5）交底内容包括操作工艺、质量要求、安全、文明施工及成品保护要求。（6）必须保证技术交底后的施工人员明确理解技术交底的内容。（7）交底内容必须记录并且保留。

（六）质量验收标准和质量检查制度的制定

1. 质量验收标准的引用和制定

《建筑工程施工质量验收统一标准》、《建筑装饰工程质量验收规范》等标准是建筑工程项目施工的成品、半成品必须满足的国家强制性标准。同时也是施工单位制定质量检查验收制度的重要依据。此外，施工单位还必须将施工质量管理与《建设工程质量管理条例》提出的事前控制、过程控制结合起来，从而确保对工作质量和工程成品、半成品质量的有效控制。

作为国家强制性标准，《建筑工程施工质量验收统一标准》规定了建筑工程各分部分项工程的合格指标。它不仅是施工单位必须达到的施工质量指标，也是建设单位（监理单位）对建筑工程进行设计和验收时，工程质量所必须遵守的规定，同时还是质量监督机构对施工质量进行判定的依据。

在符合国家强制性标准的前提下，如果合同有特殊要求，或者施工单位针对本项目承诺施工质量有更高的验收标准，质量计划需明确规定相应验收标准；如合同无特殊要求，施工单位针对本项目承诺施工质量符合国家验收规范和标准，则在质量计划需引用相应规范或标准。

2. 质量检查验收制度的制定

质量检查验收制度必须明确规定建筑工程各分部分项工程质量检查验收的程序和步骤、施工质量检验的内容以及检查验收的方法与手段。

（1）施工质量验收的程序和方法

工程项目施工质量验收是对已完工的工程实体的外观质量及内在质量按规定程序检查后，确认其是否符合设计要求及确认其是否符合相关行政管理部门制定的各项强制性验收标准的要求、确认其是否可交付使用的一个重要环节。正确地进行工程施工质量的检查评定和验收是确保工程质量的重要手段之一。

（2）建设工程施工质量验收应

①工程质量验收均应在施工单位对工程自行检查评定为"合格"后进行。②参加工程施工质量验收的各方人员，应该具有规定的资格。③工程项目的施工质量必须满足设计文件的要求。④隐蔽工程在隐蔽前，由施工单位通知有关单位进行验收，并形成验收文件。⑤单位工程施工质量必须符合相关验收规范的标准。⑥涉及结构安全的材料及施工内容，应按照规定对材料及施工内容进行见证取样并且保持检测资料。⑦对涉及结构安全和使用功能的重要部分工程、专业工程应进行功能性抽样检测。⑧工程外观质量应由验收人员通过现场检查后共同确认。

（3）工程项目施工质量检查评定验收的基本内容

①分部分项工程内容的抽样检查。②施工质量保证资料的检查，包括施工全过程的质量管理资料和技术资料，其中又以原材料、施工检测、测量复核以及功能性试验资料为重点检查内容。③工程外观质量的检查。

（4）工程质量不符合要求时，应按规定进行处理。

①经返工的工程应该重新检查验收。②经有资质的检测单位检测鉴定，能达到设计要求的工程应该予以验收。③经返修或加固处理的工程，虽局部尺寸等不符合设计要求，但仍然能满足使用要求，可按技术处理方案和协商文件进行验收。④经返修和加固后仍然不能满足使用要求的工程严禁验收。

（七）纠正措施与预防措施的制定

纠正措施就是分析某不合格项产生的原因，找寻消除该原因的措施并实施该措施，以确保在后续工作中该不合格项不会再次发生。

预防措施就是分析那些潜在的不合格项（即有可能会发生的不合格项）以及那些潜在的不合格项产生的原因，寻找消除该原因的措施并实施该措施，以确保在工作中该不合格项不会再次发生。

在建筑工程项目的施工质量计划中，纠正措施是针对各分部分项工程施工中可能出现的质量问题来制定的，目的是使这类质量问题在后续施工中不再发生；预防措施是针对各分部分项工程施工中可能出现的质量问题来制定的，目的是在施工中预防这类质量问题的发生，通常纠正措施与预防措施在工程上以相应工程质量通病防治措施的形式出现。

（八）质量事故处理

质量计划必须对质量事故的性质和质量事故的程度以及对质量事故产生的原因分析要求、对于质量事故采取的处理措施和质量事故处理所遵循的程序等方面做出明确规定。

质量计划必须引用国家关于质量事故处理的规定。

三、建筑工程质量保证体系的运行

（一）项目部各岗位人员的就位和质量培训

建筑工程的施工项目部必须严格按照质量计划中的规定建立并且运行施工质量管理体系。

（1）必须将满足岗位资格和能力要求的人员安排在体系的各岗位上，并进行质量意识的培训。（2）能力不足的人员必须经过相应的能力培训，经考核能胜任工作，方可安排在相应岗位上。

（二）质量保证方法和措施的实施

建筑工程的施工项目部必须严格按照质量计划中关于质量保证方法和措施的规定开展各项质量管理活动、进行各分部分项工程的施工，使各项工作处于受控状态，确保工作质量和工程实体质量。

当施工过程中遇到在质量计划中未做出具体规定，但对于工程质量产生影响的事件时，施工项目部各级人员需按照主动控制、动态控制原则，按照质量计划中规定的控制程序和岗位职责，及时分析该事件可能的发展趋势，明确针对该事件的质量控制方法，制定针对性的纠正和预防措施并实施，以确保因该事件导致的工作质量偏差和工程实体质量偏差均得到必要的纠正而处于受控状态。

上述情况下产生的质量控制方法和针对性的纠正和预防措施，经实施验证对质量控制有效，则将其补充到原质量计划中成为质量计划的一部分，以始终保持对施工过程的质量控制，使施工过程中的各项质量管理活动和各分部分项工程的施工工作随时处于受控状态。

（三）质量技术交底制度的执行

为确保建筑工程的各分部分项工程的施工工作随时处于受控状态，必须严格按照质量计划中的质量技术交底制度，进行技术交底工作，并做好相关记录。

（四）质量检查制度的执行

施工人员、施工班组和质量检查人员在各分部分项工程施工过程中要严格按照质量验收标准和质量检查制度及时进行自检、互检和专职质检员检查，经过三级检查合格后报监理工程师检查验收。

及时的三级检查，可以验证工程施工的实际质量情况与质量计划的差异程度，确认工程施工过程中的质量控制情况，并依据必要性适时采取相应措施，确保工程施工的顺利进行。

在执行质量检查制度时，除严格按照检查方法、检查步骤和程序外，还必须充分重视质量计划列出的各分部分项工程的检查内容与要求。

（五）按质量事故处理的规定执行

当发生质量事故时，项目部各级人员必须根据岗位的相应职责，严格按照质量保证计划的规定对该质量事故进行有效的控制，避免该事故进一步扩展；同时对该质量事故进行分类，分析事故原因，并及时处理。

在质量事故处理中科学地分析事故产生的原因是及时有效处理质量事故的前提。下面介绍一些常见的质量事故原因分析。

施工项目质量问题的形式多种多样，其主要原因如下。

1. 违背建设程序

常见的情况有：未经可行性论证，不做调查分析就拍板定案；未进行地质勘查就仓促开工；无证设计；随意修改设计；无图施工；不按图纸施工；不进行试车运转、不经竣工验收就交付使用等。这些做法导致一些工程项目留有严重隐患，房屋倒塌事故也常有发生。

2. 工程地质勘察工作失误

未认真进行地质勘察，提供的地质资料和数据有误；地质勘察报告不详细；地质勘察钻孔间距过大，勘察结果不能全面反映地基的实际情况；地质勘察钻孔深度不够，未能查清地下软土层、滑坡、墓穴等地层构造等工作失误，均会导致采用错误的基础方案，造成地基不均匀沉降、失稳，极易使上部结构以及墙体发生开裂、破坏和倒塌事故。

3. 未加固处理好地基

对软弱土、冲填土、杂填土、湿陷性黄土、膨胀土、岩层出露、溶岩和溶洞等各类不均匀地基未进行加固处理或处理不当，均是导致质量事故发生的直接原因。

4. 设计错误

结构构造不合理，计算过程及结果有误，变形缝设置不当，悬挑结构未进行抗倾覆验算等错误都是诱发质量问题的隐患。

5. 建筑材料及制品不合格

钢筋物理力学性能不符合标准；混凝土配合比不合理，水泥受潮、过期、安定性不满足要求，砂石级配不合理、含泥量过高，外加剂性能、掺量不满足规范要求时，均会影响混凝土强度、密实性、抗渗性，导致混凝土结构出现强度不足、裂缝、渗漏、蜂窝、露筋等质量问题；预制构件断面尺寸过小，支承锚固长度不足，施加的预应力值达不到要求，钢筋漏放、错位、板面开裂等，极易发生预制构件断裂及垮塌的事故。

6. 施工管理不善、施工方法和施工技术错误

许多工程质量问题是由施工管理不善和施工技术错误所造成的：（1）不熟悉图纸，盲目施工；未经监理、设计部门同意擅自修改设计。（2）不按图施工。如：把铰接节点做成刚接节点，把简支梁做成连续梁；在抗裂结构中用光圆钢筋代替变形钢筋等，极易使结构产生裂缝而破坏；对于挡土墙的施工不按图纸设滤水层、留排水孔，易使土压力增大，造成挡土墙倾覆。（3）不按有关施工验收规范施工，如对现浇混凝土结构不按规定的位置和方法，随意留设施工缝；现浇混凝土构件强度未达到规范规定的强度时就拆除模板；砌体不按组砌形式砌筑，如留直搓不加拉结条，在小于1m宽的窗间墙上留设脚手眼等错误的施工方法。（4）不按有关操作规程施工。如：用插入式振捣器捣实混凝土时，不按插点均布、快插慢拔、上下抽动、层层扣搭的操作法操作，致使混凝土振捣不实，整体性差。又比如，砖砌体的包心砌筑、上下通缝、灰浆不均匀饱满等现象都是导致砖墙、砖柱破坏、倒塌的主要原因。（5）缺乏基本结构知识，施工蛮干。如不了解结构使用受力和吊装受力的状态，将钢筋混凝土预制梁倒放安装；将悬臂梁的受拉钢筋放在受压面；结构构件吊点选择不合理；施工中在楼面超载堆放构件和材料等均会给工程质量和施工安全带来重大隐患。（6）施工管理混乱，施工方案考虑不周，施工顺序错误，技术措施不当，技术交底不清，违章作业，质量检查和验收工作敷衍了事等等都是导致质量问题的祸根。

7. 自然条件影响

施工项目周期长、露天作业多，受自然条件影响大，温度、湿度、雷电、大风、大雪、暴雨等都能造成重大的质量事故，在施工中应予以特别重视，并且采取有效的预防措施。

8. 建筑结构使用问题

建筑物使用不当也易造成质量问题。如：不经校核、验算就在原有建筑物上任意加层，使用荷载超过原设计的容许荷载；任意开槽、打洞、削弱承重结构的截面等。

（六）持续改进

施工过程中对质量管理活动和施工工作的主动控制和动态控制，对出现影响质量的问题及时采取纠正措施，对经分析、预计可能发生的问题及时、主动地采取预防措施，在使整个施工活动处受控状态的同时，也使整个施工活动的质量得到改进。

纠正措施和预防措施的采取既针对质量管理活动，也针对于施工工作，特别是针对于建筑工程项目的各分部分项工程施工中质量通病所采取的防治措施。

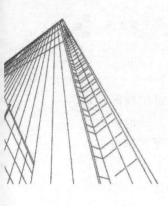

第四章 建筑工程合同管理

第一节 建筑工程招标与投标

一、建筑工程项目施工招标

（一）招投标项目的确定

从理论上讲，在市场经济条件下，建设工程项目是否采用招投标的方式确定承包人，业主有完全的决定权；采用了何种方式进行招标，业主也有完全的决定权。为了保证公共利益，各国的法律都规定了有政府资金投资的公共项目（包括部分投资的项目或全部投资的项目）和涉及公共利益的其他资金投资项目，投资额在一定额度之上时，要采用招投标方式确定承包人。对此，我国也有详细的规定。

按照《中华人民共和国招标投标法》，以下项目宜采用招标的方式确定承包人。（1）大型基础设施、公用事业等关系社会公共利益、公众安全的项目。（2）全部或者部分使用国有资金投资或者国家融资的项目。（3）使用国际组织或外国政府投资贷款、援助资金的项目。

（二）招标方式的确定

1. 公开招标

公开招标也称为无限竞争性招标，招标人在公共媒体上发布招标公告，提出招标项目和要求，符合条件的一切法人或者组织都可以参加投标竞争，都有同等竞争的机会。按规定应该招标的建设工程项目，一般应采用公开招标方式。

公开招标的优点是招标人有较大的选择范围，可以在众多的投标人中选择报价合理、工期较短、技术可靠、资信良好的中标人，但是，公开招标的资格审查和评标的工作量比较大、耗时长、费用高，且有可能因资格预审把关不严导致鱼目混珠的现象发生。

如果采用公开招标方式，招标人就不得以不合理的条件限制或排斥潜在的投标人。例如，不得限制本地区以外或本系统以外的法人或组织参加投标等。

2. 邀请招标

邀请招标也称有限竞争性招标，招标人事先经过考察和筛选，将投标邀请书发给某些特定的法人或者组织，邀请其参加投标。

为了保护公共利益，避免邀请招标方式被滥用，各个国家和世界银行等金融组织都有相关规定。按规定应该招标的建设工程项目，通常应采用公开招标方式，如果要采用邀请招标方式需经过批准。

对于有些特殊项目，采用邀请招标方式确实更加有利。根据《中华人民共和国招标投标法实施条例》第八条，国有资金占控股或者主导地位的依法必须进行招标的项目应当公开招标；但有下列情形之一的可以邀请招标。（1）项目技术复杂、有特殊要求或者受自然环境限制，只有少量潜在投标人可供选择。（2）采用公开招标方式的费用占项目合同金额的比例过大。

招标人采用邀请招标方式应当向三个以上具备承担招标项目的能力、资信良好的特定的法人或其他组织发出投标邀请书。

（三）自行招标与委托招标

招标人可自行办理招标事宜也可以委托招标代理机构代为办理招标事宜。

招标人自行办理招标事宜应当具编制招标文件和组织评标的能力；招标人不具备自行招标能力的必须委托具备相应资质的招标代理机构代为办理招标事宜。

招标代理机构资格分为甲、乙两级，其中乙级招标代理机构只能承担工程投资额（不含征地费、大市政配套费与拆迁补偿费）3000万元以下的招标代理业务。

招标代理机构可以跨省、自治区、直辖市承担招标代理业务。

（四）招标信息的发布与修正

1. 招标信息的发布

工程招标是一种公开的经济活动，因此，要采用公开的方式发布信息。

招标公告应在国家指定的媒介（报刊和信息网络）上发表，以保证信息发布到必要的范围以及发布及时与准确，招标公告应该尽可能地发布翔实的项目信息，以保证招标工作的顺利进行。

招标公告应当载明招标人的名称和地址，招标项目的性质、数量、实施地点和时间，投标截止日期以及获取招标文件的办法等事项。招标人或者其委托的招标代理机构应当保证招标公告内容的真实、准确和完整。

拟发布的招标公告文本应当由招标人或其委托的招标代理机构的主要负责人签名并加盖公章。招标人或其委托的招标代理机构发布招标公告应当向指定媒介提供营业执照（或法人证书）、项目批准文件的复印件等证明文件。

招标人或其委托的招标代理机构应至少在一个指定的媒介发布招标公告。指定报刊在发布招标公告的同时，应将招标公告如实抄送指定网络。招标人或其委托的招标代理机构在两个以上媒介发布的同一招标项目的招标公告的内容应当相同。

招标人应当按招标公告或者投标邀请书规定的时间、地点出售招标文件或资格预审文件。自招标文件或者资格预审文件出售之日起至停止出售之日，最短不得少于 5 个工作日。

投标人必须自费购买相关招标文件或资格预审文件，但是招标人对招标文件或者资格预审文件的收费应当合理，不得以营利为目的。对于所附的设计文件，招标人可以向投标人酌收押金；对于开标后投标人退还设计文件的，招标人应当向投标人退还押金。招标文件或者资格预审文件售出后，不予退还。招标人在发布招标公告、发出投标邀请书后或者售出招标文件或资格预审文件后不能擅自终止招标。

2. 招标信息的修正

如果招标人在招标文件已经发布之后，发现有问题需要进一步的澄清或修改，必须根据以下原则进行。

（1）时限

招标人对已发出的招标文件进行必要的澄清或修改，应当在招标文件要求提交投标文件截止时间至少 15 日前发出。

（2）形式

所有澄清或修改必须以书面形式进行。

（3）全面

所有澄清或修改必须直接通知所有招标文件收受人。

由于修正与澄清文件是对于原招标文件的进一步补充或说明，因此，澄清或者修改的内容应为招标文件的有效组成部分。

（五）资格预审

招标人可以根据招标项目本身的特点和要求，要求投标申请人提供有关资质、业绩和能力等的证明，并对投标申请人进行资格审查。资格审查分为资格预审和资格后审。

资格预审是指招标人在招标开始之前或者开始初期，对申请参加投标的潜在投标人进行资质条件、业绩、信誉、技术、资金等的资格审查；经认定合格的潜在投标人才可以参加投标。

通过资格预审，招标人可以了解潜在投标人的资信情况，包括财务状况、技术能力以及以往从事类似工程项目的施工经验，从而选择优秀的潜在投标人参加投标，降低将项目授予不合格的投保人的风险。通过对资格预审，招标人可以淘汰不合格的投标人，从而有效地控制投标人的数量，减少多余的投标，进而减少评审阶段的工作时间，减少评审费用，也为不合格的投标人节约投标的无效成本。通过资格预审，招标人可以了解潜在投标人对项目投标的兴趣。如果潜在投标人的兴趣大大低于招标人的预料，招标人可以修改招标条款，以吸引更多的投标人参加竞争。

（六）标前会议

标前会议也称为投标预备会或招标文件交底会，是招标人按投标人须知规定的时间和地点召开的会议。标前会议上，招标人除了介绍工程项目概况以外，还可以对招标文件中的某些内容加以修改或者补充说明，以及对投标人书面提出的问题和会议上即席提出的问题给予解答，会议结束后，招标人应将会议纪要以书面形式发给每一个投标人。

无论是会议纪要还是对个别投标人的问题的解答都应以书面形式发给每一个获得投标文件的投标人，以保证招标的公平和公正，但对问题的答复不需要说明问题来源。会议纪要和答复函件形成招标文件的补充文件都是招标文件的有效组成部分，与招标文件具有同等法律效力。当补充文件和招标文件内容不一致时，应以补充文件为准。

为了使投标人在编写投标文件时有充分的时间考虑招标人对招标文件的补充或修改内容，招标人可以根据实际情况在标前会议上确定延长投标截止时间。

（七）评标

评标分为评标的准备、初步评审、详细评审以及编写评标报告等过程。

初步评审主要是进行符合性审查，即重点审查投标文件是否实质上响应了招标文件的要求。审查内容包括投标资格、投标文件的完整性、投标担保的有效性、与招标文件是否有显著的差异和保留等。如果投标文件实质上不响应招标文件的要求，将做无效标处理，不必进行下一阶段的评审。另外，还要对报价计算的正确性进行审查，如果计算有误，通常的处理方法是：大小写不一致的以大写为准，单价与数量的乘积之和与所报的总价不一致的以单价为准；投标文件正本和副本不一致的以正本为准。这些修改一般应由投标人代表签字确认。

详细评审是评标的核心，是对投标文件进行实质性审查，包括技术评审和商务评审。技术评审主要是对投标文件的技术方案、技术措施、技术手段、技术装备、人员配备、组织结构、进度计划等的先进性、合理性、可靠性、安全性、经济性等进行分析评价。商务评审主要是对投标文件的报价高低、报价构成、计价方式、计算方法、支付条件、取费标准、价格调整、税费、保险及优惠条件等进行评审。

评标可以采用评议法、综合评分法或评标价法等，可以根据不同的招标内容选择确定相应的方法。

评标结束应该推荐中标候选人。评标委员会推荐的中标候选人应当限定为 1~3 人，并标明排列顺序。

二、建设工程项目工投标

（一）研究招标文件

1. 投标人须知

投标人须知是招标人向投标人传递基础信息的文件，包括工程概况、招标内容、招标文件的组成、投标文件的组成、报价的原则、招投标时间安排等关键的信息。

首先，投标人需要注意招标项目的详细内容和范围，避免遗漏或多报。其次，投标人还要特别注意投标文件的组成，避免因提供的资料不全而被作为废标处理。最后，投标人还要注意招标答疑时间、投标截止时间等重要的时间安排，避免了因遗忘或迟到等原因而失去竞争机会。

2. 投标书附录与合同条件

这是招标文件的重要组成部分，其中可能标明了对招标人的特殊要求，即投标人在中标后应享有的权利、所要承担的义务和责任等，投标人在报价时需要考虑这些因素。

3. 技术说明

投标人要研究招标文件中的施工技术说明，熟悉所采用的技术规范，了解技术说明中有无特殊施工技术要求和有无特殊材料设备要求和有关选择代用材料、设备的规定，以便根据相应的定额和市场确定价格，计算有特殊要求项目的报价。

4. 永久性工程之外的报价补充文件

永久性工程是指合同的标的物——建设工程项目以及其附属设施。为了保证工程项目建设的顺利进行，不同的业主还会对承包商提出额外的要求，如对旧有建筑物和设施的拆除，工程师的现场办公室及其各项开支、模型、广告、工程照片和会议费用等。如果有额外的要求，则需要将其列入工程总价，弄清一切费用纳入工程总报价的方式，以免产生遗漏从而导致损失。

（二）进行各项调查研究

1. 市场宏观经济环境调查

投标人应调查工程项目所在地的经济形势和经济状况，包括与投标工程项目实施有关的法律法规、劳动力和材料的供应状况、设备市场的租赁状况、专业施工公司的经营状况与价格水平等。

2. 工程项目现场考察和工程项目所在地区的环境考察

投标人要认真地考察施工现场，认真调查具体工程项目所在地区的环境，包括一般自然条件、施工条件及环境，如地质地貌、气候、交通、水电等的供应和其他资源情况等。

3. 工程项目业主方和竞争对手公司的调查

投标人要认真调查业主、咨询工程师的情况，尤其是业主的项目资金落实情况，参加竞争的其他公司与工程项目所在地工程公司的情况，以及与其他承包商或分包商的关系。此外，投标人还要参加现场踏勘与标前会议，以获得更充分的信息。

（三）复核工程量

对于单价合同，尽管是以实测工程量结算工程款，但投标人仍应根据图纸仔细核算工程量，当发现相差较大时，投标人应要求招标人澄清。

对于总价合同更要特别引起重视，工程量估算的错误可能带来无法弥补的经济损失，因为总价合同是以总报价为基础进行结算的，如果工程量出现差异，可能对施工方极为不利。对于总价合同，如果业主在投标前对争议工程量不予更正，而且是对投标者不利的情况，投标人在投标时要附上声明：工程量表中某项工程量有错误，施工结算应按实际完成量计算。

承包商在核算工程量时，还要结合招标文件中的技术规范弄清工程量中每一细目的具体内容，避免出现计算单位、工程量或者价格方面的错误与遗漏。

（四）选择施工方案

施工方案应由投标人的技术负责人主持制定，主要应考虑施工方法、主要施工机具的配置、各工种劳动力的安排和现场施工人员的平衡、施工进度和分批竣工的安排、安全措施等。施工方案的制定应在技术、工期和质量保证等方面对招标人有吸引力，同时又有利降低施工成本。

（五）投标计算

投标计算是投标人对招标项目施工所要发生的各种费用的计算。在进行投标计算时，投标人必须首先根据招标文件复核或计算工程量。施工方案和施工进度是进行投标计算的必要条件，投标人应预先确定施工方案和施工进度。另外，投标计算还必须与采用的合同计价形式相协调。

（六）确定投标策略

正确的投标策略对提高中标率并获得较高的利润有重要作用。常用的投标策略有以信誉取胜、以低价取胜、以缩短工期取胜、以改进设计取胜或者以先进或特殊的施工方案取胜等。不同的投标策略要在不同投标阶段的工作（如制定施工方案、投标计算等）中体现和贯彻。

（七）正式投标

1. 注意投标的截止日期

招标人所规定的投标截止日就是提交投标文件最后的期限。投标人在招标截止日之前所提交的投标文件是有效的，超过该日期之后提交的投标文件就会被视为无效投标文件。在招标文件要求提交投标文件的截止时间后送达的投标文件，招标人可以拒收。

2. 投标文件的完备性

投标人应当按照招标文件的要求编制投标文件。投标文件应当对招标文件提出的实质性要求和条件做出响应。投标文件不完备或投标文件没有达到招标人的要求，在招标范围以外提出新的要求均被视为对招标文件的否定，不会被招标人接受。投标人必须为自己所投出的标负责，如中标，必须按照投标文件中所阐述的方案来完成工程，这其中包括质量标准、工期与进度计划、报价限额等基本指标和招标人所提出的其他要求。

3. 注意投标文件的标准

投标文件的提交有固定的要求，基本内容是签章、密封。如果不密封或密封不满足要求，投标文件是无效的。投标文件还需要按照要求签章，投标文件需要盖有投标企业公章以及企业法人的名章（或签字）。如果工程项目所在地与企业距离较远，由当地项目经理部组织投标，需要提交企业法人对于项目经理的授权委托书。

三、合同的谈判与签订

（一）合同订立的程序

与其他合同的订立程序相同，建设工程项目合同的订立也要采取要约和承诺方式。根据《中华人民共和国招标投标法》对招标、投标的规定，招标、投标、中标的过程实质就是要约、承诺的一种具体方式。招标人通过媒体发布招标公告，或向符合条件的投标人发出招标文件，为要约邀请；投标人根据招标文件内容在约定的期限内向招标人提交投标文件为要约；招标人通过评标确定中标人，发出中标通知书为承诺；招标人和中标人按照中标通知书、招标文件以及中标人的投标文件等订立书面合同时，合同成立并生效。

建设工程施工合同的订立往往要经历一个较长的过程。在明确中标人并发出中标通知书后，双方即可就建设工程施工合同的具体内容和有关条款展开谈判，直到最终签订合同。

（二）建设工程施工合同谈判的主要内容

1. 关于工程内容和范围的确认

招标人和中标人可就招标文件中的某些具体工作内容进行讨论、修改、明确或细化，从而确定工程承包的具体内容和范围。对为监理工程师提供的建筑物、家具、车辆以及其他各项服务也应逐项详细地予以明确。

2. 关于技术要求、技术规范和施工方案

双方尚可对技术要求、技术规范和施工方案等进行进一步讨论和确认，必要的情况下甚至可以变更技术要求和施工方案。

3. 关于合同价格条款

依据计价方式的不同，建设工程施工合同可以分为总价合同、单价合同和成本加酬金合同。一般在招标文件中就会明确规定合同将采用何种计价方式，在合同谈判阶段往往没有讨论的余地。但在可能的情况下，中标人在谈判过程中仍然可以提出降低风险的改进方案。

4. 关于价格调整条款

对于工期较长的建设工程项目，容易遭受市场经济货币贬值或通货膨胀等因素的影响，可能给承包人造成较大的损失，价格调整条款可以比较公正地解决这一承包人无法控制的风险损失。

无论是单价合同还是总价合同都可以确定价格调整条款，即是否调整以及如何调整等。可以说，合同计价方式及价格调整方式共同确定了工程项目承包合同的实际价格，直接影响承包人的经济利益。在建设工程项目实践中，由于各种原因导致费用增加的概率远远大于费用减少的概率，有时最终的合同价格调整金额会很大，远远超过原定的合同总价，因此，承包人在投标过程中，尤其是在合同谈判阶段务必对合同价格调整条款予以充分的重视。

5. 关于合同款支付方式的条款

建设工程施工合同的付款分四个阶段进行，即工程预付款支付、工程进度款支付、最终付款和退还质量保证金。关于支付时间、支付方式、支付条件和支付审批程序等有很多可能的选择，并且可能对承包人的成本、进度等产生较大的影响，因此，合同款支付的有关条款是谈判的重要方面。

6. 关于工期和维修期

对具有较多的单项工程的建设工程项目，承包人可在合同中明确允许分部位或分批提交业主验收并从该批验收时起开始计算该部分的维修期，以缩短责任期限，最大限度地保障自己的利益。

承包人应通过谈判使发包人接受并在合同中明确承包人保留由于工程变更、恶劣气候的影响，以及种种"作为一个有经验的承包人也无法预料的工程施工条件的

变化"等原因对工期产生不利影响时要求合理地延长工期的权利。

承包人应该只承担由于材料和施工方法及操作工艺等不符合合同规定而产生的缺陷。承包人应力争以维修保函来代替被业主扣留的质量保证金。与质量保证金相比，维修保函对承包人有利，主要是因为业主可提前取回被扣留的质量保证金；而维修保函是有时效的，期满将自动作废。同时，它对业主并无风险，真正发生维修费用，业主可凭维修保函向银行索回款项。所以，这一做法是比较公平的。维修期满后，承包人应及时从业主处撤回维修保函。

7. 合同条件中其他特殊条款的完善

合同条件中其他特殊条款的完善主要包括完善合同图纸条款、完善违约罚金和工期提前奖金条款、完善工程量验收以及衔接工序和隐蔽工程施工的验收程序条款、完善施工占地条款、完善向承包人移交施工现场和基础资料条款、完善工程交付条款、完善预付款保函的自动减额条款等等。

（三）建筑工程施工合同最后文本的确定和合同签订

1. 合同风险评估

在签订合同之前，承包人应对合同的合法性、完备性、合同双方的责任、权益以及合同风险进行评审、认定和评价。

2. 合同文件内容

建筑工程施工合同文件由以下内容构成：合同协议书；工程量及价格；合同条件，包括合同一般条件和合同特殊条件；投标文件；合同技术条件（合同纸）；中标通知书；双方代表共同签署的合同补遗（有时也采用合同谈判会议纪要的形式）；招标文件；其他双方认为应该作为合同组成部分的文件。

对所有在招标投标及谈判前后各方发出的文件、文字说明、解释性资料进行清理。对凡是与上述合同构成内容有矛盾的文件应宣布作废，可以在双方签署的合同补遗中，对此做出排除性质的声明。

3. 关于合同协议的补遗

在合同谈判阶段双方谈判的结果一般以合同补遗的形式形成书面文件，有时也可以以合同谈判会议纪要的形式形成书面文件。

同时应该注意的是，建设工程施工合同必须遵守法律。若违反了法律的条款，即使合同双方达成协议并且签了字也不受法律保障。

4. 签订合同

双方在合同谈判结束后，应按上述内容和形式形成一个完整的合同文本草案，经双方代表认可后形成正式文件。双方核对无误后，由双方代表草签，至此合同谈判阶段即告结束。此时，承包人应及时准备和递交履约保函，准备正式签署建设工程施工合同。

第二节 建筑工程施工合同

一、建筑工程施工合同的类型及选择

（一）总价合同

1. 固定总价合同

固定总价合同的价格计算是以图纸及规定、规范为基础，工程任务和内容明确，业主的要求和条件清楚，合同总价一次包死，固定不变，即不再因为环境的变化和工程量的增减而变化。在这类合同中，承包商承担了全部的工作量和价格的风险。因此，承包商在报价时应对一切费用的价格变动因素和不可预见因素都做充分的估计，并将其包含在合同价格之中。

2. 变动总价合同

变动总价合同又称为可调总价合同，合同的价格是以图纸及规定、规范为基础，按照时价进行计算，得到包括全部工程任务和内容的暂定合同价格。合同总价是一种相对固定的价格，在合同执行过程中，由于通货膨胀等原因而使所使用的工、料成本增加时，可以按照合同约定对合同总价进行相应的调整。当然，一般对由于设计变更、工程量变化和其他工程条件变化所引起的费用变化也可以进行调整。因此，通货膨胀等不可预见因素的风险由业主承担，对承包商而言，其风险相对较小，但对业主而言，不利其进行投资控制，突破投资的风险增大了。

（二）单价合同

单价合同是承包人在投标时，按招、投标文件就分部分项工程所列出的工程量表确定各分部分项工程费用的合同类型。这类合同的适用范围比较宽，其风险可以得到合理的分摊，并且能鼓励承包商通过提高工效等手段节约成本，提高利润。这类合同能够成立的关键在于双方对单价和工程量技术方法的确认，在合同履行中需注意的问题则是双方对于实际工程量计量的确认。

（三）成本加酬金合同

成本加酬金合同是由业主向承包人支付工程项目的实际成本，并按事先约定的某一种方式支付酬金的合同类型，即工程最终合同价格按承包商的实际成本加一定比例的酬金计算，而在合同签订时不能确定一个具体的合同价格，只能确定酬金的比例，其中酬金由管理费、利润及奖金组成。这类合同中，业主承担项目实际发生的一切费用，所以，也就承担了项目的全部风险。承包单位由于无风险，报酬较低。

二、建筑工程施工合同文本的主要条款

（一）概念

1. 施工合同的概念

施工合同即建筑安装工程承包合同，是发包人和承包人为完成商定的建筑安装工程，明确相互权利、义务关系的合同。签订施工合同的主要目的是明确责任，分工协作，共同完成建设工程项目的任务。

2.《建筑工程施工合同（示范文本）》简介

《建筑工程施工合同（示范文本）》一般主要由三个部分组成，即合同协议书、通用合同条款、专用合同条款。施工合同文件除以上三个部分外，一般还应该包括中标通知书、投标书及其附件、有关的标准和规范及技术文件、图纸、工程量清单、工程报价单或预算书等。

作为施工合同文件组成部分的上述各个文件，其优先顺序是不同的，原则上应把文件签署日期在后的和内容重要的排在前面，即更加优先。

以下是合同通用条款规定的优先顺序：（1）合同协议书（包括补充协议）。（2）中标通知书。（3）投标书及其附件。（4）专用合同条款。（5）通用合同条款。（6）有关的标准、规范及技术文件。（7）图纸。（8）工程量清单。（9）工程报价单或预算书等。

发包人在编制招标文件时，可根据具体情况规定优先顺序。

（二）施工合同双方的一般责任和义务

1. 发包人的责任与义务

（1）提供具备施工条件的施工现场和施工用地。（2）提供其他施工条件，包括将施工所需水、电、电信线路从施工场地外部接至专用条款的约定地点，并保证施工期间的需要，开通施工场地与城乡公共道路的通道以及专用条款约定的施工场地内的主要道路，满足施工运输的需要，保证施工期间的畅通。（3）提供水文地质勘探资料和地下管线资料，提供现场测量基准点、基准线和水准点以及有关资料，以书面形式交给承包人，并进行现场交验，提供图纸等其他与合同工程有关的资料。（4）办理施工许可证和其他施工所需证件、批件，以及临时用地、停水、停电、中断道路交通、爆破作业等的申请批准手续（证明承包人自身资质的证件除外）。（5）

协调处理施工场地周围地下管线和邻近建筑物、构筑物（包括文物保护建筑）、古树名木的保护工作，承担有关费用。（6）组织承包人和设计单位进行图纸会审和设计交底。（7）按合同规定支付合同价款。（8）按合同规定及时向承包人提供所需指令、批准等。（9）按合同规定主持和组织工程的验收。

2. 承包人的责任与义务

（1）根据发包人委托，在其设计资质等级和业务允许的范围内，完成了施工图设计或与工程配套的设计，经工程师确认后使用，发包人承担由此发生的费用。（2）按合同要求的质量完成施工任务。（3）按合同要求的工期完成并交付工程。（4）按专用条款约定的数量和要求，向发包人提供施工场地办公和生活的房屋及设施，发包人承担由此发生的费用。（5）遵守政府有关主管部门对施工场地交通、施工噪声以及环境保护和安全生产等的管理规定，按规定办理有关手续，并以书面形式通知发包人，发包人承担由此发生的费用，因承包人责任造成的罚款除外。（6）负责保修期内的工程维修。（7）接受发包人、工程师或其代表的指令。（8）负责工地安全，看管进场材料、设备和未交工工程。（9）负责对分包的管理，并对分包方的行为负责。（10）按专用条款约定做好施工场地地下管线和邻近建筑物、构筑物（包括文物保护建筑）、古树名木的保护工作。（11）安全施工，保证施工人员的安全及健康。（12）保持现场整洁。（13）按时参加各种检查和验收。

（三）施工进度计划和工期延误

1. 施工进度计划

承包人应按照施工组织设计约定提交详细的施工进度计划，施工进度计划的编制应当符合国家法律规定与一般工程实践惯例，施工进度计划经发包人批准后实施。施工进度计划是控制工程进度的依据，发包人和监理人有权按照施工进度计划检查工程进度情况。

承包人应按照施工组织设计约定的期限，向监理人提交工程开工报审表，经监理人报发包人批准后执行。监理人应在计划开工日期7天前向承包人发出开工通知，工期自开工通知中载明的开工日期起算。除专用合同条款另有约定外，因发包人原因造成监理人未能在计划开工日期之日起90天内发出开工通知的，承包人有权提出价格调整要求，或解除合同。发包人应当承担由此增加的费用和（或）延误的工期，并向承包人支付合理利润。

2. 工期延误

在合同履行过程中，因下列情况导致工期延误和（或）费用增加的，由发包人承担由此延误的工期和（或）增加的费用，且发包人应支付承包人合理的利润。

（四）合同价款与支付

1. 工程预付款的支付

工程预付款的支付按照专用合同条款约定执行，但最迟应在开工通知载明的开工日期 7 天前支付。工程预付款应当用于材料、工程设备、施工设备的采购及修建临时工程、组织施工队进场等。发包人逾期支付工程预付款超过 7 天的，承包人有权向发包人发出要求预付的催告通知，发包人收到通知后 7 天内仍然未支付的，承包人有权暂停施工，并按发包人违约的情形执行。

发包人要求承包人提供工程预付款担保的，承包人应在发包人支付工程预付款 7 天前提供工程预付款担保，专用合同条款另有约定除外。

2. 工程量的确认

承包人应于每月 25 日向监理人报送上月 20 日至当月 19 日已完成的工程量报告；监理人应在收到承包人提交的工程量报告后 7 天内完成对承包人提交的工程量报表的审核并报送发包人，以确定当月实际完成的工程量。监理人对工程量有异议的，有权要求承包人进行共同复核或抽样复测。承包人应协助监理人进行复核或抽样复测，并按监理人要求提供补充计量资料。

承包人未按监理人要求参加复核或抽样复测的，监理人复核或者修正的工程量视为了承包人实际完成的工程量。

3. 工程进度款的支付

承包人按照合同约定的时间按月向监理人提交进度付款申请单，监理人应在收到后 7 天内完成审查并报送发包人，发包人应在收到后 7 天内完成审批并签发工程进度款支付证书。发包人逾期未完成审批且未提出异议的视为已签发工程进度款支付证书。

除专用合同条款另有约定外，发包人应在工程进度款支付证书或临时工程进度款支付证书签发后 14 天内完成支付，发包人逾期支付工程进度款的，应按照中国人民银行发布的同期同类贷款基准利率支付违约金。

（六）竣工验收与结算

1. 竣工验收

工程具备以下条件的，承包人可以申请竣工验收：（1）除了发包人同意的甩项工作和缺陷修补工作外，合同范围内的全部工程以及有关工作，包括合同要求的试验、试运行以及检验均已完成，并符合合同要求。（2）已按合同约定编制了甩项工作和缺陷修补工作清单以及相应的施工计划。（3）已按合同约定的内容和份数备齐竣工资料。

承包人向监理人报送竣工验收申请报告，监理人应在收到竣工验收申请报告后 14 天内完成审查并报送发包人。监理人审查后认为已具备竣工验收条件的，应将竣工验收申请报告提交给发包人，发包人应在收到经监理人审核的竣工验收申请报告后28天内审批完毕并组织监理人、承包人、设计人等相关单位完成竣工验收。

竣工验收合格的，发包人应在验收合格后14天内向承包人签发工程接收证书。发包人无正当理由逾期不颁发工程接收证书的，自验收合格后第15天起视为已颁发工程接收证书。竣工验收不合格的，监理人应按照验收意见发出指示，要求承包人对不合格工程返工、修复或者采取其他补救措施，由此增加的费用和（或）延误的工期由承包人承担。

工程经竣工验收合格的，以承包人提交竣工验收申请报告之日为实际竣工日期，并在工程接收证书中载明；因发包人原因，未在监理人收到承包人提交的竣工验收申请报告42天内完成竣工验收，或完成竣工验收不予签发工程接收证书的，以提交竣工验收申请报告的日期为实际竣工日期；工程未经竣工验收，发包人擅自使用的，以转移占有工程之日为实际竣工日期。

2. 竣工结算

承包人应在工程竣工验收合格后28天内向发包人和监理人提交了竣工结算申请单；监理人应在收到竣工结算申请单后14天内完成核查并报送发包人；发包人应在收到监理人提交的经审核的竣工结算申请单后14天内完成审批，并由监理人向承包人签发经发包人并签认的竣工付款证书。发包人在收到承包人提交竣工结算申请单28天内未完成审批且未提出异议的，视为发包人认可承包人提交的竣工结算申请单，并自发包人收到承包人提交的竣工结算申请单后第29天起视为已签发竣工付款证书。

除专用合同条款另有约定外，发包人应在签发竣工付款证书后的14天内完成对承包人的竣工付款。发包人逾期支付的，按照中国人民银行发布的同期同类贷款基准利率支付违约金；逾期支付超过56天的按照中国人民银行发布的同期同类贷款基准利率的2倍支付违约金。

第三节　建筑工程施工承包合同按计价方式分类及担保

一、单价合同的运用

当施工发包的工程内容和工程量不能十分明确、具体时，则可采用单价合同形式，即根据计划工程内容和估算工程量，在合同中明确每项工程内容的单位价格（如每米、每平方米或者每立方米的价格），实际支付时则根据每一个子项的实际完成工程量乘以该子项的合同单价计算该项工作的应付工程款。

单价合同的特点是单价优先，例如，FIDIC土木工程施工合同中，业主给出的工程量清单表中的数字是参考数字，而实际工程款则按实际完成的工程量和合同中确定的单价计算。

虽然在投标报价、评标以及签订合同中，人们常常注重总价格，但在工程款结算中单价优先，对于投标书中明显的数字计算错误，业主有权力先做修改再评标，当总价和单价的计算结果不一致时，以单价为准调整总价。

在工程实践中，采用了单价合同有时也会根据估算的工程量计算一个初步的合同总价，作为投标报价和签订合同之用。当上述初步的合同总价与各项单价乘以实际完成的工程量之和发生矛盾时，则肯定以后者为准，即单价优先。实际工程款的支付也将以实际完成工程量乘以合同单价进行计算。

二、总价合同的运用

（一）总价合同的含义

所谓总价合同是指根据合同规定的工程施工内容和有关条件，业主应付给承包商的款额是一个规定的金额，即明确的总价。总价合同也称作总价包干合同，即根据施工招标时的要求和条件，当施工内容和有关条件不发生变化时，业主付给承包商的价款总额就不发生变化，总价合同又分固定总价合同和变动总价合同两种。

（二）固定总价合同

固定总价合同的价格计算是以图纸及规定、规范为基础，工程任务和内容明确，业主的要求和条件清楚，合同总价一次包全，固定不变，即不再因为环境的变化和工程量的增减而变化。在这类合同中，承包商承担了全部的工作量和价格的风险。因此，承包商在报价时应对一切费用的价格变动因素以及不可预见因素都做充分的估计，并将其包含在合同价格之中。在国际上，这种合同被广泛接受和采用，因为有比较成熟的法规和先前的经验。对业主而言，在合同签订时就可以基本确定项目的总投资额，对投资控制有利。在双方都无法预测的风险条件下和可能有工程变更的情况下，承包商承担了较大的风险，业主的风险较小。但工程变更和不可预见的困难也常常引起合同双方的纠纷或者诉讼，最终导致其他费用的增加。

当然，在固定总价合同中还可以约定，在发生重大工程变更、累计工程变更超过一定幅度或者其他特殊条件下可以对合同价格进行调整。因此，需要定义重大工程变更的含义、累计工程变更的幅度以及什么样的特殊条件才能调整合同价格以及如何调整合同价格等。

采用固定总价合同，双方结算比较简单，但由承包商承担了较大的风险，因此，报价中不可避免地要增加一笔较高的不可预见的风险费。承包商的风险主要有两个方面：一是价格风险，二是工作量风险。价格风险有报价计算错误、漏报项目、物价和人工费上涨等；工作量风险有工程量计算错误、工程范围不确定、工程变更或者由于设计深度不够所造成的误差等。

（三）变动总价合同

变动总价合同又称为可调总价合同，合同价格是以图纸及规定、规范为基础，按照时价进行计算，得到包括全部工程任务和内容的暂定合同价格。它是一种相对固定的价格，在合同执行过程中，由于通货膨胀等原因而使所使用的工、料成本增加时，可以按照合同约定对合同总价进行相应的调整。当然，一般由于设计变更、工程量变化和其他工程条件变化所引起的费用变化也可以进行调整。因此，通货膨胀等不可预见因素的风险由业主承担，对于承包商而言，其风险相对较小，但对业主而言，却不利于其进行投资控制，突破投资的风险就增大了。

（四）总价合同的特点和应用

采用总价合同时，对承发包工程的内容及其各种条件都应基本清楚、明确，否则，承发包双方都有蒙受损失的风险。一般是在施工图设计完成，施工任务和范围比较明确，业主的目标、要求和条件都清楚的情况下才采用总价合同。对业主来说，由于设计花费时间长，因而开工时间较晚，开工后的变更容易带来索赔，而且在设计过程中也难以吸收承包商的建议。

三、成本加酬金合同的运用

（一）成本加酬金合同的含义

成本加酬金合同也称为成本补偿合同，这是和固定总价合同正好相反的合同，工程施工的最终合同价格将按照工程的实际成本再加上一定的酬金进行计算。在合同签订时，工程实际成本往往不能确定，只能确定酬金的取值比例或者计算原则。采用这种合同，承包商不承担任何价格变化或者工程量变化的风险，这些风险主要由业主承担，对业主的投资控制很不利，而承包商则往往缺乏控制成本的积极性，常常不仅不愿意控制成本，甚至还会期望提高成本以提高自己的经济效益，因此，这种合同容易被那些不道德或不称职的承包商滥用，从而损害工程的整体效益，所以，应该尽量避免采用这种合同。

（二）成本加酬金合同的特点和适用条件

（1）工程特别复杂，工程技术、结构方案不能预先确定，或尽管可以确定工程技术和结构方案，但不可能进行竞争性的招标活动并以总价合同或单价合同的形式确定承包商，如研究开发性质的工程项目。（2）时间特别紧迫，如抢险、救灾工程来不及进行详细的计划和商谈。对业主而言，这种合同形式也有一定的优点，如：

可以通过分段施工缩短工期，而不必等待所有施工图完成才开始招标和施工；可以减少承包商的对立情绪，承包商对工程变更和不可预见条件的反应会比较积极和快捷；可以利用承包商的施工技术专家帮助改进或弥补设计中的不足；业主可以根据自身力量和需要，较深入地介入和控制工程施工和管理；也可以通过确定最大保证价格约束工程成本不超过某一限值，从而转移一部分风险。

对承包商来说，这种合同比固定总价的风险低，利润比较有保证，因而比较有积极性。其缺点是合同的不确定性，由于设计未完成，无法准确确定合同的工程内容、工程量以及合同的终止时间，有时难以对于工程计划进行合理安排。

（三）成本加酬金合同的形式

1. 成本加固定费用合同

根据双方讨论同意的工程规模、估计工期、技术要求、工作性质及复杂性、所涉及的风险等来考虑确定一笔固定数目的报酬金额作为管理费以及利润，对人工、材料、机械台班等直接成本则实报实销。如果设计变更或增加新项目，当直接费用超过原估算成本的一定比例（如 10% ）时，固定的报酬也要增加。在工程总成本初期估计不准，但可能变化不大的情况下，可采用此合同形式，有时可分几个阶段谈判付给固定报酬。这种方式虽然不能鼓励承包商降低成本，但为尽快得到酬金，承包商会尽力缩短工期。有时也可在固定费用之外根据工程质量、工期和节约成本等因素给承包商另加奖金，以鼓励承包商积极工作。

2. 成本加固定比例费用合同

工程成本中直接费用加一定比例的报酬费，报酬部分的比例在签订合同时由双方确定。这种方式的报酬费用总额随成本加大而增加，不利于缩短工期和降低成本。一般在工程初期很难描述工作范围和性质，或工期紧迫，无法按常规编制招标文件招标时采用。

3. 成本加奖金合同

奖金是根据报价书中的成本估算指标制定的，在合同中对这个估算指标规定一个底点和顶点，分别为工程成本估算的 60% ~ 75% 和 110% ~ 135%。承包商在估算指标的顶点以下完成工程则可得到奖金，超过顶点则要对超出部分支付罚款。如果成本在底点之下，则可加大酬金值或酬金百分比。采用这种方式通常规定，当实际成本超过顶点对承包商罚款时，最大罚款限额不超过原先商定的最高酬金值。在招标时，当图纸、规范等准备不充分，不能据以确定合同价格，而仅仅能制定一个估算指标时可采用这种形式。

（4）最大成本加费用合同

在工程成本总价合同基础上加固定酬金费用的方式，即当设计深度达到可以报总价的深度，投标人报一个工程成本总价和一个固定的酬金（包括各项管理费、风险费和利润）。如果实际成本超过合同中规定的工程成本总价，由承包商承担所有的额外费用，若实施过程中节约了成本，节约的部分归业主，或者由业主与承包商分享，在合同中要确定节约分成比例，在非代理型（风险型）CM 模式的合同中就采用这种方式。

四、建筑工程担保

（一）投标担保的内容

1. 投标担保的含义

投标担保或投标保证金，是指投标人保证中标后履行签订承发包合同的义务，否则，招标人将对投标保证金予以没收。根据《工程建设项目施工招标投标办法》规定，施工投标保证金的数额一般不得超过投标总价的2%，但最高不得超过80万元人民币。投标保证金有效期应当超出投标有效期30天。投标人不按招标文件要求提交投标保证金的，该投标文件将被拒绝，做废标处理。根据《工程建设项目勘察设计招标投标办法》规定，招标文件要求投标人提交投标保证金的，保证金数额一般不超过勘察设计费投标报价的2%，最多不超过10万元人民币，国际上常见的投标担保的保证金数额为2%～5%。

2. 投标担保的形式

投标担保可以采用了保证担保、抵押担保等方式，其具体的形式有很多种，通常有如下几种：现金；保兑支票；银行汇票；现金支票；不可撤销信用证；银行保函；由保险公司或者担保公司出具投标保证书。

3. 投标担保的作用

投标担保的主要目的是保护招标人不因中标人不签约而蒙受经济损失。投标担保要确保投标人在投标有效期内不要撤回投标书，以及投标人在中标后保证与业主签订合同并提供业主所要求的履约担保、预付款担保等。投标担保的另一个作用是在一定程度上可以起筛选投标人的作用。

（二）履约担保的内容

1. 履约担保的含义

所谓履约担保，是指招标人在招标文件中规定的要求中标的投标人提交的保证履行合同义务和责任的担保。履约担保的有效期始于工程开工之日，终止日期则可以约定为工程竣工交付之日或者保修期满之日。因为合同履行期限应该包括保修期，履约担保的时间范围也应该覆盖保修期，如果确定履约担保的终止日期为工程竣工交付之日，则需要另外提供工程保修担保。

2. 履约担保的形式

履约担保可以采用银行保函或者履约担保书的形式。在保修期内，工程保修担保可以采用预留保留金的方式：（1）银行履约保函。（2）履约担保书。（3）保留金。

3. 履约担保的作用

履约担保将在很大程度上促使承包商履行合同约定，完成工程建设任务，从而有利于保护业主的合法权益。一旦承包人违约，担保人要代为履约或者赔偿经济损失。履约保证金额的大小取决于招标项目的类型与规模，但必须保证承包人违约时，发包人不受损失。在投标须知中，发包人要规定使用哪一种形式的履约担保，中标人应当按照招标文件中的规定提交履约担保。

（三）支付担保的内容

1. 支付担保的含义

支付担保是中标人要求招标人提供的保证履行合同中约定的工程款支付义务的担保。在国际上还有一种特殊的担保——付款担保，即在有分包人的情况下，业主要求承包人提供的保证向分包人付款的担保，即承包商向业主保证，将把业主支付的款项用实施分包工程的工程款及时、足额地支付给分包人。

2. 支付担保的形式

支付担保通常采用如下的几种形式：银行保函、履约保证金和担保公司担保。发包人的支付担保应是金额担保。实行履约金分段滚动担保。支付担保的额度为工程合同总额的 20% ~ 25%。本段清算后进入下段。已完成担保额度，若发包人未能按时支付，承包人可依据担保合同暂停施工，并且要求担保人承担支付责任和相应的经济损失。

3. 支付担保的作用

工程款支付担保的作用在于通过对业主资信状况进行严格审查并落实各项担保措施，确保工程费用及时支付到位；一旦业主违约，付款担保人将代为履约。发包人要求承包人提供保证向分包人付款的付款担保，可以保证了工程款真正支付给实施工程的单位或个人，如果承包人不能及时、足额地将分包工程款支付给分包人，业主可以向担保人索赔，并可以直接向分包人付款。

第四节 建筑工程施工合同实施

一、施工合同分析的任务

（一）合同分析的含义

合同分析是从合同执行的角度去分析、补充和解释合同的具体内容和要求，将合同目标和合同规定落实到合同实施的具体问题和具体时间上，用于指导具体工作，使合同能符合日常工程管理的需要，使工程按合同要求实施，为合同执行和控制确定依据。合同分析不同于招标投标过程中对招标文件的分析，其目的和侧重点都不同。合同分析往往由企业的合同管理部门或者项目中的合同管理人员负责。

（二）合同分析的目的和作用

1. 合同分析的必要性

由于以下诸多因素的存在，承包人在签订合同后、履行和实施合同前有必要进行合同分析：（1）许多合同条文采用法律用语，往往不够直观明了，不容易理解，通过补充和解释，可以使之简单、明确、清晰。（2）同一个工程中的不同合同形成一个复杂的体系，十几份、几十份甚至上百份合同之间有十分复杂的关系。（3）合同事件和工程活动的具体要求（如工期、质量、费用等），合同各方的责任关系，事件和活动之间的逻辑关系等极为复杂。（4）许多工程小组，项目管理职能人员所涉及的活动和问题不是合同文件的全部，而仅为合同的部分内容，全面理解合同对合同的实施将会产生重大影响。（5）在合同中依然存在问题和风险，包括合同审查时已经发现的风险和还可能隐藏着的尚未发现的风险。（6）合同中的任务需分解和落实。（7）在合同实施过程中，合同双方会有许多争执，在分析时就可以预测预防。

2. 合同分析的作用

（1）分析合同中的漏洞，解释有争议的内容

在合同起草和谈判过程中，双方都会力争完善，但是仍然难免会有所疏漏，通过合同分析，找出漏洞，可以作为履行合同的依据。在合同执行过程中，合同双方有时也会发生争议，往往是由于对于合同条款的理解不一致所造成的，通过分析就合同条文达成一致理解，从而解决争议。在遇到索赔事件后，合同分析也可以为索赔提供理由和根据。

（2）分析合同风险，制定风险对策

不同的工程合同，其风险的来源和风险量的大小都不同，要根据合同进行分析，并采取相应的对策。

（3）合同任务分解、落实

在实际工程中，合同任务需要分解落实到具体的工程小组或部门、人员，要将合同中的任务进行分解，将合同中与各部分任务相对应的具体要求明确，然后落实到具体的工程小组或者部门、人员身上，以便于实施与检查。

3. 建设工程施工合同分析的内容

（1）合同的法律基础

即合同签订和实施的法律背景。通过分析，承包人了解适用于合同的法律的基本情况（范围、特点等），用以指导整个合同实施和索赔工作。对合同中明示的法律应重点分析。

（2）承包人的主要任务

承包人的总任务，即合同标的。承包人在设计、采购、制作、试验、运输、土建施工、安装、验收、试生产、缺陷责任期维修等方面的主要责任，施工现场的管理，给业主的管理人员提供生活和工作条件等责任。承包人工作范围通常由合同中的工程量清单、图纸、工程说明、技术规范所定义。工程范围的界限应很清楚，否则，会影响工程变更和索赔，特别对固定总价合同。在合同实施中，如果工程师指令的工程变更属于合同规定的工程范围，则承包人必须无条件执行；如工程变更超过承包人应承担的风险范围，则可以向业主提出工程变更的补偿要求。

（3）发包人的责任

这里主要分析发包人（业主）的合作责任。其责任通常有如下几方面：业主雇用工程师并委托其在授权范围内履行业主的部分合同责任；业主和工程师有责任对平行的各承包人和供应商之间的责任界限做出划分，对这方面的争执做出裁决，对他们的工作进行协调，并承担管理和协调失误造成的损失；及时做出承包人履行合同所必需的决策，如下达指令、履行各种批准手续、做出认可、答复请示，完成各种检查和验收手续等；提供施工条件，如及时提供设计资料、图纸、施工场地、道路等；按合同规定及时支付工程款，及时接收已完工程等。

（4）合同价格

对合同的价格应重点分析以下几个方面：合同所采用的计价方法及合同价格所包括的范围；工程量计量程序、工程款结算（包括进度付款、竣工结算、最终结算）方法和程序；合同价格的调整，即费用索赔的条件、价格调整方法、计价依据、索赔有效期规定；拖欠工程款的合同责任。

（5）施工工期

在实际工程中，工期拖延极为常见和频繁，而且对于合同实施和索赔的影响很大，所以，要特别重视。

(6) 违约责任

如果合同一方未遵守合同规定，造成对方损失，应受到相应的合同处罚。通常包括：承包人不能按合同规定工期完成工程的违约金或承担业主损失的条款；由于管理上的疏忽造成对方人员和财产损失的赔偿条款；由于预谋或故意行为造成对方损失的处罚和赔偿条款等；由于承包人不履行或不能正确地履行合同责任，或出现严重违约时的处理规定；由于业主不履行或不能正确地履行合同责任，或者出现违约时的处理规定，特别是对业主不及时支付工程款的处理规定。

(7) 验收、移交和保修

验收包括许多内容，如材料和机械设备的现场验收、隐蔽工程验收、单项工程验收、全部工程竣工验收等。

在合同分析中，应对重要的验收要求、时间、程序以及验收所带来的法律后果做说明。竣工验收合格即办理移交。移交作为一个重要的合同事件，同时又是一个重要的法律概念。它表示的含义有：业主认可并接收工程，承包人工程施工任务的完结；工程所有权的转让；承包人工程照管责任的结束和业主工程照管责任的开始；保修责任的开始；合同规定的工程款支付条款有效。

(8) 索赔程序和争执的解决

它决定索赔的解决方法。其包含索赔的程序，争议的解决方式和程序；仲裁条款，包括仲裁所依据的法律、仲裁地点、方式和程序、仲裁结果的约束力等等。

二、施工合同交底的任务

合同和合同分析的资料是工程实施管理的依据。合同分析后，应向各层次管理者做"合同交底"，即由合同管理人员在对合同的主要内容进行分析、解释和说明的基础上，通过组织项目管理人员和各个工程小组学习合同条文和合同总体分析结果，使大家熟悉合同中的主要内容、规定、管理程序，了解合同双方的合同责任和工作范围，各种行为的法律后果等，使大家都树立全局观念，使各项工作协调一致，避免执行中的违约行为。在传统的施工项目管理系统中，人们十分重视图纸交底工作，却不重视合同分析和合同交底工作，导致各个项目组和各个工程小组对项目的合同体系、合同基本内容不甚了解，影响合同的履行。项目经理或合同管理人员应将各种任务或事件的责任分解，落实到具体的工作小组、人员或分包单位。

合同交底的目的和任务如下：（1）对合同的主要内容达成一致理解。（2）将各种合同事件的责任分解落实到各工程小组或分包人。（3）将工程项目和任务分解，明确其质量和技术要求以及实施的注意要点等。（4）明确各项工作或各个工程的工期要求。（5）明确成本目标和消耗标准。（6）明确相关事件之间的逻辑关系。（7）明确各个工程小组（分包人）之间的责任界限。（8）明确完不成任务的影响和法律后果。（9）明确合同有关各方（如业主、监理工程师）的责任和义务。

三、施工合同实施的控制

在工程实施过程中要对合同的履行情况进行跟踪与控制，并加强工程变更管理，保证合同的顺利履行。

（一）施工合同跟踪

合同签订以后，合同中各项任务的执行要落实到具体的项目经理部或具体的项目参与人员身上，承包单位作为履行合同义务的主体，必须对合同执行者（项目经理部或项目参与人）的履行情况进行跟踪、监督和控制，确保合同义务的完全履行。施工合同跟踪有两个方面的含义。一是承包单位的合同管理职能部门对合同执行者（项目经理部或项目参与人）的履行情况进行的跟踪、监督和检查；二是合同执行者（项目经理部或项目参与人）本身对合同计划的执行情况进行的跟踪、检查与对比。在合同实施过程中二者缺一不可。对于合同执行者而言，应该掌握合同跟踪的以下方面。

1. 合同跟踪的依据

首先，合同跟踪的重要依据是合同以及依据合同而编制的各种计划文件；其次，还要依据各种实际工程文件如原始记录、报表、验收报告等；最后，还要依据管理人员对现场情况的直观了解，如现场巡视、交谈、会议、质量检查等等。

2. 合同跟踪的对象

（1）工程施工的质量，包括材料、构件、制品和设备等的质量以及施工或安装质量是否符合合同要求等。（2）工程进度是否在预定期限内施工，工期有无延长，延长的原因是什么等。（3）工程数量是否按合同要求完成全部施工任务，有无合同规定以外的施工任务等。（4）成本的增加和减少。

可以将工程施工任务分解交由不同的工程小组或发包给专业分包完成，工程承包人必须对这些工程小组或分包人及其所负责的工程进行跟踪检查、协调关系，提出意见、建议或警告，保证工程总体质量和进度。对专业分包人的工作和负责的工程，总承包商负有协调和管理的责任，并且承担由此造成的损失，所以专业分包人的工作和负责的工程必须纳入总承包工程的计划和控制中，防止因分包人工程管理失误而影响全局。

业主委托的工程师的工作包含：业主是否及时、完整地提供了工程施工的实施条件，如场地、图纸、资料等；业主和工程师是否及时给予了指令、答复和确认等；业主是否及时并足额地支付了应付的工程款项。

（二）合同实施的偏差分析

1. 产生偏差的原因分析

通过对合同执行实际情况与实施计划的对比分析，不但可以发现合同实施的偏差，而且可以探索引起差异的原因。原因分析可以采用鱼刺图、因果关系分析图（表）、成本量差、价差、效率差分析等方法定性或定量地进行。

2. 合同实施偏差的责任分析

即分析产生合同偏差的原因是由谁引起的，应该由谁承担责任。责任分析必须以合同为依据，按合同规定落实双方的责任。

3. 合同实施趋势分析

针对合同实施偏差情况，可以采取不同的措施，应分析在不同措施下合同执行的结果与趋势，包括最终的工程状况；总工期的延误、总成本的超支、质量标准、所能达到的生产能力（或功能要求）等；承包商将承担什么样的后果，比如被罚款、被清算，甚至被起诉，对承包商资信、企业形象、经营战略的影响等；最终工程经济效益。

（三）合同实施偏差处理

根据合同实施偏差分析的结果，承包商应采取相应的调整措施。

1. 组织措施

如增加人员投入、调整人员安排、调整工作流程和工作计划等。

2. 技术措施

如变更技术方案，采用新的高效率的施工方案等。

3. 经济措施

如增加投入，采取经济激励措施等。

4. 合同措施

如进行合同变更、签订附加协议、采取索赔手段等。

（四）工程变更管理

工程变更一般是指在工程施工过程中，根据合同约定对于施工的程序、工程的内容、数量、质量要求及标准等做出的变更。

1. 工程变更的原因

（1）业主新的变更指令，对建筑的新要求，如业主有新的意图、修改项目计划、削减项目预算等。（2）由于设计人员、监理方人员、承包商事先没有很好地理解业主的意图，或设计的错误导致图纸修改。（3）工程环境的变化，预定的工程条件不准确，要求实施方案或实施计划变更。（4）由于产生新技术和知识，有必要改变原设计、原实施方案或实施计划，或因为业主指令及业主责任的原因造成承包商施工方案的改变。（5）政府部门对工程新的要求，如国家计划变化、环境保护要求、城市规划变动等。（6）由于合同实施出现问题，必须调整合同目标或修改合同条款。

2. 工程变更的范围

根据 FIDIC 施工合同条件，工程变更的内容可能包括以下几个方面：（1）改变合同中所包括的任何工作的数量。（2）改变任何工作的质量和性质。（3）改变工程任何部分的标高、基线、位置和尺寸。（4）删减任何工作，但要交他人实施的工作除外。（5）任何永久工程需要的任何附加工作、工程设备、材料或者服务。（6）改动工程的施工顺序或时间安排。

根据我国施工合同示范文本，工程变更包括设计变更和工程质量标准等其他实质性内容的变更，其中设计变更包括：更改工程有关部分的标高、基线、位置和尺寸；增减合同中约定的工程量；改变有关工程的施工时间和顺序；其他有关工程变更需要的附加工作。

3. 工程变更的程序

根据统计，工程变更是索赔的主要起因。由于工程变更对工程施工过程影响很大，会造成工期的拖延和费用的增加，容易引起双方的争执，所以，要十分重视工程变更管理问题。一般工程施工承包合同中都有关工程变更的具体规定。工程变更一般按照如下程序进行：

（1）提出工程变更

根据工程实施的实际情况，以下单位都可根据需要提出工程变更：承包商；业主方；设计方。

（2）工程变更的批准

承包商提出的工程变更应该交予工程师审查并批准；由设计方提出的工程变更应该与业主协商或经业主审查并批准；由业主方提出的工程变更，涉及设计修改的应该与设计单位协商，并一般通过工程师发出。工程师发出工程变更的权力，一般会在施工合同中明确约定，通常在发出变更通知前应征得业主批准。

（3）工程变更指令的发出及执行

为了避免耽误工程，工程师和承包人就变更价格和工期补偿达成一致意见之前有必要先行发布变更指示，先执行工程变更工作，然后再就变更价格和工期补偿进行协商和确定。

工程变更指示的发出有两种形式：书面形式和口头形式。一般情况下要求用书面形式发布变更指示，如果由于情况紧急而来不及发出书面指示，承包人应该根据合同规定要求工程师书面认可。根据工程惯例，除非工程师明显超越合同权限，承包人应该无条件地执行工程变更的指示。即使工程变更价款没有确定，或者承包人对于工程师答应给予付款的金额不满意，承包人也必须一边进行变更工作，一边根据合同寻求解决办法。

4. 工程变更的责任分析与补偿要求

根据工程变更的具体情况可以分析确定工程变更的责任和费用补偿：（1）由于业主要求、政府部门要求、环境变化、不可抗力、原设计错误等导致的设计修改，应该由业主承担责任。由此所造成的施工方案的变更以及工期的延长和费用的增加应该向业主索赔。（2）由于承包人在施工过程、施工方案中出现错误、疏忽而导致设计的修改，应该由承包人承担责任。（3）施工方案变更要经过工程师的批准，不论这种变更是否会对业主带来好处（如工期缩短、节约费用）。

由于承包人的施工过程、施工方案本身的缺陷而导致施工方案的变更，由此所引起的费用增加和工期延长应该由承包人承担责任。业主向承包人授标或者签订合同前，可以要求承包人对施工方案进行补充、修改或做出说明，以便符合业主的要求。在授标或签订合同后业主为了加快工期、提高质量等要求变更施工方案，由此所引起的费用增加可以向业主索赔。

第五节　建筑工程项目索赔管理

一、工程项目索赔的概念、原因和依据

（一）建设工程项目索赔的概念

"索赔"这个词已越来越为人们所熟悉。索赔指在合同的实施过程中，合同一方因对方不履行或未能正确履行合同所规定的义务受到损失而向对方提出赔偿要求。但在承包工程中，对承包商来说，索赔的范围更为广泛。一般只要不是承包商自身责任，而由于外界干扰造成工期延长和成本增加都有可能提出索赔。这包括以下两种情况：（1）业主违约，未履行合同责任。如未按合同规定及时交付设计图纸造成工程拖延、未及时支付工程款，承包商可提出赔偿要求。（2）业主未违反合同，而由于其他原因，如业主行使合同赋予的权力指令变更工程，工程环境出现事先未能预料的情况或变化，如恶劣的气候条件、与勘探报告不同的地质情况、国家法令的修改、物价上涨、汇率变化等。由此造成的损失，承包商可以提出补偿要求。

这两者在用词上有些差别，但处理过程和处理方法相同，从管理的角度可将它们同归为索赔。

在实际工程中，索赔是双向的。业主向承包商也可能有索赔要求。但通常业主索赔数量较小，而且处理方便。业主可通过冲账、扣拨工程款、没收履约保函、扣保留金等实现对承包商的索赔。最常见、最有代表性、处理了比较困难的是承包商向业主的索赔，所以，人们通常将它作为索赔管理的重点和主要对象。

（二）建筑工程项目索赔的要求

在建筑工程中，索赔要求通常有以下两种。

1. 合同工期的延长

承包合同中都有工期（开始期和持续时间）和工程拖延的罚款条款。如果工程拖期是由承包商管理不善造成的，则承包商必须承担责任，接受合同规定的处罚；而对外界干扰引起的工期拖延，承包商可以通过索赔，取得业主对合同工期延长的认可，则在这个范围内可免去他的合同处罚。

2. 费用补偿

由于非承包商自身责任造成工程成本增加，使承包商增加额外费用，蒙受经济损失，他可以根据合同规定提出费用索赔要求。如果该要求得到业主的认可，业主应向他追加支付这笔费用以补偿损失。这样，实质上承包商通过索赔提高合同价款，常常不仅可以弥补损失，而且能增加工程利润。

（三）建设工程项目索赔的起因

与其他行业相比，建筑业是一个索赔多发的行业。这是由建筑产品、建筑生产过程、建筑产品市场经营方式决定的。在现代承包工程中，特别在国际承包工程中，索赔经常发生，而且索赔额很大。这主要是由以下几方面原因造成的：（1）现代承包工程的特点是工程量大、投资多、结构复杂、技术和质量要求高、工期长。工程本身和工程的环境有许多不确定性，它们在工程实施中会有很大变化。最常见的有：地质条件的变化、建筑市场和建材市场的变化、货币的贬值、城建和环保部门对工程新的建议和要求、自然条件的变化等。它们形成对工程实施的内外部干扰，直接影响工程设计和计划，进而影响工期和成本。（2）承包合同在工程开始前签订，是基于对未来情况预测的基础上。对如此复杂的工程和环境，合同不可能对所有的问题做出预见和规定，对所有的工程做出准确的说明。工程承包合同条件越来越复杂，合同中难免有考虑不周的条款、缺陷和不足之处，比如措辞不当、说明不清楚、有歧义，技术设计也可能有许多错误。这会导致在合同实施中双方对责任、义务和权力的争执，而这一切往往都与工期、成本、价格相联系。（3）业主要求的变化导致大量的工程变更。如建筑的功能、形式、质量标准、实施方式和过程、工程量、工程质量的变化；业主管理的疏忽、未履行或未正确履行其合同责任，而且合同工期和价格是以业主招标文件确定的要求为依据，同时以业主不干扰承包商实施过程、业主圆满履行其合同责任为前提的。（4）工程参加单位多，各方面技术和经济关系错综复杂，互相联系又互相影响。各方面技术和经济责任的界定常常很难明确分清。在实际工作中，管理上的失误是不可避免的。但一方失误不仅会造成自己的损失，而且会殃及其他合作者，影响整个工程的实施。当然，在总体上，应按合同原则平等对待各方利益，坚持"谁过失，谁赔偿"。索赔是受损失者的正当权利。（5）合同双方对合同理解的差异造成工程实施中行为的失调，造成工程管理失误。因为合同文件十分复杂、数量多、分析困难，再加上双方的立场、角度不同，会造成对合同权利和义务的范围、界限的划定理解不一致，造成合同争执。

合同确定的工期和价格是相对于投标时的合同条件、工程环境和实施方案，即"合同状态"。由于上述这些内部和外部的干扰因素引起"合同状态"中某些因素的变化，打破了"合同状态"，造成工期延长和额外费用的增加，由于这些增量没有包括在原合同工期和价格中，或承包商不能通过合同价格获得补偿，则产生索赔要求。上述这些原因在任何工程承包合同的实施过程中都不可避免，所以，无论采用什么合同类型，也无论合同多么完善，索赔是不可避免的。承包商为取得工程经济效益，不能不重视研究索赔问题。

二、建筑工程项目索赔的程序

建筑工程项目索赔处理程序应按以下步骤进行。从承包商提出索赔申请开始，到索赔事件的最终处理，大致可划分为以下五个阶段。

1. 第一阶段，承包商提出索赔申请

合同实施过程中，凡不属于承包商责任导致项目拖期和成本增加事件发生后的28天内，必须以正式函件通知监理工程师，声明对此事项要求索赔，同时仍需遵照监理工程师的指令继续施工。逾期申报时，监理工程师有权拒绝承包商的索赔要求。正式提出索赔申请后，承包商应抓紧准备索赔的证据资料，包括事件的原因、对其权益影响的证据资料、索赔的依据，以及其他计算出的该事件影响所要求的索赔额和申请展延工期天数，并且在索赔申请发出的28天内报出。

2. 第二阶段，监理工程师审核承包商的索赔申请

正式接到承包商的索赔信件后，监理工程师应该立即研究承包商的索赔资料，在不确认责任归属的情况下，依据自己的同期记录资料客观分析事故发生的原因，重温有关合同条款，研究承包商提出的索赔证据。必要时还可要求承包商进一步提交补充资料，包括索赔的更详细说明材料或索赔计算的依据。

3. 第三阶段，监理工程师与承包商谈判

双方各自依据对这一事件的处理方案进行友好协商，若能通过谈判达成一致意见，则该事件较容易解决。如果双方对该事件的责任、索赔款额或工期展延天数分歧较大，通过谈判达不成共识的话，按照条款规定，监理工程师有权确定一个他认为合理的单价或价格作为最终的处理意见报送业主并且相应通知承包商。

4. 第四阶段，业主审批监理工程师的索赔处理证明

业主首先根据事件发生的原因、责任范围、合同条款审核承包商的索赔申请和监理工程师的处理报告，再根据项目的目的、投资控制、竣工验收要求，以及针对

承包商在实施合同过程中的缺陷或不符合合同要求的地方提出反索赔方面的考虑，决定是否批准监理工程师的索赔报告。

5. 第五阶段，承包商是否接受最终的索赔决定

承包商同意了最终的索赔决定，这一索赔事件即告结束。若承包商不接受监理工程师的单方面决定或业主删减索赔或工期展延天数，就会导致合同纠纷。通过谈判和协调双方达成互让的解决方案是处理纠纷的理想方式，如果双方不能达成谅解就只能诉诸仲裁。

三、建筑工程项目索赔报告的编写

（一）索赔报告的基本要求

1. 索赔事件应是真实的

这是整个索赔的基本要求。这关系到承包商的信誉和索赔的成败，不可含糊，必须保证。如果承包商提出不实的、不合情理、缺乏根据的索赔要求，工程师会立即拒绝，还会影响到对承包商的信任和以后的索赔。索赔报告中所指出的干扰事件必须有得力的证据来证明，且这些证据应附于索赔报告之后。对于索赔事件的叙述必须清楚、明确，不包含任何估计和猜测，也不可用估计和猜测式的语言，诸如"可能""大概""也许"等，否则，会使索赔要求苍白无力。

2. 责任分析应清楚，准确

一般索赔报告中所针对的干扰事件都是由对方责任引起的，应将责任全部推给对方，不可以用含混的字眼和自我批评式的语言，否则，会丧失自己在索赔中的有利地位。

3. 在索赔报告中应特别强调如下几点

①干扰事件的不可预见性和突然性。即使一个有经验的承包商对它也不可能有预见或准备，对它的发生，承包商无法制止，也不能影响。②在干扰事件发生后承包商已立即将情况通知了工程师，听取并执行工程师的处理指令，或承包商为了避免和减轻干扰事件的影响和损失尽了最大努力，采取了能够采取的措施。在索赔报告中可以叙述所采取的措施及它们的效果。③由于干扰事件的影响，使承包商的工程过程受到严重干扰，使工期拖延，费用增加。应强调，干扰事件、对方责任、工程受到的影响和索赔值之间有直接的因果关系。这个逻辑性对索赔的成败至关重要。业主反索赔常常也着眼于否定这个因果关系，以否定这个逻辑关系，以否定承包商的索赔要求。④承包商的索赔要求应有合同文件的支持，可以直接引用相应合同条款。承包商必须十分准确地选择作为索赔理由的合同条款。强调这些是为使索赔理由更充足，使工程师、业主和仲裁人在感情上易于接受承包商的索赔要求。

4. 索赔报告通常要简洁，条理清楚，各种结论、定义准确，有逻辑性

索赔证据和索赔值的计算应很详细和精确。索赔报告的逻辑性主要在于将索赔要求（工期延长和费用增加）与干扰事件、责任、合同条款、影响连成一条打不断的逻辑链。承包商应尽力避免索赔报告中出现用词不当、语法错误、计算错误、打字错误等问题，否则，会降低索赔报告的可信度，使人觉得承包商不严肃、轻率或者弄虚作假。

5. 用词要婉转

作为承包商，在索赔报告中应避免使用强硬的不友好的抗议式的语言。

（二）索赔报告的编制

1. 工期索赔

在工程施工中，常常会发生一些未能预见的干扰事件使施工不能顺利进行，使预定的施工计划受到干扰，结果造成工期延长。工期延长对合同双方都会造成损失，如业主因工程不能及时交付使用和投入生产，不能按计划实现投资目的，失去盈利机会，并增加各种管理费的开支；承包商因工期延长增加支付现场工人工资、机械停置费用、工地管理费、其他附加费用支出等，最终还可能要支付合同规定的误期违约金。

2. 费用索赔

（1）费用索赔的处理原则

在确定赔偿金额时，应遵循下述两个原则：所有赔偿金额都应该是施工单位为履行合同所必须支出的费用，按此金额赔偿后，应使施工单位恢复到未发生事件前的财务状况。即施工单位不致因索赔事件而遭受任何损失，但也不能因索赔事件而获得额外收益。

从上述原则可以看出，索赔金额是用于赔偿施工单位因索赔事件而受到的实际损失，而不考虑利润。所以，索赔金额计算的基础是成本，即用索赔事件影响所发生的成本减去事件影响前所应有的成本，其差值即为赔偿金额。

（2）费用索赔的计算方法

通常，干扰事件对于费用的影响，即索赔值的计算方法有以下两种。

①总费用法

总费用法的基本思路是把固定总价合同转化为成本加酬金合同，以承包商的额外成本为基点加上管理费和利润等附加费作为索赔值。

②分项法

分项法是按每个（或每类）干扰事件，和这事件所影响的各个费用项目分别计算索赔值的方法。

3. 工程变更索赔

在索赔事件中，工程变更的比例很大，而且变更的形式较多。工程变更的费用索赔常常不仅仅涉及变更本身，而且还要考虑由于变更产生的影响引起的工期的顺延损失，由于变更所引起的停工、窝工、返工、低效率损失等。

（1）工程量变更

工程量变更是最为常见的工程变更，它包括工程量增加、减少和工程分项的删除。它可能是由设计变更或工程师和业主有新的要求而引起的，也可能是因为业主在招标文件中提供的工作量表不准确造成的。

（2）附加工程

附加工程是指增加合同工程量表中没有的工程分项。这种增加可能是由于设计遗漏、修改设计或工程量表中项目的遗漏等原因造成的。

（三）索赔报告的内容

从报告的必要内容与文字结构方面而言，一个完整的索赔报告应包括以下四个部分。

1. 总论部分

一般包括以下内容：①序言；②索赔事件概述；③具体索赔要求；④索赔报告编写及审核人员名单。

文中应概要地叙述索赔事件的发生日期与过程，施工单位为了该索赔事件所付出的努力和附加开支，施工单位的具体索赔要求。

在总论部分最后，附上索赔报告编写组主要人员及审核人员的名单，注明有关人员的职称、职务以及施工经验，以表示该索赔报告的严肃性和权威性。总论部分的阐述要简明扼要，说明问题。

2. 根据部分

本部分主要说明自己具有的索赔权利，这是索赔能否成立的关键。根据部分的内容主要来自该工程项目的合同文件，并参照有关法律规定。该部分中施工单位应引用合同中的具体条款，说明自己理应获得的经济补偿或工期延长。

根据部分的篇幅可能很大，其具体内容随各个索赔事件的特点而不同。一般来说，根据部分应包括以下内容：①索赔事件的发生情况；②已递交索赔意向书的情况；③索赔事件的处理过程；④索赔要求的合同根据；⑤所附的证据资料。

在结构上，按照索赔事件的发生、发展、处理和最终解决的过程编写，并明确全文引用有关的合同条款，使建设单位和监理工程师能历史地、逻辑地了解索赔事件的始末，并充分认识该项索赔的合理性和合法性。

3. 计算部分

索赔计算的目的是以具体的计算方法和计算过程，说明了自己应得经济补偿的款项或延长时间。如果说根据部分的任务是解决索赔能否成立，则计算部分的任务是决定应得到多少索赔款项和延长多少工期，前者是定性的，后者是定量的。

在款项计算部分，施工单位必须阐明下列问题：①索赔款的总额。②各项索赔款的计算，如额外开支的人工费、材料费、管理费和损失利润。③指明各项开支的计算依据和证据资料，施工单位应注意合适的计价方法。至于采用哪一种计价法，首先，应根据索赔事件的特点及自己掌握的证据资料等因素来确定；其次，应注意每项开支的合理性，并指出相应证据资料的名称及编号，切忌采用笼统的计价方法和不实的开支款项。

4. 证据部分

证据部分包括该索赔事件所涉及的一切证据资料以及对于这些证据的说明。证据是索赔报告的重要组成部分，没有翔实可靠的证据，索赔是不可能成功的。

在引用证据时，要注意证据的效力或可信度。为此，对重要的证据资料最好附以文字证明或确认件。比如，对一个重要的电话内容，仅附上自己的记录是不够的，最好附上经过双方签字确认的电话记录，或者附上发给对方要求确认该电话记录的函件，即使对方未给复函，亦可说明责任在对方，因为对方未复函确认或修改，按惯例应理解为他已默认。

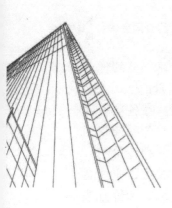

第五章　建筑工程安全管理

第一节　监理单位与施工单位安全责任

一、监理单位的安全责任

项目监理机构应根据法律法规、工程建设强制性标准，履行建设工程安全生产管理的监理职责；将安全生产管理的监理工作内监理单位和施工单位容、方法和措施纳入监理规划及监理实施细则。

审查施工单位现场安全生产规章制度的建立和实施情况。依据《中华人民共和国建筑法》《中华人民共和国安全生产法》《建设工程安全生产管理条例》《生产安全事故报告和调查处理条例》《特种设备安全监察条例》《安全生产许可证条例》等相关法律法规，现阶段涉及施工单位的安全生产管理制度主要包括安全生产责任制度、安全生产许可制度、安全技术措施计划管理制度、安全施工技术交底制度、安全生产检查制度、特种作业人员持证上岗制度、安全生产教育培训制度、机械设备（包括租赁设备）管理制度、专项施工方案专家论证制度、消防安全管理制度、应急救援预案管理制度、生产安全事故报告和调查处理制度、安全生产费用管理制度、工伤和意外伤害保险制度等等。

审查施工单位安全生产许可证的符合性和有效性。《安全生产许可证条例》对安全生产许可证的申请条件、有效期限、延期申请、监督管理等做了具体规定。

审查施工单位项目经理、专职安全生产管理人员和特种作业人员的资格情况。根据《建设工程安全生产管理条例》等相关规定，施工单位的主要负责人、项目负责人、专职安全生产管理人员应当经住房城乡建设主管部门或其他有关部门考核合格后方可任职；施工单位项目负责人应当由取得相应执业资格的人员担任；垂直运输机械作业人员、安装拆卸工、爆破作业人员、起重信号工、登高架设作业人员等特种作业人员必须按照国家有关规定经过专门的安全作业培训，并且取得特种作业操作资格证书后，方可上岗作业。

审查施工机械和设施的安全许可验收手续情况。施工单位在使用施工起重机械和整体提升脚手架、模板等自升式架设设施前，应当组织有关单位进行验收，也可以委托具有相应资质的检验检测机构进行验收；使用承租的机械设备和施工机具及配件的，由施工总承包单位、分包单位、出租单位和安装单位共同进行验收，验收合格的方可使用；《特种设备安全监察条例》规定的施工起重机械，在验收前应当经有相应资质的检验检测机构监督检验合格；施工单位应当自施工起重机械和整体提升脚手架、模板等自升式架设设施验收合格之日起30日内，向住房城乡建设主管部门或者其他有关部门登记，登记标志应当置于或者附着于该设备的显著位置。

项目监理机构应审查施工单位报审的专项施工方案，符合要求的，应由总监理工程师签认后报建设单位。超过了一定规模的危险性较大的分部分项工程的专项施工方案，应检查施工单位组织专家进行论证、审查的情况，以及是否附具安全验算结果。项目监理机构应要求施工单位按已批准的专项施工方案组织施工。专项施工方案需要调整时，施工单位应按程序重新提交项目监理机构审查。

专项施工方案审查应包括下列基本内容：（1）编审程序应符合相关规定。（2）安全技术措施应符合工程建设强制性标准。

实行施工总承包的专项施工方案应当由总承包单位组织编制，其中，起重机械安装拆卸工程、深基坑工程、附着式升降脚手架等专业工程实行分包的，其专项施工方案可由专业分包单位组织编制。

专项施工方案应当由施工单位技术部门组织本单位施工技术、安全、质量等部门的专业技术人员进行审核，经审核合格的，由施工单位技术负责人签字；实行施工总承包的，专项施工方案应当由总承包单位技术负责人以及相关专业分包单位技术负责人签字。

专项施工方案必须经施工单位技术负责人、项目总监理工程师、建设单位项目负责人签字后，方可组织实施。施工单位应当严格按照专项方案组织施工，不得擅自修改、调整专项方案。比如因设计、结构、外部环境等因素发生变化确需修改的，修改后的专项方案应当按相关规定重新审核。

二、施工单位的安全责任

（1）施工单位从事建设工程的新建、扩建、改建和拆除等活动，应当具备国家规定的注册资本、专业技术人员、技术装备和安全生产等条件，依法取得相应等级的资质证书，并在其资质等级许可的范围内承揽工程。（2）施工单位主要负责人依法对本单位的安全生产工作全面负责。施工单位应当建立健全安全生产责任制度和安全生产教育培训制度，制定安全生产规章制度和操作规程，保证本单位安全生产条件所需资金的投入，对所承担的建设工程进行定期和专项安全检查，并做好安全检查记录。施工单位的项目负责人应当由取得相应执业资格的人员担任，对于建设工程项目的安全施工负责，落实安全生产责任制度、安全生产规章制度和操作规程，确保安全生产费用的有效使用，并根据工程的特点组织制定安全施工措施，消除安全事故隐患，及时、如实报告生产安全事故。（3）施工单位对列入建设工程概算的安全作业环境及安全施工措施所需费用，应当用于施工安全防护用具及设施的采购和更新、安全施工措施的落实、安全生产条件的改善，不得挪作他用。（4）施工单位应当设立安全生产管理机构，配备专职安全生产管理人员。专职安全生产管理人员负责对安全生产进行现场监督检查。发现安全事故隐患，应当及时向项目负责人和安全生产管理机构报告；对违章指挥、违章操作的，应立即制止。专职安全生产管理人员的配备办法由国务院住房城乡建设主管部门会同国务院其他有关部门制定。（5）建设工程实行施工总承包的，由总承包单位对施工现场的安全生产负总责。总承包单位应当自行完成建设工程主体结构的施工。总承包单位依法将建设工程分包给其他单位的，分包合同中应当明确各自的安全生产方面的权利、义务。总承包单位和分包单位对分包工程的安全生产承担连带责任。分包单位应当服从总承包单位的安全生产管理，分包单位不服从管理导致生产安全事故的，由分包单位承担主要责任。（6）垂直运输机械作业人员、安装拆卸工、爆破作业人员、起重信号工、登高架设作业人员等特种作业人员，必须按照国家有关规定经过专门的安全作业培训，并取得特种作业操作资格证书后，方可上岗作业。（7）施工单位应当在施工组织设计中编制安全技术措施和施工现场临时用电方案，对下列达到一定规模的危险性较大的分部分项工程编制专项施工方案，并附具安全验算结果，经施工单位技术负责人、总监理工程师签字后实施，由专职安全生产管理人员进行现场监督：1）基坑支护与降水工程；2）土方开挖工程；3）模板工程；4）起重吊装工程；5）脚手架工程；6）拆除、爆破工程；7）国务院住房城乡建设主管部门或其他有关部门规定的其他危险性较大的工程。对深基坑、地下暗挖工程、高大模板工程等超过了一定规模的危险性较大工程的专项施工方案，施工单位还应当组织专家进行论证、审查。（8）建设工程施工前，施工单位负责项目管理的技术人员应当对有关安全施工的技术要求向施工作业班组、作业人员做出详细说明，并由双方签字确认。（9）施工单位应当在施工现场入口处、施工起重机械、临时用电设施、脚手架、出入通道口、楼梯口、电梯井口、孔洞口、桥梁口、隧道口、基坑边沿、爆破物及有害危险气体和液体存放处等危险部位，设置明显的安全警示标志。安全警示标志必须符合国家标准。施工单位应当根据不同施工阶段和周围环境及季节、气候的变化，在施工现场采取相应的安全施工措施。施工现场暂时停止施工的，施工单位应当做好现场防护，所需费用由责任方承担，或者按照合同约定执行。（10）施工单位应当将施工现场的办公、生活区与作业区分开设置，并且保持安全距离；办公、生活区的选址应当符合安全性要求。职工的膳食、饮水、休息场所等应当符合卫生标准。施工单位不得在尚未竣工的建筑物内设置员工集体宿舍。

第二节　施工单位安全生产体系的建立

一、安全管理的目标和任务

（一）施工现场的不安全因素

1. 人的不安全因素是指影响安全的人的因素

人的不安全因素可分为个人的不安全因素和人的不安全行为两个大类。个人的不安全因素是指人员的心理、生理、能力方面所具有不能适应工作、作业岗位要求的影响安全的因素。人的不安全行为是指能造成事故的人为错误，即人为地使系统发生故障或发生性能不良事件，是违背设计和操作规程的错误行为。各种各样的伤亡事故，绝大多数是由人的不安全因素造成的，是在人的能力范围内可以预防的。

2. 物的不安全状态是指能导致事故发生的物质条件

它包括机械设备等物质或环境存在的不安全因素，人们将此称物的不安全状态或物的不安全条件，也可简称为不安全状态。

管理上的不安全因素，通常也可称管理上的缺陷，它也是事故潜在的不安全因素，是事故发生的间接原因。

（二）施工项目安全管理的对象

安全管理通常包括安全法规、安全技术、工业卫生三个方面。安全法规侧重于"劳动者"的管理、约束，控制劳动者的不安全行为；安全技术侧重于"劳动对象和劳动手段"的管理，消除或减少物的不安全因素；工业卫生侧重"环境"的管理，以形成良好的劳动条件，做到文明施工。施工项目安全管理的对象主要是施工活动中的人、物、环境构成的施工生产体系，主要包括劳动者、劳动手段和劳动对象、劳动条件与劳动环境。

（三）安全管理的目标

1. 安全生产管理目标

包括如下两个方面：

（1）事故控制方面

要求杜绝死亡、火灾、管线事故、设备事故等重大事故的发生，即死亡、火灾、管线事故、设备事故发生率为零。

（2）创优达标方面

要求达到《建筑施工安全检查标准》合格标准要求的同时，达到当地建设工程安全标准化管理的标准。

2. 工程项目安全生产管理目标

包括以下内容：（1）伤亡事故控制目标：杜绝死亡、避免重伤，一般事故应有控制指标。（2）安全达标目标：根据项目工程的实际特点，按部位制定了安全达标的具体目标值。（3）文明施工实现目标：根据项目工程施工现场环境及作业条件的要求，制定实现文明工地的目标。

3. 安全生产管理目标

主要体现在"六杜绝""三消灭""二控制""一创建"。

（1）六杜绝

杜绝重伤及死亡事故、杜绝坍塌伤害事故、杜绝了高处坠落事故、杜绝物体打击事故、杜绝机械伤害事故、杜绝触电事故。

（2）三消灭

消灭违章指挥、消灭违章操作、消灭"惯性事故"。

（3）二控制

控制年负伤率、控制年生产安全事故率。

（4）一创建

创建安全文明工地。

（四）安全管理的主要任务

（1）贯彻落实国家安全生产法规，落实"安全第一、预防为主、综合治理"的安全生产方针。（2）制定安全生产的各种规程、规定和制度，并且认真贯彻实施。（3）制定并落实各级安全生产责任制。（4）积极采取各项安全生产技术措施，保障职工有一个安全可靠的作业条件，减少和杜绝各类事故。（5）采取各种劳动卫生措施，不断改善劳动条件和环境，防止和消除职业病及职业危害，做好女工和未成年工的特殊保护，保障劳动者的身心健康。（6）定期对于企业各级领导、特种作业人员和所有职工进行安全教育，强化安全意识。（7）及时完成各类事故调查、处理和上报。（8）推动安全生产目标管理，推广和应用现代化安全管理技术与方法，深化企业安全管理。

二、安全生产方针与安全管理的原则、内容和要求

（一）安全生产方针

1. "安全第一"

就是在生产经营活动中，在处理保证安全与生产经营活动的关系上，要始终把安全放在首要位置，优先考虑从业人员和其他人员的人身安全，实行"安全优先"的原则，在确保安全的前提下，努力实现生产的其他目标。

2. "预防为主"

就是按照系统化、科学化的管理思想，按照事故发生的规律和特点，千方百计预防事故的发生，做到防患于未然，将事故消灭在萌芽状态。虽然人类在生产活动中还不可能完全杜绝事故的发生，但是只要思想重视，预防措施得当，事故是可以大大减少的。

3. "综合治理"

就是标本兼治，重在治本。在采取断然措施遏制重特大事故，实现治标的同时，积极探索和实施治本之策，综合运用科技手段、法律手段、经济手段和必要的行政手段，从发展规划、行业管理、安全投入、科技进步、经济政策、教育培训、安全立法、激励约束、企业管理、监管体制、社会监督以及追究事故责任、查处违法违纪等方面着手，解决影响安全生产的深层次问题，做到了思想认识上警钟长鸣，制度保证上严密有效，技术支撑上坚强有力，监督检查上严格细致，事故处理上严肃认真。

（二）安全管理的原则

（1）坚持管生产必须管安全的原则。（2）生产部门对于安全生产要坚持"五同时"原则，即在计划、布置、检查、总结、评比生产工作的时候，同时计划、布置、检查、总结、评比安全工作。（3）坚持"三同时"的原则，即安全卫生技术措施及设施应与主体工程同时设计、同时施工、同时投产使用，以确保项目投产后符合安全卫生要求，保障劳动者在生产过程中的安全与健康。（4）坚持"四不放过"原则。即对发生的事故原因分析不清不放过，事故责任者和群众没受到教育不放过，没有落实防范措施不放过，事故的责任者没有受到处理不放过。

（三）安全管理的主要内容

建筑安全生产管理的主要内容包括以下几个方面：（1）做好岗位培训和安全教育工作。（2）建立健全全员性安全生产责任制。（3）建立健全有效的安全生产管理机构。（4）认真贯彻施工组织设计或者施工方案的安全技术措施。（5）编制安全技术措施计划。（6）进行多种形式的安全检查。（7）对施工现场进行安全管理。（8）做好伤亡事故的调查和处理等。

第三节 安全生产责任制的建立与目标管理

一、安全生产责任制

（一）安全生产责任制的概念、制定原则与主要内容

1. 安全生产责任制的概念

安全生产责任制是建筑施工企业最基本的安全生产管理制度，是依照"安全第一、预防为主、综合治理"的安全生产方针和"管生产必须管安全"的原则，将企业各级负责人、各职能机构及其工作人员和各岗位作业人员在安全生产方面应做的工作及应负的责任加以明确规定的一种制度，安全生产责任制是建筑施工企业所有安全规章制度的核心。

2. 安全生产责任制的制定原则

建筑施工企业制定安全生产责任制应当遵循以下原则：

（1）合法性

必须符合国家有关法律、法规和政策、方针的要求，并及时修订。

（2）全面性

必须明确每个部门和人员在安全生产方面的权利及责任和义务，做到安全工作层层有人负责。

（3）可操作性

必须建立专门的考核机构，形成监督、检查和考核机制，保证安全生产责任制得到真正落实。

3. 安全生产责任制的主要内容

安全生产责任制主要包括施工单位各级管理人员与作业人员的安全生产责任制以及各职能部门的安全生产责任制。各级管理人员和作业人员包括：企业负责人、分管安全生产负责人、技术负责人、项目负责人和负责项目管理的其他人员、专职安全生产管理人员、施工班组长及各工种作业人员等等。各职能部门包括：施工单位的生产计划、技术、安全、设备、材料供应、劳动人事、财务、教育、卫生、保卫消防等部门及工会组织。

（二）各级管理人员和作业人员的安全生产责任制

1. 施工单位主要负责人

施工单位主要负责人安全生产职责主要包括以下内容：（1）认真贯彻、执行国家有关建筑安全生产的方针、政策、法律、法规和标准，贯彻、执行省、市有关建筑安全生产的法规、规章、标准和规范性文件。（2）组织和督促本单位安全生产工作，建立健全本单位安全生产责任制。（3）组织制定本单位安全生产规章制度和操作规程。（4）保证本单位安全生产所需资金的投入。（5）组织开展本单位的安全生产教育培训。（6）建立健全安全管理机构，配备专职安全管理人员，组织开展安全检查，及时消除生产安全事故隐患。（7）组织制定本单位生产安全事故应急救援预案，组织、指挥本单位生产安全事故应急救援工作。（8）发生事故后，积极组织抢救，采取措施防止事故扩大，同时保护好事故现场，并且按照规定的程序及时如实报告，积极配合事故的调查处理。

2. 施工单位分管安全生产负责人

施工单位分管安全生产负责人的安全生产职责主要包括以下内容：（1）认真贯彻、执行国家有关建筑安全生产的方针、政策、法律、法规和标准，贯彻、执行省、市有关建筑安全生产的法规、规章、标准和规范性文件。（2）协助本单位主要负责人做好并具体负责安全生产管理工作。（3）组织制定并落实安全生产管理目标。（4）负责本单位安全管理机构的日常管理工作。（5）负责安全检查工作。落实整改措施，及时消除施工过程中的不安全因素。（6）落实本单位管理人员和作业人员的安全生产教育培训和考核工作。（7）落实本单位生产安全事故应急救援预案和事故应急救援工作。（8）发生事故后，积极组织抢救，采取的措施防止事故扩大，同时保护好事故现场，积极配合事故的调查处理。

3. 施工单位技术负责人

施工单位技术负责人的安全生产职责主要包括以下内容：（1）认真贯彻、执行国家有关建筑安全生产的方针、政策、法律、法规和标准，贯彻、执行省、市有关建筑安全生产的法规、规章、标准和规范性文件。（2）协助主要负责人做好并具体负责本单位的安全技术管理工作。（3）组织编制、审批施工组织设计和专业性较强工程项目的安全施工方案。（4）负责对本单位使用的新材料、新技术、新设备、新工艺制定相应的安全技术措施和安全操作规程。（5）参与了制定本单位的安全操作规程和生产安全事故应急救援预案。（6）参与生产安全事故和未遂事故的调查，从技术上分析事故原因，针对事故原因提出技术措施。

4. 专职安全生产管理人员

专职安全生产管理人员负责对于安全生产进行现场监督检查，其主要安全生产职责包括：（1）认真贯彻、执行国家有关建筑安全生产的方针、政策、法律、法规和标准，贯彻、执行省、市有关建筑安全生产的法规、规章、标准和规范性文件。（2）

监督专项安全施工方案和安全技术措施的执行，对施工现场安全生产进行监督检查。（3）发现生产安全事故隐患，及时向项目负责人和安全生产管理机构报告，并监督检查整改情况。（4）及时制止施工现场的违章指挥、违章作业行为。（5）发生事故后，应积极参加抢救和救护，并且按照规定的程序及时如实报告，积极配合事故的调查处理。

（三）各职能部门的安全生产责任制

1. 生产计划部门

生产计划部门的主要安全生产职责包括以下内容：（1）严格按照安全生产和施工组织设计的要求组织生产。（2）在布置、检查生产的同时，布置、检查安全生产措施。（3）加强施工现场管理，建立安全生产、文明施工秩序，并进行监督检查。

2. 技术部门

技术部门的主要安全生产职责包括以下内容：（1）认真贯彻、执行国家、行业和省、市有关安全技术规程和标准。（2）制定本单位的安全技术标准和安全操作规程。（3）负责编制施工组织设计和专项安全施工方案。（4）编制安全技术措施并进行安全技术"交底"。（5）制定本单位使用新材料、新技术、新设备、新工艺的安全技术措施和安全操作规程。（6）会同劳动人事、教育和安全管理等职能部门编制安全技术教育计划，进行安全技术教育。（7）参与生产安全事故和未遂事故的调查，从技术上分析事故原因，针对事故原因提出了技术措施。

3. 安全管理部门

安全管理部门的主要安全生产职责包括以下内容：（1）认真贯彻、执行国家和省、市有关建筑安全生产的方针、政策、法律、法规、规章、标准和规范性文件。（2）负责本单位和工程项目的安全生产、文明施工检查，监督检查安全事故隐患整改情况。（3）参加审查施工组织设计，专项安全施工方案和安全技术措施，并对贯彻执行情况进行监督检查。（4）掌握安全生产情况，调查研究生产过程中的不安全问题，提出改进意见，制定相应措施。（5）负责安全生产宣传教育工作，会同教育、劳动人事等有关职能部门对管理人员、作业人员进行安全技术和安全知识教育培训。（6）参与制定本单位的安全操作规程和生产安全事故应急救援预案。（7）制止违章指挥和违章作业行为，依照本单位的规定对于违反安全生产规章制度和安全操作规程的行为实施处罚。（8）负责生产安全事故的统计报告工作，参与本单位生产安全事故的调查和处理。

二、安全目标管理

（一）安全目标管理的概念和意义

安全目标管理是依据行为科学的原理，以系统工程理论为指导，以科学方法为手段，围绕企业生产经营总目标和上级对安全生产的考核指标及要求，结合本企业中长期安全管理规划和近期安全管理状况，制定出一个时期（一般为 1 年）的安全工作目标，并为了这个目标的实现而建立安全保证体系，制定行之有效的保证措施。安全目标管理的要素包括目标确定、目标分解、目标实施和检查考核四部分。

施工单位实行安全目标管理，有利于激发人在安全生产工作中的责任感，提高职工安全技术素质，促进科学安全管理方式的推行，充分体现了"安全生产，人人有责"的原则，使安全管理工作科学化、系统化、标准化和制度化，实现安全管理全面达标。

（二）安全管理目标的确定

1. 安全管理目标确定的依据

确定安全管理目标的依据主要包括以下内容：（1）国家的安全生产方针、政策和法律、法规的规定。（2）行业主管部门和地方政府签订的安全生产管理目标和有关规定、要求。（3）企业的基本情况，包括技术装备、人员素质、管理体制和施工任务等。（4）企业的中长期规划以及近期的安全管理状况。（5）上年度伤亡事故情况及事故分析。

2. 安全管理目标的主要内容

施工单位安全管理目标的内容主要包括以下内容：

（1）生产安全事故控制目标

施工单位可根据本单位生产经营目标和上级有关安全生产指标确定事故控制目标，包括确定死亡、重伤、轻伤事故的控制指标。

（2）安全达标目标

施工单位应当根据年度在建工程项目情况，确定了安全达标的具体目标。

（3）文明施工实现目标

施工单位应当根据当地主管部门的工作部署，制定创建省级、市级安全文明工地的总体目标。

（4）其他管理目标

如企业安全教育培训目标、行业主管部门要求达到的其他管理目标等等。

（三）安全管理目标确定的原则

1. 重点性

制定目标要主次分明、重点突出、按职定责。安全管理目标要突出生产安全事故、安全达标等方面的指标。

2. 先进性

目标的先进性即它的适用性和挑战性。确定的目标略高于实施者的能力和水平，使之经过努力可以完成。

3. 可比性

尽量使目标的预期成果做到具体化、定量化。比如负伤频率不能笼统地提出比去年有所下降，而应当提出具体的降低百分比。

4. 综合性

制定目标既要保证上级下达指标的完成，又要兼顾企业对各个环节、各个部门和每个职工的能力。

5. 对应性

每个目标、每个环节要有针对性措施，保证目标的实现。

第四节　专项施工方案、安全技术措施及安全技术交底的编制

一、专项施工方案

1. 专项施工方案的概念

建筑工程安全专项施工方案，简称专项施工方案，是指在建筑施工过程中，施工单位在编制施工组织（总）设计的基础上，对于危险性较大的分部分项工程，依据有关工程建设标准、规范和规程的要求制定具有针对性的安全技术措施文件。

危险性较大的分部分项工程（以下简称"危大工程"），是指房屋建筑和市政基础设施工程在施工过程中，容易导致人员群死群伤或造成重大经济损失的分部分项工程。

建设、施工、监理等工程建设安全生产责任主体应按照各自的职责建立健全建筑工程专项方案的编制、审查、论证和审批制度，保证方案的针对性、可行性和可靠性按照方案组织施工。

2. 专项施工方案的编制范围

下列危险性较大的分部分项工程以及临时用电设备在 5 台及以上或设备总容量达到 50 kW 及以上的施工现场临时用电工程施工前，施工单位应编制专项施工方案。

3. 专家论证的专项施工方案范围

对下列超过一定规模的危大工程，应经由专家组对于安全专项施工方案进行论证、审查。

4. 专项施工方案的编制与审批

（1）专项施工方案的编制

1）编制要求

①施工单位应当在危大工程施工前组织工程技术人员编制专项施工方案。②实行施工总承包的，专项施工方案应当由施工总承包单位组织编制。③危大工程实行分包的，专项施工方案可以由相关专业分包单位组织编制。④安全专项施工方案的编制应由编制者本人在安全专项施工方案上签名并注明技术职称。⑤安全专项施工方案应根据工程建设标准和勘察设计文件，并且结合工程项目和分部分项工程的具体特点进行编制。

2）编制内容

①工程概况：危大工程概况和特点、施工平面布置、施工要求和技术保证条件。②编制依据：相关法律、法规、规范性文件、标准、规范及施工图设计文件、施工组织设计等。③施工计划：包括施工进度计划、材料与设备计划。④施工工艺技术：技术参数、工艺流程、施工方法、操作要求、检查要求等。⑤施工安全保证措施：组织保障措施、技术措施、监测监控措施等。⑥施工管理以及作业人员配备和分工：施工管理人员、专职安全生产管理人员、特种作业人员、其他作业人员等。⑦验收要求：验收标准、验收程序、验收内容、验收人员等。⑧应急处置措施。⑨计算书及相关施工图纸。

（2）专项施工方案的审批

专项施工方案编制后，施工单位技术负责人应组织施工、技术、设备、安全、质量等部门的专业技术人员进行审核，由施工单位技术负责人审核签字、加盖单位公章，由总监理工程师审查签字、加盖执业印章后，方可实施。

危大工程实行分包并由分包单位编制专项施工方案的，专项施工方案应当由总承包单位技术负责人以及分包单位技术负责人共同审核签字并加盖单位公章。

5. 专项施工方案的专家论证

（1）专家论证的组织

对于超过一定规模的危大工程，施工单位应当组织召开专家论证会对专项施工方案进行论证。实行施工总承包的，由施工总承包单位组织召开专家论证会。专家论证前专项施工方案应当通过施工单位审核和总监理工程师审查。

专家应当从地方人民政府住房城乡建设主管部门建立的专家库中选取，符合专业要求且人数不得少于5名。与本工程有利害关系的人员不得以专家身份参加专家论证会。

专家论证会后，应当形成论证报告，对专项施工方案提出通过、修改后通过或者不通过的一致意见。专家对论证报告负责并且签字确认。

专项施工方案经论证需修改后通过的，施工单位应当根据论证报告修改完善后，重新履行审批程序。

专项施工方案经论证不通过的，施工单位修改后应当按照上述要求重新组织专家论证。

（2）专家库专家条件与专家库管理

设区的市级以上地方人民政府住房城乡建设主管部门建立的专家库专家应当具备以下基本条件：1）诚实守信、作风正派、学术严谨；2）从事相关专业工作15年以上或具有丰富的专业经验；3）具有高级专业技术职称。

设区的市级以上地方人民政府住房城乡建设主管部门应当加强对专家库专家的管理，定期向社会公布专家业绩，对专家不认真履行论证职责、工作失职等行为，记入不良信用记录，情节严重的，取消专家资格。

二、安全技术措施

1. 施工安全技术措施的基本概念

安全技术措施是指为了防止工伤事故和职业病危害的发生，从技术上采取的措施。在工程施工中，是指针对工程特点、环境条件、劳动组织、作业方法、施工机械、供电设施等方面制定确保安全施工的措施，安全技术措施也是建设工程项目管理实施规划或施工组织设计的重要组成部分。

2. 施工安全技术措施的编制依据

建设工程项目施工组织或专项施工方案中，必须有针对性的安全技术措施，特殊性和危险性大的工程必须编制专项施工方案或安全技术措施，安全技术措施或专项施工方案的编制依据如下：（1）国家和地方有关安全生产、劳动保护、环境保护和消防安全等的法律法规和有关规定。（2）建设工程安全生产的法律和标准规程。（3）安全技术标准、规范和规程。（4）企业的安全管理规章制度。

3. 施工安全技术措施的编制要求

（1）及时性

1）安全技术措施在施工前必须编制好，并审核审批后正式下达项目经理部以指导施工。2）在施工过程中，发生设计变更时，安全技术措施必须及时变更或做补充，否则不能施工。施工条件发生变化时，必须变更安全技术措施内容，并及时经原编制、审批人员办理变更手续，不得擅自变更。

（2）针对性

1）针对工程项目的结构特点，凡在施工生产中可能出现的危险源，必须从技术上采取措施，消除危险，保证施工安全。2）针对不同的施工方法和施工工艺制定相应的安全技术措施。不同的施工方法要有不同的安全技术措施，技术措施要有设计、有安全验算结果、有详图、有文字说明。3）针对使用的各种机械设备、用电设备可能给施工人员带来的危险，从安全保险装置、限位装置等方面采取安全技术措施。4）针对施工中有毒、有害、易燃、易爆等作业可能给施工人员造成的危害，制订相应的防范措施。5）针对施工现场及周围环境中可能给施工人员及周围居民带来的危险，以及材料、设备运输的困难和不安全因素，制订相应的安全技术措施。6）针对季节性、特殊气候条件施工的特点，编制施工安全措施，比如雨期施工安全措施、冬期施工安全措施、夏季施工安全措施等。

4. 安全技术措施的主要内容

施工安全技术措施包括安全防护设施的设置和安全预防措施，主要包括以下内容：（1）进入施工现场安全方面的规定。（2）地基与深基坑的安全防护。（3）高处作业与立体交叉作业的安全防护。（4）施工现场临时用电工程的设置和使用。（5）施工机械设备和起重机械设备的安装、拆卸和使用。（6）采用了新技术、新工艺、新设备、新材料时的安全技术。（7）预防台风、地震、洪水等自然灾害的措施。（8）防冻、防滑、防寒、防中暑、防雷击等季节性施工措施。（9）防火、防爆措施。（10）易燃易爆物品仓库、配电室、外电线路、起重机械的平面布置和大模板、构件等物料堆放。（11）对施工现场毗邻的建筑物、构筑物以及施工现场内的各类地下管线的保护。（12）施工作业区与生活区的安全距离。（13）施工现场临时设施（包括办公、生活设施等）的设置和使用。（14）施工作业人员的个人安全防护措施。

5. 安全技术措施资金投入

在建筑施工中，安全防护设施不设置或者不到位，是造成事故的主要原因之一。安全防护设施不设置或不到位，往往是由于建设单位和施单位未按照国家法律、法规的有关规定，未保证安全技术措施资金的投入。为了保证安全生产，建设单位和施工单位应当确保安全技术措施资金的投入。

三、安全技术交底

1. 安全技术交底的概念

安全技术交底是指将预防和控制安全事故发生，减少其危害的安全技术措施以及工程项目、分部分项工程概况向作业班组、作业人员所做的说明。安全技术交底制度是施工单位有效预防违章指挥、违章作业和伤亡事故发生的一种有效措施。

2. 安全技术交底的一般规定

（1）安全技术交底实行分级交底制度。开工前，项目技术负责人要将工程概况、施工方法、安全技术措施等情况向工地负责人、工长交底，必要时向全体职工进行交底。工长安排班组长工作前，必须进行书面的安全技术交底。两个以上施工队和工种配合时，工长要按工程进度定期或不定期向有关班组长进行交叉作业的安全交底。班组长应每天对工人进行施工要求、作业环境等全方面交底。（2）结构复杂的分部分项工程施工前，项目经理、技术负责人应有针对性地进行全面及详细的安全技术交底。

3. 安全技术交底的基本要求

（1）项目经理部必须实行逐级安全技术交底制度，纵向延伸到班组全体作业人员。（2）交底必须具体、明确、针对性强。（3）应将工程概况、施工方法、施工程序、安全技术措施等向工长、班组长、作业人员进行详细交底。（4）交底要依据施工组织设计和分部分项安全施工方案安全技术措施的内容，以及分部分项工程施工给作业人员带来的潜在危险因素，就作业要求和施工中应注意的安全事项有针对性地进行交底。（5）各工种的安全技术交底一般与分部分项工程安全技术交底同步进行。对施工工艺复杂、施工难度较大或作业条件危险的，应单独进行各工种的安全技术交底。（6）定期向由两个以上作业队伍和多工种进行交叉施工的作业队伍进行书面交底。（7）交底应当采用书面形式。（8）交底双方应当签字确认。

4. 安全技术交底的主要内容

（1）工程项目和分部分项工程的概况。（2）工程项目和分部分项工程的危险部位。（3）针对危险部位采取的具体防范措施。（4）作业中应注意的安全事项。（5）作业人员应遵守的安全操作规程和规范。（6）作业人员发现事故隐患后应当采取的措施。（7）发生事故后应及时采取的避险和急救措施。

第五节　文明施工管理

一、文明施工的概念、基本条件与要求

1. 文明施工的概念

文明施工是指工程建设实施过程中，保持施工现场良好的作业环境、卫生环境和工作秩序。施工现场文明施工的管理范围既包括施工作业区的管理，也包括了办公区和生活区的管理。

文明施工主要包括以下几个方面的内容：（1）规范施工现场的场容，保持作业环境的整洁卫生。（2）科学组织施工，使生产有序进行。（3）减少施工对周围居民和环境的影响。（4）保证职工的安全和身体健康。

2. 文明施工的基本条件

（1）有整套的施工组织设计（或施工方案）。（2）有健全的施工指挥系统及岗位责任制度。（3）工序衔接交叉合理，交接责任明确。（4）有严格的成品保护措施和制度。（5）大小临时设施和各种材料、构件、半成品按平面布置堆放整齐。（6）施工场地平整，道路畅通，排水设施得当，水电线路整齐。（7）机具设备状况良好，使用合理，施工作业符合消防和安全要求。

3. 文明施工的基本要求

（1）工地主要入口要设置简朴规整的大门，门旁须设立明显的标牌，标明工程名称、施工单位及工程负责人姓名等内容。（2）施工现场建立文明施工责任制，划分区域，明确管理负责人，实行挂牌制度，做到现场清洁整齐。（3）施工现场场地平整，道路坚实畅通，有排水措施，基础、地下管道施工完成后应及时回填平整，清除积土。（4）现场施工临时水电要有专人管理，不得有长流水、长明灯。（5）施工现场的临时设施，包括生产、办公、生活用房、料场、仓库、临时上下水管道以及照明、动力线路，要严格按照施工组织设计确定的施工平面图布置、搭设或埋设整齐。（6）工人操作地点及周围必须清洁整齐，做到工完场地清，及时清除在楼梯、楼板上的杂物。（7）砂浆、混凝土在搅拌、运输、使用过程中，要做到不洒、不漏、不剩，使用地点盛放砂浆、混凝土应有容器或垫板。（8）要有严格的成品保护措施，禁止损坏、污染成品，堵塞管道。高层建筑要设置临时便桶，禁止在建筑物内大小便。（9）建筑物内清除的垃圾渣土，要通过临时搭设的竖井或者利用电梯井或采取其他措施稳妥下卸，禁止从门窗向外抛掷。（10）施工现场不准乱堆垃圾及余物，应在适当地点设置临时堆放点，并定期外运。清运渣土垃圾及流体物品，要采取遮盖防漏措施，运送途中不得遗撒。（11）根据工程性质和所在地区的不同情况，采取必要的围护和遮挡措施，并且保持外观整齐清洁。（12）针对施工现场情况，设置宣传标语和黑板报，并适时更换内容，切实起到表扬先进、促进后进的作用。（13）施工现场禁止居住家属，严禁居民、家属、小孩在施工现场穿行、玩耍。（14）现场使用的机械设备，要按平面布置规划固定点存放，遵守机械安全规程，经常保持机身及周围环境的清洁，机械的标记、编号明显，安全装置可靠。（15）清洗机械排出的污水要有排放措施，不得随地流淌。（16）在用的搅拌机、砂浆机旁必须设有沉淀池，不得将浆水直接排放到下水道及河流等处。（17）施工现场应建立不扰民的措施，针对施工特点设置防尘和防噪声设施，夜间施工必须有当地主管部门的批准。

二、文明施工管理的内容

1. 现场围挡

（1）施工现场必须采用封闭围挡，并根据地质、气候、围挡材料进行设计与计算，确保围挡的稳定性、安全性。（2）围挡高度不得小于1.8 m，建造多层、高层建筑的，还应设置安全防护设施。在市区主要路段和市容景观道路及机场、码头、车站广场设置的围挡高度不得低于 2.5 m，在其他路段设置的围挡高度不得低于 1.8 m。（3）施工现场的施工区域应与办公、生活区划分清晰，并应采取相应的隔离措施。（4）围挡使用的材料应保证围挡坚固、整洁、美观，不宜使用彩布条、竹笆或安全网等。（5）市政工程现场，可按工程进度分段设置围栏，或按规定使用统一的连续性围挡设施。（6）施工单位不得在现场围挡内侧堆放泥土、砂石、建筑材料、垃圾和废弃物等，严禁将围挡做挡土墙使用。（7）在经批准临时占用的区域，应严格按批准的占地范围和使用性质存放、堆卸建筑材料或者机具设备等，临时区域四周应设置高于 1 m 的围挡。（8）在有条件的工地，四周围墙、宿舍外墙等地方，应张挂、书写反映企业精神、时代风貌及人性化的醒目宣传标语或绘画。（9）雨后、大风后以及冻融季节应及时检查围挡的稳定性，发现问题及时处理。

2. 封闭管理

（1）施工现场进出口应设置固定的大门，且要求牢固、美观，门头按规定设置企业名称或标志（施工现场的门斗、大门，各企业应统一标准，施工企业可根据各自的特色，标明集团、企业的规范简称）。（2）门口要设置专职门卫或保安人员，并制定门卫管理制度，对于来访人员应进行登记，禁止外来人员随意出入，所有进出材料或机具都要有相应的手续。（3）进入施工现场的各类工作人员应按规定佩戴工作胸卡和安全帽。

3. 施工场地

（1）施工现场的主要道路必须进行硬化处理，土方应集中堆放。集中堆放的土方和裸露的场地应采取覆盖、固化或绿化等措施。（2）现场内各类道路应保持畅通。（3）施工现场地面应平整，且应有良好的排水系统，保持排水畅通。（4）制订防止泥浆、污水、废水外流以及堵塞排水管沟和河道的措施，实行三级沉淀、二级排放。（5）工地应按要求设置吸烟处，有烟缸或水盆，禁止流动吸烟。（6）现场存放的油料、化学溶剂等易燃易爆物品，应按分类要求放置专门的库房内，地面应进行防渗漏处理。（7）施工现场地面应经常洒水，对粉尘源进行覆盖或其他有效遮挡。（8）施工现场长期裸露的土质区域，应进行力所能及的绿化布置，以美化环境，并防止扬尘现象。

4. 材料堆放

（1）施工现场各种建筑材料、构件、机具应按施工总平面布置图的要求堆放。（2）材料堆放要按照品种、规格堆放整齐，并按规定挂置名称、品种、产地、规格、数量、进货日期等内容及状态（已检合格、待检、不合格等）的标牌。（3）工作面每日应做到工完料清、场地净。（4）建筑垃圾应在指定场所堆放整齐并标出名称、品种，并做到及时清运。

5. 职工宿舍

（1）职工宿舍要符合文明施工的要求，在建建筑物内不能兼作员工宿舍。（2）生活区应保持整齐、整洁、有序、文明，并符合安全、消防、防台风、防汛、卫生防疫、环境保护等方面的要求。（3）宿舍应设置在通风、干燥、地势较高的位置，防止污水、雨水流入。（4）宿舍内应保证有必要的生活空间，室内净高不得小于 2.4 m，通道宽度不得小于 0.9 m，每间宿舍居住人员不得超过 16 人。（5）施工现场宿舍必须设置可开启式窗户，宿舍内的床铺不得超过 2 层，严禁使用通铺。（6）宿舍内应设置生活用品专柜，有条件的宿舍宜设置生活用品储藏室。（7）宿舍内严禁存放施工材料、施工机具和其他杂物。（8）宿舍周围应当做好环境卫生，按要求设置垃圾桶、鞋柜或鞋架，生活区内应提供为了作业人员晾晒衣物的场地。（9）宿舍外道路应平整，并尽可能地使夜间有足够的照明。（10）冬季，北方严寒地区的宿舍应有保暖和防止煤气中毒措施；夏季，宿舍应有消暑和防蚊虫叮咬措施。（11）宿舍不得留宿外来人员，特殊情况必须经有关领导及行政主管部门批准方可留宿，并报保卫人员备查。（12）考虑到员工家属的来访，宜在宿舍区设置适量固定的亲属探亲宿舍。（13）应当制定职工宿舍管理责任制，安排了人员轮流负责生活区的环境卫生和管理，或安排专人管理。

6. 现场防火

（1）施工现场应建立消防安全管理制度、制订消防措施，施工现场临时用房和作业场所的防火设计应符合相关规范要求。（2）根据消防要求，在不同场所合理配置种类合适的灭火器材；严格管理易燃、易爆物品，设置专门仓库存放。（3）施工现场主要道路必须符合消防要求，并时刻保持畅通。（4）高层建筑应按规定设置消防水源，并能满足消防要求，坚持安全生产的"三同时"。（5）施工现场防火必须建立防火安全组织机构、义务消防队，明确项目负责人、其他管理人员以及各操作人员的防火安全职责，落实防火制度和措施。（6）施工现场需动用明火作业的，如电焊、气焊、气割、黏结防水卷材等，必须严格执行三级动火审批手续，并落实动火监护和防范措施。（7）应按施工区域或施工层合理划分动火级别，动火必须具有"两证一器一监护"（焊工证、动火证、灭火器、监护人）。（8）建立现场防火档案，并纳入施工资料管理。

7. 现场治安综合治理

（1）生活区应按精神文明建设的要求设置学习和娱乐场所，如电视机室、阅览室和其他文体活动场所，并配备相应器具。（2）建立健全现场治安保卫制度，责任落实到人。（3）落实现场治安防范措施，杜绝违法乱纪事件发生。（4）加强现场治安综合治理，做到目标管理、职责分明，治安防范措施有力，重点要害部位防范措施到位。（5）和施工现场的分包队伍须签订治安综合治理协议书，并加强法制教育。

三、文明工地的创建

1. 确定文明工地管理目标

创建文明工地是建筑施工企业提高企业形象，深入贯彻以人为本、构建和谐社会的重要举措，确定文明工地管理目标又是实现文明工地的先决条件。

（1）**确定文明工地管理目标时，应考虑的因素**

1）工程项目自身的危险源和不利环境因素识别、评价和防范措施。

2）适用法规、标准、规范和其他要求的选择和确定。

3）可供选择的技术和组织方案。

4）生产经营管理上的要求。

5）社会相关方（社区居委会或村民委员会、居民、毗邻单位等）的意见和要求。

（2）**文明工地管理目标**

工程项目部创建文明工地，管理目标一般应包括以下几项：

1）安全管理目标

①伤、亡事故控制目标。

②火灾、设备事故、管线事故以及传染病传播及食物中毒等重大事故控制目标。

③标准化管理目标。

2）环境管理目标

①文明工地管理目标。

②重大环境污染事件控制目标。

③扬尘污染物控制目标。

④废水排放控制目标。

⑤噪声控制目标。

⑥固体废弃物处置目标。

⑦社会相关方投诉的处理情况。

2. 建立创建文明工地的组织机构

工程项目经理部要建立以项目经理为第一责任人的创建文明工地责任体系，建立健全文明工地管理组织机构。

（1）工程项目部文明工地领导小组，由项目经理、项目副经理、项目技术负责人以及安全、技术以及施工等主要部门（岗位）负责人组成。（2）文明工地工作小组主要包括以下工作小组：1）综合管理工作小组。2）安全管理工作小组。3）质量管理工作小组。4）环境保护工作小组。5）卫生防疫工作小组。6）季节性灾害防范工作小组等。

各地还可以根据当地气候、环境、工程特点等因素建立相关的工作小组。

3. 制订创建文明工地的规划措施及实施要求

（1）**规划措施**

文明施工规划措施应与施工规划设计同时按规定进行审批。主要包括以下规划措施：1）施工现场平面划分与布置。2）环境保护方案。3）现场预防安全事故措施。4）卫生防疫措施。5）现场保安措施。6）现场防火措施。7）交通组织方案。8）综合管理措施。9）社区服务。10）应急救援预案等。

（2）实施要求

工程项目部在开工后，应严格按照文明施工方案（措施）组织施工，并对施工现场管理实施控制。

工程项目部应将有关文明施工的规划，向社会张榜公示，告知开、竣工日期，投诉和监督电话，自觉接受社会各界的监督。

工程项目部要强化全体员工教育，提高全员安全生产和文明施工的素质。工程项目部可利用横幅、标语、黑板报等形式，加强有关文明施工的法律、法规、规程、标准的宣传工作，使文明施工深入人心。

工程项目部在对施工人员进行安全技术交底时，必须将文明施工的有关要求同时进行交底，并在施工作业时督促其遵守相关规定，高标准、严要求地做好文明工地创建工作。

4. 加强创建过程的控制与检查

对创建文明工地规划措施的执行情况，工程项目部要严格执行日常巡查和定期检查制度，检查工作要从工程开工做起，直至竣工交验为止。

工程项目部每月检查应不少于四次。检查应依据国家、行业、地方和企业等有关规定，对施工现场的安全防护措施、环境保护措施、文明施工责任制和各项管理制度等落实情况进行重点检查。

在检查中发现的一般安全隐患和违反文明施工的现象，要按"三定"（定人、定期限、定措施）原则予以整改；对各类重大安全隐患和严重违反文明施工的现象，项目部必须认真地进行原因分析，制订纠正和预防措施，并且对实施情况进行跟踪检查。

第六节　安全教育与安全活动管理

一、安全教育

（一）安全生产教育培训制度

1. 意义和目的

（1）安全教育的意义

①安全教育是掌握各种安全知识、避免职业危害的主要途径。②安全教育是企业发展的需要。③安全教育是适应于企业人员结构变化的需要。④安全教育是搞好安全管理的基础性工作。⑤安全教育是发展、弘扬企业安全文化的需要。⑥安全教育是安全生产向广度和深度发展的需要。

（2）安全教育的目的

①提高全员安全素质。②提高企业安全管理水平。③防止事故发生，实现安全生产。

2. 安全教育的对象

（1）企业法定代表人、项目经理。（2）企业专职安全管理人员。（3）企业其他管理人员和技术人员。（4）企业特殊工种（包括电工、焊工、架子工、司炉工、爆破工、机械操作工、起重工、塔式起重机司机及指挥人员、人货两用电梯司机等）。（5）企业其他职工。（6）企业待岗、转岗、换岗的职工。（7）建筑业企业新进场的工人（包括合同工、临时工、学徒工、实习人员、代培人员等）必须接受公司、项目部（或工区、工程处、施工队）及班组的"三级"安全培训教育。

3. 安全教育的种类

（1）按教育的内容分类

安全教育主要有五个方面的内容，即安全法制教育、安全思想教育、安全知识教育、安全技能教育和事故案例教育，这些内容是互相结合、互相穿插、各有侧重的，形成安全教育生动、触动、感动和带动的连锁效应。

（2）按教育的时间分类

按教育的时间分类，可分为采用"五新"（新技术、新工艺、新产品、新设备、新材料）时的安全教育、经常性的安全教育、季节性施工的安全教育与节假日加班的安全教育等。

4. 安全教育的形式

（1）召开会议

如安全培训、安全讲座、报告会、先进经验交流、安全现场会、展览会、知识竞赛等。

（2）报刊宣传

订阅或编制安全生产方面的书报或刊物，也可编制一些安全宣传的小册子等。

（3）音像制品

如电影、电视、VCD片、音像等。

（4）文艺演出

如小品、相声、短剧、快板、评书等等。

（5）图片展览

如安全专题展览、板报等。

（6）悬挂标牌或标语

如悬挂安全警示标牌、标语、宣传横幅等。

（7）现场观摩

如现场观摩安全操作方法、应急演练等。

安全教育的形式应当结合建筑生产的特点和员工的文化水平而定，尽可能采取丰富多彩、行之有效的教育形式，使安全教育深入每个员工的内心。

（二）建筑施工企业管理人员安全生产考核

1. 企业管理人员安全生产考核管理的相关规定。

（1）主要考核对象

建筑施工企业（含独立法人子公司）的主要负责人、项目负责人与专职安全生产管理人员。

（2）考核管理机关

国务院住房城乡建设主管部门负责全国建筑施工企业管理人员安全生产的考核工作，并负责中央管理的建筑施工企业管理人员安全生产考核和发证工作。

省、自治区、直辖市人民政府住房城乡建设主管部门负责本行政区域内中央管理以外的建筑施工企业管理人员安全生产考核和发证工作。

（3）申请条件

建筑施工企业管理人员应当具备相应的文化程度、专业技术职称和一定的安全生产工作经历，并且经企业年度安全生产教育培训合格后，方可参加住房城乡建设主管部门组织的安全生产考核。

（4）考核内容

建筑施工企业管理人员安全生产考核内容包括安全生产知识考试和管理能力考核。

（5）有效期

安全生产考核合格证书的有效期为3年。有效期满需延期的，应当于期满前3个月内向原发证机关申请办理延期手续。

（6）监督管理

住房城乡建设主管部门对建筑施工企业管理人员履行安全生产管理职责情况进行监督检查，发现有违反安全生产法律法规、未履行安全生产管理职责、不按规定接受年度安全生产教育培训、发生死亡事故，情节严重的，收回安全生产考核合格证书，并且限期改正，重新考核。

2. 企业管理人员安全知识考试的主要内容

企业管理人员安全知识考试主要考查安全生产法律法规、安全生产管理和安全技术三个方面的知识，主要包括以下内容：（1）国家有关建筑安全生产的方针政策、法律、法规、部门规章、标准及有关规范性文件，省、市有关建筑安全生产的法规、规章、标准及规范性文件。（2）建筑施工企业管理人员的安全生产职责。（3）建筑安全生产管理的基本制度，包括安全生产责任制、安全教育培训制度、安全检查制度、安全资金保障制度、专项安全施工方案的审批和论证制度、消防安全制度、意外伤害保险制度、事故应急救援预案制度、安全事故统计上报制度、安全生产许可制度和安全评价制度等。（4）建筑施工企业安全生产管理基本理论、基本知识以及国内外建筑安全生产的发展历程、特点和管理经验。（5）企业安全生产责任制和安全生产规章制度的内容及制定方法，施工现场安全监督检查的基本知识、内容和方法。（6）重大、特大事故应急救援预案和现场救援。（7）生产安全事故报告、调查和处理。（8）建筑施工安全专业知识和施工安全技术。（9）典型事故案例分析。

（三）建筑施工特种作业人员管理

建筑施工特种作业人员是指在房屋建筑和市政工程施工活动之中，从事可能对本人、他人及周围设备设施的安全造成重大危害作业的人员，如建筑电工、建筑架子工、高处作业吊篮安装拆卸工、建筑起重机械安装拆卸工、建筑起重机械司机、建筑起重信号司索工、经省级以上人民政府住房城乡建设主管部门认定的其他特种作业。建筑施工特种作业人员必须按照国家有关规定参加专门的安全作业培训，必须经住房城乡建设主管部门考核合格，取得特种作业操作资格证书，方可上岗从事相应作业。特种作业操作资格证书在全国范围内均有效，离开特种作业岗位一定时间后，须重新进行实际操作考核，考核合格后才能上岗作业。

1. 建筑施工特种作业人员的培训

（1）培训内容

特种作业人员的培训内容包括安全技术理论和实际操作技能。其中，安全技术理论包括安全生产基本知识、专业基础知识和专业技术理论等内容；实际操作技能主要包括安全操作要领，常用工具的使用，主要材料、元配件、隐患的辨识，安全装置调试，故障排除，紧急情况处理等技能，培训教学采用全省统一的大纲和教材。

（2）培训机构

从事特种作业人员培训的机构，由省市住房城乡建设主管部门统一布点。培训机构除应具备有关部门颁发的相应资质外，还应具备培训建筑施工特种作业人员的下列条件：①与所从事培训工种相适应的安全技术理论、实际操作师资力量。②有固定和相对集中的校舍、场地及实习操作场所。③有与从事培训工种相适应的教学仪器、图书、资料以及实习操作仪器、设施、设备、器材、工具等。④有健全的教学、实习管理制度。

2. 建筑施工特种作业人员的考核和发证

建筑施工特种作业人员的考核和发证工作，由省、市住房城乡建设主管部门负责组织实施，一般包括申请、受理、审查、考核以及发证等程序。

（1）考核申请

通常情况下，在培训合格后由培训机构集中向考核机关提出考核申请。培训机构除向考核机关提交培训合格人员名单外，还应提供申请人的个人资料。

（2）考核受理

考核机构应当自收到申请人提交的申请材料之日起5个工作日内依法做出受理或者不予受理的决定。不予受理的，应当当场或书面通知申请人并说明理由。对于受理的申请，考核发证机关应当及时向申请人核发准考证。

（3）考核审查

对已经受理的申请，考核机构应当在5个工作日内完成对申请材料的审查，并做出是否准予考核的决定，书面通知申请人。不准予考核的，也应书面通知申请人并说明理由。

（4）考核内容

特种作业人员的考核内容包括安全技术理论考试和实际操作技能考核。安全技术理论考试，一般采取闭卷考试的方式；实际操作技能考核，一般采取现场模拟操作和口试方式。

对于考核不合格的，允许补考一次；补考仍不合格的，应当重新接受专门培训。

（5）证书颁发

对于考核合格的，由市住房城乡建设主管部门向省建设行政主管部门申请核发证书。经省建设行政主管部门审核符合条件的，由省住房城乡建设主管部门统一颁发资格证书，并定期公布证书核发情况。资格证书采用了国务院住房城乡建设主管部门规定的统一样式，全省统一编号。

（6）证书延期复核

①有效期

特种作业人员操作资格证书有效期为2年。有效期满需要延期的，应当于期满前3个月内向原考核发证机关申请办理延期复核手续。延期复核合格的，资格证书有效期延期2年。

②延期复核内容

特种作业人员操作资格证书延期复核的内容主要包括身体状况，年度安全教育培训和继续教育情况，责任事故与违法违章情况等。

3. 证书管理

（1）证书的保管

特种作业人员应妥善保管好自己的特种作业人员操作资格证书。任何单位和个人不得非法涂改、非法扣押、倒卖、出租、出借或以其他形式转让资格证书。

（2）证书的补发

资格证书遗失、损毁的，持证人应当在公共媒体上声明作废，并在1个月内持声明作废材料向原考核发证机关申请办理补证手续。

（3）证书的撤销

有下列情形之一的，考核发证机关依据职权撤销资格证书：①考核发证机关工作人员违法核发资格证书的。②考核发证机关工作人员对不具备申请资格或者不符合规定条件的申请人核发资格证书的。③持证人弄虚作假骗取资格证书或者办理延期复核手续的。④考核发证机关规定应当撤销资格证书的其他情形。

（4）证书的注销

有下列情形之一的，考核发证机关依据职权注销资格证书：①按规定不予延期的。②持证人逾期未申请办理延期复核手续的。③持证人死亡或者不具有完全民事行为能力的。④考核发证机关规定应注销的其他情形。

（5）证书的吊销

有下列情形之一的，考核发证机关依据职权吊销资格证书：①持证人违章作业造成生产安全事故或者其他严重后果的。②持证人发现事故隐患或者其他不安全因素未立即报告而造成严重后果的。

违反上述规定造成生产安全事故的，持证人3年内不能再次申请资格证书；造成较大事故的，终身不得申请资格证书。

二、安全活动管理

（一）日常安全会议

（1）公司安全例会每季度一次，由公司质安部主持，公司安全主管经理、有关科室负责人、项目经理、分公司经理及其职能部门（岗位）安全负责人参加，总结一季度的安全生产情况，分析存在的问题，对下季度的安全工作重点做出布置。（2）公司每年末召开一次安全工作会议，总结一年来安全生产上取得的成绩和存在的不足，对本年度的安全生产先进集体和个人进行表彰，并布置下一年度的安全工作任务。（3）各项目部每月召开安全例会，由其安全部门（岗位）主持，安全分管领导、有关部门（岗位）负责人及外包单位负责人参加。传达上级安全生产文件、信息；对上月安全工作进行总结，提出存在问题；对于当月安全工作重点进行布置，提出相应的预防措施。推广施工中的典型经验和先进事迹，以施工中发生的事故教育班组干部和施工人员，从中吸取教训。由安全部门做好会议记录。（4）各项目部必须开展以项目全体、职能岗位、班组为单位的每周安全日活动，每次时间不得少于2 h，不得挪作他用。（5）各班组在班前会上要进行安全讲话，预想当前不安全因素，分析班组安全情况，研究布置措施。做到"三交一清"（即交施工任务、交施工环境、交安全措施和清楚本班职工的思想及身体情况）。（6）班前安全讲话和每周安全活动日的活动要做到有领导、有计划、有内容、有记录，防止走过场。（7）工人必须参加每周的安全活动日活动。各级领导以及科室有关人员需定期参加基层班组的安全日活动，及时了解安全生产中存在的问题。

（二）每周的安全日活动内容

（1）检查安全规章制度执行情况和消除事故隐患。（2）结合本单位安全生产情况，积极提出安全合理化建议。（3）学习安全生产文件、通报，安全规程及安全技术知识。（4）开展反事故演习和岗位练兵，组织各类安全技术表演。（5）针对于本单位安全生产中存在的问题，展开安全技术座谈和攻关。（6）讲座分析典型事故，总结经验、吸取教训，找出事故原因，制订预防措施。（7）总结上周安全生产情况，布置本周安全生产要求，表扬安全生产中的好人好事。（8）参加公司和本单位组织的各项安全活动。

（三）班前安全活动

班前安全活动是班组安全管理的一个重要环节，是提高了班组安全意识，做到遵章守纪，实现安全生产的途径。建筑工程安全生产管理过程中必须做好此项活动。

（1）每个班组每天上班前 15 min，由班长认真组织全班人员进行安全活动，总结前一天安全施工情况，结合当天任务，进行分部分项的安全交底，并做好交底记录。（2）对于班前使用的机械设备、施工机具、安全防护用品、设施、周围环境等要认真进行检查，确认安全完好，才能使用和进行作业。（3）对新工艺、新技术、新设备或特殊部位的施工，应组织作业人员对安全技术操作规程以及有关资料的学习。（4）班组长每月 25 日前要将上个月安全活动记录交给安全员，安全员检查登记并提出改进意见之后交资料员保管。

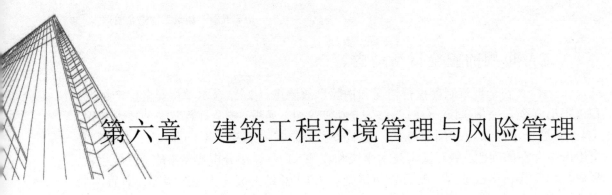

第六章　建筑工程环境管理与风险管理

第一节　建筑工程环境管理概述

一、工程环境管理的内涵

环境是指与人类密切相关的、影响人类生活和生产活动的各种自然力量或作用的总和，不仅包括各种自然因素的组合，还包括了人类与自然因素间相互形成的生态关系的组合。

环境管理是指运用计划、组织、协调、控制等手段，为达到预期环境目标而进行的一项综合性活动。

工程项目环境管理是指在工程项目建设过程中对自然环境和生态环境实施的保护，以及按照法律法规的要求对作业现场环境进行的保护和改善，防治和减轻各种粉尘、废水、废气、固体废弃物以及噪声、振动等对于环境的污染和危害。

二、工程建设对环境的影响

工程建设对所在地区的周边环境影响是巨大的。有些是可见的直接影响，比如采伐森林、废料污染和噪声等，有些是在建设过程中产生的间接影响，例如自然资源的消耗。工程建设的环境影响不会随着工程项目建造的结束而结束，在工程项目使用过程中会对其周围环境造成持续性影响。所以，工程项目的环境保护应是伴随整个建设工程的全寿命期。

在工程项目建设过程中，特别突出的环境影响体现在以下几个方面。

1. 土地使用泛滥

工程项目建设势必要占用土地，不但使用大量地上土地，地下空间也成为热门开发资源。除此之外，土地开发会导致一些条件较差的区域遗留，剩下荒弃的场地和废弃建筑物和构筑物。

2. 生态环境破坏

越来越多的工程项目对所在地地貌、自然景观和野生动物构成恶劣影响，其中很多是一旦受损就不可能再恢复。如植被破坏和物种灭绝等。

3. 自然资源消耗

工程项目建设过程中势必消耗大量材料和能源。例如木材的使用会导致森林砍伐，砖石的使用会引起矿石开采等能源消耗，并在很长一段时间内难以消除。

4. 生活环境污染

在工程项目建设过程中，由于使用一些设备仪器或不适当的生产方法，形成的粉尘颗粒和有毒气体会造成大气污染；现场生产过程经常会通过自然水道和人工排水系统来排放污水；天然原料的开采以及加工、材料的运输及储存等都易产生大量的废弃物。

5. 健康安全影响

对于任何一个工程项目，噪声、灰尘、污染和交通问题常常与当地居民生活环境的舒适性息息相关。同时，由于工程项目自身特点，总会对于现场工作人员和当地居民构成一定程度的安全威胁。

三、建筑工程环境保护与管理

（一）基本内容

1. 防治大气污染

大气污染主要是燃烧生成的气体状态污染物和烟尘、粉尘类粒子状态污染物。施工现场防治大气污染的重点包括：施工现场垃圾要及时妥善清理，严禁凌空抛撒；施工现场道路尽量利用永久性道路，并防治道路扬尘；水泥、白灰等易飞扬细颗粒散体材料应妥善存放；禁止在现场焚烧会产生有毒、有害烟尘的物质等。

2. 防治水污染

现场水污染主要是工业污染和生活污染，其主要防治措施包括：禁止含有毒、有害废弃物的土方回填；施工现场搅拌站等污水，应经沉淀池沉淀后排放；防治油料因跑、冒、滴、漏而污染土壤水体；妥善保管化学药品、外加剂等，避免污染环境；生活污水经处理后，才能排入市政污水管网。

3. 防治噪声污染

现场噪声污染有机械性噪声、空气动力性噪声、电磁性噪声、爆炸性噪声。为防治噪声扰民，应严格控制噪声；在人口稠密地区进行强噪声作业时，应严格控制作业时间；尽量选用低噪声设备或采用隔声等设施。

4. 固体废物处理

施工现场常见的固体废物为工业垃圾和生活垃圾。固体废物不仅侵占土地，还会对土壤，水体和大气造成污染。固体废物的处理措施包括回收利用和循环再造、物理处理、化学处理、生物处理、热处理、固化处理等等。

（二）基本要求

确定环境因素时应考虑以下几方面：（1）环境因素的识别。（2）确定重大环境因素。（3）新产品、新工艺或新材料对环境的影响。（4）是否处于环境敏感地区。（5）活动、产品或服务发生变化对环境因素有什么影响。（6）环境影响的频度和范围。

在确定因素时应考虑正常、非正常和潜在的紧急状态。建筑业的特殊性表现为产品固定的，而人员流动的。在不同的环境下，产生影响的环境因素也是不相同的。如不同的施工工艺产生不同的后果，如选择现场潜水钻孔灌注桩，并采用泥浆护壁，则产生了噪声、泥浆对环境的影响；而选择静压桩工艺对环境影响较小。因此，对建筑业的环境因素分析必须针对项目进行。

环境影响的识别和评价应考虑以下因素：（1）对大气的污染。（2）对水的污染。（3）对土壤的污染。（4）废弃物。（5）噪声。（6）资源和能源的浪费。（7）局部地区性环境问题，例如一般情况下，震动、无线电波可不视作环境影响，而在特殊条件下，这些因素可视为环境影响。

对以上因素的评价应从法规规定、发生的可能性、影响结果的重大性、是否可获得预报以及目前的管理状况等方面进行。评价结果应当确定重大环境因素，并制定运行控制和应急准备和相应措施。

（三）建筑工程施工污染及其管理

1. 建筑施工的污染种类

（1）大气污染

工程项目施工现场对大气产生的主要污染物有厨房烧煤产生的烟尘，建材破碎、碾磨、加料过程和装卸运输过程产生的粉尘，施工动力机械尾气排放等。施工现场空气污染的防治措施有：①严格控制施工现场和施工运输过程中的降尘和飘尘对周围大气的污染，可采用清扫、洒水、遮盖、密封或其他措施等降低污染。②车辆开出工地要做到不带泥沙，基本做到不撒土、不扬尘，减少对周围环境的污染。③严格控制有毒有害气体的产生和排放，比如：禁止随意焚烧油毡、橡胶、塑料、皮革、树叶、枯草、各种包装物等废弃物品，尽量不使用有毒有害的涂料等化学物质。④大城市市区的建设工程已不容许搅拌混凝土；在容许设置搅拌站的工地，应将搅拌站封闭严密，并在进料仓上方安装除尘装置，采用可靠措施控制工地粉尘污染。⑤拆除旧建筑物时，应适当洒水防止扬尘，施工现场垃圾渣土要及时清理，严禁凌空随意抛撒。

工程项目应尽量避免采用在施工过程中会产生有毒、有害气体的建筑材料。特殊需要时，必须设有符合规定的装置，否则不得在施工现场熔融沥青或者焚烧油毡、油漆以及其他会产生有毒、有害烟尘和恶臭气体的物质。对于柴油打桩机锤要采取防护措施，控制所喷出油污的影响范围。

（2）建筑材料引起的空气污染也是环境保护的内容之一

主要有氨、甲醛、VOC（苯及同系物）、氡及石材本身的放射性。此外，办公室使用的复印机应安置在通风良好的地点，并且配置排风机。

（3）水污染

施工现场水污染主要为废水和随水而人的废物，包括泥浆、水泥、油漆、各种油类，混凝土添加剂、有机溶剂、重金属等。防止水体污染的措施为：①禁止将有毒有害废弃物作为土方回填。②改革施工工艺，减少污水的产生，严格控制污水的排放。③综合利用废水。④工地临时厕所、化粪池应采取防渗漏措施；中心城市施工现场的临时厕所可采取水冲式厕所，并有防蝇灭蛆措施，防止污染水体和环境。⑤化学用品、外加剂等要妥善保管，库内存放，防止污染环境。

对建筑施工中产生的泥浆应采用泥浆处理技术，减少泥浆的数量，并妥善处理泥浆水和生产污水，水泵排水抽出的水也要经过沉淀。洗车区应设沉淀池，再与下水接通。食堂下水应经排油池处理方可排出，未经处理的含油、泥的污水不能直接排入城市排水设施和河流。

（4）土壤污染

在城市施工时，如有泥土场地易污染现场外道路，可设立冲水区，用冲水机冲洗轮胎，防治污染。修理机械时产生的液压油、机油、清洗油料等不得随地泼倒，应集中到废油桶，统一处理。禁止将有毒及有害的废弃物用作土方回填。

（5）噪声污染

噪声是施工现场与周围居民最容易产生争执的问题。我国已制定适用于城市建筑施工场地的国家标准《建筑施工场界噪声限值》和《建筑施工场界噪声测量方法》。由于噪声限值是指与敏感区域相对应的建筑施工场地边界线处的限值，因此实际需要控制的是噪声在边界处的声值。

2. 防治环境污染的方法

建筑施工的噪声主要由施工机械使用所产生，如打桩机、推土机、混凝土搅拌机等发出的声音。噪声是影响与危害非常广泛的环境污染问题。噪声环境可以干扰人的睡眠与工作，影响人的心理状态与情绪，造成人的听力损失，甚至引起许多疾病。长期工作在90dB以上的噪声环境中，人耳不断受到噪声刺激，听觉疲劳现象无法消除，且会越来越重，最终可能发展为不可治愈的噪声耳聋。如人耳突然暴露在高达140dB以上的噪声中，强烈刺激可能造成耳聋。施工现场噪声的控制措施主要从声源、传播途径、接收者防护等方面来考虑。

防治噪声影响的方法之一是正确选用噪声小的施工工艺，如采用免振捣混凝土，可减少噪声的强度；之二是对产生噪声的施工机械采取控制措施，包括打桩锤的锤击声以及其他以柴油机为动力的建筑机械、空压机、震动器等。如条件允许，应将电锯。柴油发电机等尽量设置在离居民区较远的地点，降低扰民噪声。夜间施工应减少指挥哨声、大声喊叫，同时还要教育职工减少噪声，注意语言文明。

第一，声源控制。从声源上降低噪声，这是防止噪声污染的最根本措施。①尽量采用低噪声设备与加工工艺代替高噪声设备与加工工艺，比如低噪声振捣器、风机、电动空压机、电锯等。②在声源处安装消声器消声，即在通风机、鼓风机、压缩机、燃气机、内燃机及各类排气装置等进出风管的适当位置设置消声器。③严格控制人为噪声。

第二，传播途径的控制。在传播途径上控制噪声的方法主要有：①吸声。利用吸声材料（大多由多孔材料制成）或由吸声结构形成的共振结构（金属或木质薄板钻孔制成的空腔体）吸收声能，降低噪声。②隔声。应用隔声结构，阻碍噪声向空间传播，将接受者与噪声声源分隔。隔声结构包括隔声室、隔声罩、隔声屏障、隔声墙等。③消声。利用消声器阻止传播。允许气流通过的消声降噪是防治空气动力性噪声的主要装置，如对空气压缩机、内燃机产生的噪声处理等。④减振降噪。对由于振动引起的噪声，通过降低了机械振动减小噪声；如将阻尼材料涂在振动源上，或改变振动源与其他刚性结构的连接方式等。

第三，接收者的防护。让处于噪声环境下的人员使用耳塞、耳罩等防护用品，减少相关人员在噪声环境中的暴露时间，以减轻噪声对于人体的危害。

第四，严格控制噪声。进入施工现场不得高声喊叫、无故甩打模板，限制高音喇叭的使用，最大限度地减少噪声扰民。

施工中需要进行爆破作业的，必须经上级主管部门审查同意，并持说明爆破器材的地点、品名、数量、用途、四邻距离的文件和安全操作规程，向所在地县、市公安局申请"爆破物品使用许可证"后，方可进行作业。

固体废弃物污染：

第一，施工现场常见的固体废弃物。①建筑渣土。如砖瓦、碎石、渣土、混凝土碎块、废钢铁、碎玻璃、废弃装饰材料等。②废弃的散装建筑材料。如废水泥等。③生活垃圾。如炊厨废物、废纸、生活用具、玻璃、陶瓷碎片、废塑料制品、煤灰渣等。④设备、材料等的包装材料。

第二，固体废弃物处理的基本思想。一般采取资源化、减量化和无害化处理，可对固体废弃物进行综合利用，建立固体废弃物回收体系。固体废弃物的主要处理和处置方法有：①物理处理。包括压实浓缩、破碎、脱水干燥等。②化学处理。包括氧化还原、中和等。③生物处理。包括好氧处理、厌氧处理等。④热处理。包括焚烧、热解、烧结等。⑤固化处理。包括水泥固化法和沥青固化法等。⑥回收利用。包括回收利用和集中处理等资源化的方法。⑦处置。包括土地填埋、焚烧、贮留池贮存等。

现场的厕所问题是建筑施工的一个难点，对高层建筑显得尤为突出。在考虑临时厕所设施时，应按现场人员数量考虑厕所的设置。要求封闭严密，通风良好，定期清除粪便。高层建筑工程应考虑设立楼内厕所。目前已有定型的箱式厕所，可通过吸管进行粪便的清除。

资源浪费问题也是环境保护的一个要点。除现场的水电浪费外，还应着眼于生产过程中的浪费，如工程的质量返工、由于控制不当而造成抹灰过厚等现象，都应有一定的改善。对于原有的绿化也应视作资源进行保护，应尽量保持现场原有的树木。

　　建设工程施工由于受技术、经济条件限制，对环境的污染不能控制在规定范围内的，建设单位应当事先报请当地人民政府主管部门和环境保护行政主管部门批准。

　　污染是一种风险，可根据风险危害的程度和频率采取风险消灭、回避、分担、转移等措施。对于可能发生的污染事故，应事先进行应急措施计划。建筑施工单位还应当在与发包人签订合同时，就风险以及保险范围的划分做出安排。按照国际惯例，发包人和总包人或总包人与分包人签订合同时，发包人均将所投保险的复印件作为合同附件交付承包人。承包人如发现保险范围尚不够完善时，则需要另行投保。

第二节　建筑工程风险管理概述

一、建筑工程项目风险

（一）工程项目风险的界定

1. 风险

　　风险是指人们不能预见或控制某事物的一些影响因素，使得事物的实际结果与主观期望产生较大背离，从而使人们蒙受损失的可能性。因此，风险可定义为：在给定的情况下和特定的时间内，那些可能产生的实际结果与主观期望之间的差异。

2. 工程项目风险

　　工程项目风险是指在工程建设过程中，可能出现的预期结果和实际结果之间的差异进而导致损失的可能性。工程项目的立项、分析、研究、设计和计划都是基于对未来情况（政治、经济、社会、自然等）基础的预测，基于正常的、理想的技术、管理和组织。而在实施过程中，这些因素都有可能发生变化，使原定的计划方案受到干扰，目标不能实现。这些事先不能确定的内外部干扰因素，称为工程项目风险。

3. 工程项目风险的特点

　　现代工程项目具有规模大、技术先进、建设周期长、参建单位多、与环境接口复杂等特点，在项目建设过程中，潜在的风险因素数量多且种类繁杂。工程项目风险的特点包括类型多样、范围广、影响面大、损失严重等等。

　　（1）风险类型多样

　　在一个工程项目中存在着许多种类的风险，如政治风险、经济风险、法律风险、自然风险、合同风险等。这些风险之间存在复杂的内在联系。

（2）风险范围广

风险在整个项目生命周期中都存在。如在目标策划中可能存在构思错误，重要边界条件遗漏，目标优化错误；可行性研究中可能有方案失误，调查不完全，市场分析错误；技术设计中可能存在专业不协调，地质不确定，图纸和规范错误；施工中可能会物价上涨，实施方案不完备，资金缺乏，气候条件变化；运行中可能会存在市场变化，产品不受欢迎，运行达不到设计能力，操作失误等。

（3）风险影响面大

在工程项目实施过程中，风险影响常常不是局部的，而是全局的。例如，反常的气候条件造成工程停滞会影响整个后期计划，影响后期所有参加者的工作，不仅造成工期的延长，而且造成费用增加，并对工程质量产生危害。即使是局部风险，其影响也会随着项目的发展逐渐扩大。例如一个活动受到风险干扰，可能影响和其相关的许多活动，所以在项目中风险影响随时间推移有扩大的趋势。

（4）风险损失严重

工程项目投资巨大、涉及面广，在建筑物内活动人员众多，一旦建筑物出现倒塌，势必造成巨大的财产损失和人员伤亡，社会影响广泛。政府主管部门轻则勒令企业停产整顿，取消其一定期限的投标资格；重则取消企业市场准入资格，吊销营业执照，危及企业生存。同时风险损失也会间接给企业声誉带来损害，这种财产损失和声誉损害在短时期内很难恢复。

（5）风险渐进性

风险渐进性是指绝大部分风险不是突然爆发的（只有极小部分风险是由突发性事件引发的），是随着环境、条件和自身固有的规律一步一步逐渐发展形成的。当项目的内、外部条件逐步发生变化时，项目风险的大小和性质就会随之发生变化。

（6）风险阶段性

风险阶段性是指风险发展是分阶段的，且这些阶段都有明确的界限、里程碑和风险征兆。通常风险的发展有三个阶段：一是潜在风险阶段，二是风险发生阶段，三是造成后果阶段。风险发展的阶段性为开展风险管理提供了前提条件。

（7）风险规律性

项目实施有一定的规律性，所以风险的发生和影响也有一定的规律性，是可以预测的。重要的是有风险时，要重视风险，对于风险进行全面控制。

综上所述，工程项目建设过程中的风险是客观存在的，不以人的意志为转移。因此，要保证工程项目按预期目标实现，从而使各参与方获得预期回报，风险管理就显得非常重要。

4. 工程项目风险分类

风险是多种多样的，为便于对各种风险进行识别、评估和管理，将风险按照一定的方法进行科学分类是十分必要的。

（1）**按风险对象分类**

①财产风险

财产风险是指导致一切有形财产损毁、灭失或贬值的风险。如，建筑物遭受火灾、地震、爆炸等损失的风险。

②责任风险

责任风险是指因个人或团体行为的疏忽或过失，造成他人财产损失或人身伤亡，依照法律、合同或道义应负经济赔偿责任的风险。如建设单位对员工在从事职业范围内活动中身体受到伤害等应负的经济赔偿责任等等。

③信用风险

信用风险是指在经济交往中，权利人与义务人之间，由于一方违约或违法行为给对方造成经济损失的风险。

④人身风险

人身风险是指可能导致人的伤残、死亡或损失劳动力的风险，例如，疾病、意外事故、自然灾害等。

（2）**按风险产生的原因分类**

①自然风险

是指因自然力的不规则变化，对人们的经济生活、物质生产及生命造成的损失或损害，如地震、水灾、火灾、风灾、雹灾、冻灾、旱灾、虫灾以及各种瘟疫等。

②社会风险

是指社会治安的稳定、社会禁忌、劳动者的文化素质、社会风气等引起的风险。

③法律风险

法律不健全，有法不依、执法不严，相关法律内容的变化，相关法律对于项目的干预等引起的风险。

④经济风险

是指国家经济政策的变化，产业结构的调整，银根紧缩，工程项目承包市场、材料供应市场、劳动力市场的变动，工资、物价上涨，通货膨胀速度加快，原材料进口价格和外订：汇率的变化等方面的风险。

⑥技术风险

是指采用技术的先进性、可靠性、适应性发生重大变化，导致了生产能力利用率降低、生产成本提高等给工程带来的风险。

（二）工程项目风险分析

工程项目风险分析包括风险识别、风险估计和风险评价。

1. 工程项目风险识别

（1）**风险识别**

风险识别是通过一定方法，对大量来源可靠的信息进行分析，找出影响项目风险管理目标实现的风险因素，分析风险产生的原因，筛选确认项目实施过程中应予以考虑风险因素的过程。

风险识别是风险管理的第一步，是风险管理的基础和前提。必须首先正确识别风险，统一认识，才能制定出相应的管理措施。通过对于风险因素的识别，才能确定风险的范围，即有哪些风险存在，将这些风险因素逐一列出，作为风险管理的对象，从而有针对性地提出处理方案。

（2）风险识别的程序

①收集与项目风险有关的信息

风险管理需要大量信息，要对项目的系统环境有十分的了解，并进行预测。风险识别就是要确定项目具体的风险，掌握项目及项目环境的特征数据，如项目的主要数据资料、设计与施工文件，了解项目的规模、工艺的成熟程度。

②确定风险因素

通过调查、研究、座谈、查阅资料等手段分析工程、工程环境、已建类似工程等，列出风险因素一览表。在此基础上通过选择、确认，把重要的风险因素筛选出来加以确认，列出正式风险清单。

③风险分类

通过对风险进行分类能加深对风险的认识和理解，同时也辨清风险性质。实际操作中可依据风险性质、可能的结果及彼此间可能发生的关系进行风险分类。

④编制《风险识别报告》

《风险识别报告》是在风险清单的基础上补充的文字说明。《风险识别报告》通常包括已识别的风险、潜在的风险和风险的征兆。

（3）风险识别的方法

在工程项目实施过程中，许多风险具有较强的隐蔽性，各种风险交织在一起，引起风险的原因更是错综复杂，这给风险识别带来了一定的困难。所以，风险识别必须采用一些科学的方法。实践中可采用下列方法来识别并具体描述各种风险。

常用的有专家调查法（头脑风暴法、德尔菲法）、分析询问法、情景分析法、流程图分析法、现场考察法、故障树分析法、环境分析法等，使用时应针对具体问题的特点加以选择。

2. 工程项目风险估计

（1）风险估计

风险估计是在风险识别的基础上，通过了各种风险分析技术，采用定性或定量分析方法，对工程项目各个阶段存在的风险发生概率、后果严重程度、可能发生的时间和影响范围予以客观估计，以便进一步对风险进行评价、正确选择风险处理方法。

工程项目风险估计有利于较为准确地预测损失发生的概率和损失的大小，风险管理者根据损失概率分布情况，结合损失程度的估计结果合理分配风险管理费用，采取相应的风险控制，将风险控制在最低限度并提供决策依据。

（2）风险估计的内容

①风险概率的估计

风险发生的可能性有其自身的规律性，通常可用概率表示。概率范围在必然事件（概率等于1）和不可能事件（概率等于0）之间。其发生有一定的规律性，但也有不确定性，所以人们经常用风险发生的概率来表示风险发生的可能性。估计风险发生的概率需要利用已有数据资料和相关专业方法，相关专业方法主要指概率论方法和数理统计方法。

②风险损失量的估计

风险损失量的估计是个非常复杂的问题，有的风险造成的损失较小，有的风险造成的损失很大，可能引起整个工程的中断或报废。风险事件造成损失量的估计应包括下列内容：

A. 投资风险损失量

投资风险导致的损失可以直接用货币形式来表现，即法规、价格、汇率和利率等的变化或投资使用安排不当等风险事件引起的实际投资超出计划投资的数额。

B. 进度风险损失量

进度风险导致的损失包括资金的时间价值、为赶上计划进度所需的额外费用、延期投入使用的收入损失等。

C. 质量风险损失量

质量风险导致的损失包括建筑物、构筑物或者其他结构倒塌所造成的直接经济损失，复位纠偏、加固补强等补救措施和返工的费用，永久性缺陷对工程项目使用造成的损失，第三者责任损失等。

D. 安全风险损失量

安全风险导致的损失包括受伤人员的医疗费用和补偿费、财产损失、为恢复工程项目正常实施所发生的费用、第三者责任损失等。

（3）风险估计的步骤

①搜集信息

搜集类似工程有关风险的经验和积累的数据，与工程有关的资料、文件等，所收集的资料要求客观、真实，最好具有可统计性。

②对信息加工整理

根据所收集的数据、资料进行加工整理，列出项目所面临的风险，并对风险发生的概率和损失的后果进行统计分析。

③估计风险程度

风险程度是风险发生的概率和风险发生后的损失严重性的综合结果。各种风险的损失量包括可能发生的工期损失、费用损失以及对于工程的质量、功能和使用效果等方面的影响，根据风险发生的概率和损失量，确定风险量和风险等级。

④提出风险估计报告

风险估计分析结果必须用文字、图表表达说明。风险估计报告不仅应作为风险估计的成果，而且应作为风险管理的基本依据。

3. 工程项目风险评价

（1）风险评价

风险评价是在风险识别和风险估计的基础上，综合考虑风险属性，判断风险对工程实施的影响。风险评价应解决三个层次的问题：一是对项目风险管理的措施，通过分析其风险管理成本和风险管理效益，判断风险管理措施经济上是否可行；二是对项目进行风险评价，判断项目风险程度是否在企业风险管理目标之内，从风险角度判断项目是否可行；三是针对风险可行的项目进行项目风险综合评价，选择符合国家或企业战略的最佳实施方案。

（2）风险评价的方法

风险评价的方法有主观评分法、层次分析法及模糊数学法等。

①主观评分法

主观评分法，一般取 0 到 10 之间的整数（0 代表没有风险，10 代表最大风险），由风险管理人员和各方面专家进行评价，为每一个风险赋予权重，然后把各个权重下的评价值加起来，再同风险评价基准进行比较。

对所有专家评价的结果进行适当分组，考虑专家的权威程度，分别确定专家权重；然后计算每组专家的比重。该比重为评价结果在该组的专家权重和，可选取比重值最大的组中值作为下一轮评价的参考数值。

②层次分析法

在工程风险分析中，层次分析法提供一种灵活的、易于理解的工程风险评价方法。一般用于工程项目投标阶段，可使风险管理者对拟建项目的风险情况有一个全面认识，并判断出工程项目的风险程度。

③模糊数学法

在经济评价过程中，有很多影响因素的性质和活动无法用数字定量描述，其结果也是含糊不定的，无法用单一的准则来判定。模糊数学的优势在于，为了现实世界中普遍存在的模糊、不清晰的问题提供了一种充分的概念化结构，并以数学的语言去分析和解决它们，特别适合于处理那些模糊、难以定义、难以用数字描述而易于用语言描述的变量。正因为这种特殊性，模糊数学已广泛应用于各种经济评价中。

工程项目中很大一部分风险因素难以用数字准确地定量描述，但可以利用历史经验或专家知识，用语言生动地描述出其性质及可能的影响结果。现有的绝大多数风险分析模型都是基于需要数字的定量技术，而与风险分析相关的大部分信息却是很难用数字表示却易于用文字来表述的，因此这种性质最适合于采用模糊数学的方法。

模糊数学法处理非数字化、模糊、难定义的变量有其独到之处，并能提供合理的数学规则去解决变量问题，相应得出的数学结果又能通过一定的方法转为语言描述。

（三）工程项目风险对策

1 风险规避

（1）风险规避

风险规避是根据风险预测评价，经过权衡利弊得失，通过采取放弃、中止活动进行，或改变活动方案等措施，以远离、躲避风险源，消除风险隐患。风险规避是一种最彻底地消除风险影响的策略。有效的规避措施可以完全解除某种风险，即完全消除遭受某种风险损失的可能。

（2）风险规避的选用

风险规避虽然能有效地消除风险源，但是其采用也会带来一系列副作用，故风险规避的选用具有很大的局限性。

2. 风险转移

（1）风险转移

风险转移就是将原本该自己承担的风险转移给其他人。风险转移是工程项目风险管理中非常重要且广泛应用的一种风险对策。风险转移并非损失转嫁，转移后并不一定会给他人造成损失，因为各人的优劣势不一样，因而对风险的承受能力也不一样。

采用风险转移应遵循的原则有两个：一是被转移者最适宜承担该风险或最有能力进行损失控制；二是转移者应给被转移者一定的报酬。

风险转移常用的途径有合同风险转移、工程保险和工程担保。

（2）风险转移的选用

风险转移一般在以下情况下采用：①风险的转移方和被转移方（风险接受方）之间的损失可以清楚地计算和划分，否则双方之间无法进行风险转移。②被转移人能够且愿意承担适当的风险。③风险转移的成本低于其他风险管理措施。

3. 风险减轻

风险减轻是将工程项目风险发生概率或后果降低到某一可以接受的程度。风险减轻是一种主动积极的风险对策，可以分为风险预防、风险减少和风险分散。风险预防在于降低风险发生的概率；风险减少在于降低风险损失的严重性或遏制风险损失的进一步发展，使损失最小化；风险分散是通过增加风险承担者，减轻每个承担者的风险能力。一般来说，风险减轻方案应是风险预防、风险减少和风险分散的有机结合。

至于将风险具体减轻到什么程度，这主要取决项目的具体情况、风险管理的要求和对风险的认识程度。在实施减轻措施时，应尽可能将项目每一个具体风险减轻到可接受水平，从而减轻项目总体风险水平。

无论是风险预防还是风险减少或者风险分散，其具体措施均包括组织措施、管理措施、经济措施、技术措施等。组织措施有明确各部门和人员在损失控制方面的职责分工，建立相应的工作制度，对于现场操作人员进行安全培训等。管理措施有风险分散措施、合同管理措施、信息管理措施等。经济措施有多渠道的融资方式、安全生产的经济激励措施、落实风险管理所需资金等。技术措施有改进施工方法、施工技术，改变施工机具等。

4. 风险自留

风险自留是指将风险留给自己承担，不予转移，风险自留可分为非计划性的风险自留和计划性的风险自留。

由于风险管理者没有意识到工程项目某些风险的存在，即当初并不曾预测到，或者不曾有意识地采取种种有效措施，以致风险发生后只好由自己承担，这样的风险自留就是非计划性风险自留。但有时也可以是主动地，即有意识、有计划地将若干风险留给自己。这种情况下，风险承受人通常已做好了处理风险的准备，这样的风险自留就是计划性的风险自留。

主动的或有计划的风险自留是否合理明智取决于风险自留决策的有关环境。风险自留在一些情况下是唯一可能的对策。有时企业不能预防损失，回避又不可能，且没有转移的可能性，别无选择，只能自留风险。

决定风险自留必须符合以下条件之一：①自留费用低于保险公司所收取的费用。②企业的期望损失低于保险人的估计。③企业有较多的风险单位（意味着单位风险小，且企业有能力准确地预测其损失）。④企业的最大潜在损失或最大期望损失较小。⑤短期内企业有承受最大潜在损失或最大预计损失的经济能力。⑥风险管理的目标可以承受年度损失的重大差异。⑦费用和损失支付分布于很长的时间段里，因而导致很大的机会成本。⑧投资机会很好。⑨内部服务或者非保险人服务优良。

如果实际情况与以上条件相反，无疑应放弃自留风险的决策。

二、建筑工程风险管理

（一）工程风险管理的界定

1. 风险管理

风险管理是指在掌握有关资料、数据的基础上，运用各种管理方法和技术手段对潜在的意外损失进行识别、分析、评估，并且根据具体情况采取相应措施进行有效处理。也就是在主观上尽可能做到有备无患，或在客观上无法避免时亦能寻求切实可行的补救措施，从而减少意外损失或化解风险。

2. 工程风险管理

工程风险管理是指在工程项目建设过程中，通过对工程项目风险进行识别、估计和评价等，进而采取了恰当的应对措施和方法对风险实行有效控制，并妥善地处理风险事件造成的不利结果，以最少的成本保证工程项目总体目标的实现。

（二）工程风险管理内容

1. 工程项目风险识别

风险识别是指在收集资料和调查研究之后，运用各种方法对尚未发生的潜在风险以及客观存在的各种风险进行系统归类和全面识别。风险识别的主要内容是：识别引起风险的主要因素，识别风险的性质，识别风险可能引起的后果。

2. 工程项目风险分析与评价

风险分析与评价是指在定性识别风险因素的基础上，进一步分析和评价风险因素发生的概率、影响的范围、可能造成损失的大小以及多种风险因素对项目目标的总体影响等，达到更清楚地辨识主要风险因素，有利于项目管理者采取了更有针对性的对策和措施，从而减少风险对项目目标的不利影响。

风险分析与评价的任务包括：确定单一风险因素发生的概率；分析单一风险因素的影响范围大小；分析各个风险因素的发生时间；分析各个风险因素的风险结果，探讨这些风险因素对项目目标的影响程度；在单一风险因素量化分析的基础上，考虑多种风险因素对项目目标的综合影响、评估风险的程度并且提出可能的措施作为管理决策的依据。

（三）工程项目风险控制

工程项目风险控制是指在整个工程项目实施过程中根据项目风险管理计划所开展的各种风险管理活动。

在工程项目风险控制过程中，风险管理者应跟踪收集和分析与项目风险相关的各种信息，预测未来的风险并提出预警，纳入项目进展报告。同时还应对可能出现的风险因素进行监控，根据需要制订应急计划（也称为应急预案）。

1. 工程项目风险预警与监控

（1）工程项目风险预警

工程项目实施过程中会遇到各种风险。要做好风险管理，就必须建立完善的项目风险预警系统，通过跟踪项目风险因素的变动趋势，测评风险所处状态，尽早地发出预警信号，及时向建设单位、项目管理机构、项目监理机构和施工承包单位发出警报，为决策者掌握和控制风险争取更多的时间，尽早采取有效措施防范和化解工程项目风险。

（2）工程项目风险监控

在工程项目实施过程中，各种风险在性质与数量上都是在不断变化的，有可能会增大或者衰退。因此，在工程项目整个生命周期中，需要时刻监控风险的发展与变化情况，并识别随着某些风险的消失而带来的新风险。

2. 工程项目风险应急计划

在工程项目实施过程中必然会遇到大量未曾预料到的风险因素，或风险因素的后果比预料的后果更严重，使事先编制的计划不能奏效，所以必须重新研究应对措施，即编制附加的风险应急计划。工程项目风险应急计划应清楚说明当发生风险事件时要采取的措施，以便快速、有效地对于这些事件做出响应。

第三节　建设工程环境管理内容与措施

一、建设工程环境管理内容

（一）工程设计阶段环境管理

工程设计阶段应重点考虑以下几方面的影响因素：

1. 考虑平面布局对环境的影响

土地资源的再回收利用，现场生态环境，道路与交通，建筑微观气候。

2. 考虑对周边环境的影响

听取用户和社区的意见，建筑外观符合美学要求，控制噪声，利用植物绿化建筑物，预测并减少建设对于环境的各种污染。

3. 考虑节约能源对环境的影响

进行节能设计（如加强自然通风与自然采光的使用），采用了高效节能材料，利用可再生资源。

（二）工程招标投标阶段环境管理

鉴于工程建设造成的污染问题以及对工程项目建设的影响，许多工程招标中不同程度地规定了环境问题的解决办法或对策要求，投标单位控制环境污染的措施与文明施工已成为评标中的一项重要指标。实践中可以考虑以下几方面工作：（1）招标文件中应有专门章节详细阐述环境问题与措施要求；（2）招标文件中应包括有关环境的法律法规清单，以便引起承包单位的重视；（3）招标文件中强调工程项目对环境的特别要求；（4）评标中增加环境保护措施的分值；（5）施工合同中应明确规定环境保护、建筑垃圾处理、水处理、噪声控制、有害物质控制、空气污染治理、野生动物保护、绿色产品采购以及文明施工等方面内容。

（三）工程施工阶段环境管理

1. 现场卫生防疫管理

重视施工现场卫生防疫设施的建设，保证生活空间和工作环境的卫生条件符合国家和地方规定，从而为工程项目的建设提供一个健康、良好的工作环境，有利于保障工程项目的顺利完成。

2. 废弃物产生的污染

主要指建筑垃圾，即：混凝土、碎砖、砂浆等工程垃圾，各种装饰材料的包装物，生活垃圾及施工结束后临时建筑拆除产生的废弃物等。若处理不当，将会造成弃渣阻碍河、沟等水道，降低水道的行洪能力，占用耕地。所以，应做好废弃物填埋处理，甚至可以将一些无毒无害的物质进行回收再利用，节约能源，防止有害物质再次污染。

3. 噪声的污染

施工过程中产生的噪音主要来源于施工机械，根据不同的施工阶段，施工现场产生噪声的设备和活动包括：

①土石方施工阶段

挖掘机、装载机、推土机、运输车辆等；

②打桩阶段

打桩机、振捣棒、混凝土搅拌车等；

③结构施工阶段

地泵、汽车泵、混凝土搅拌车、振捣棒、支拆模板、搭拆钢管脚手架、模板修理、电锯、外用电梯等；

④装修及机电设备安装阶段

拆脚手架、石材切割、外用电梯、电锯等等。

4. 水的污染

在工程项目建设过程中，生产生活废水的随意排放，会使地面水受到污染，甚至污染饮用水源，影响了河道下游水质。

5. 粉尘的污染

施工现场所产生粉尘的主要来源包括施工期间各种车辆和施工机械在行驶和作业过程中排放的大量尾气，以及水泥、粉煤灰、沙石土料等建筑材料的运输和开挖爆破过程中产生的尘灰，会对周围城市空气环境质量造成极大影响。不仅会严重影响当地居民的生活及环境卫生，甚至在严重时会造成呼吸困难，视觉模糊等情况。

6. 危险有毒的化学品

在施工现场，易燃易爆品、油品以及一些有毒化学品在运输、储存和使用过程中，若不谨慎正确操作，不仅会对施工现场安全产生威胁，同时也会严重破坏所在地及周边环境。

二、建设工程环境管理措施

（一）施工准备阶段管理措施

施工单位应建立环境领导小组，制定环境保护管理实施细则，明确各部门在施工现场环境保护工作中的职责分工；建立健全施工现场环境管理体系和环境管理各项规章制度，并广泛宣传，认真落实；核实确定本单位施工范围内的环境敏感点、施工过程中的重大环境因素；明确本单位施工范围内各施工阶段应遵循的环保法律法规和标准要求。同时，编制年度培训计划，建立培训和考核程序，定期对于各层次环境管理工作人员进行环保专业知识培训。

施工单位在编制施工组织设计和施工方案时，应有相应的环境保护工作内容，主要包括：根据施工特点，围绕环境敏感点，制定噪声振动控制方案；根据工地具体情况和环境要求，制定预防扬尘和大气污染的工作方案、工地排水和废水处理方案以及固体废物的处置方案；保护城市绿化的具体工作；施工范围内已有的列入保护范围内的文物名称和具体保护措施等。

应按要求做好施工现场开工前的环保准备工作，列出开工前须完成的环保工作明细表，明确要求、逐项完成。

（二）施工过程中的管理措施

施工单位要指派专人负责施工现场和施工活动环境保护工作方案中的各项工作，将环保工作和责任落实到岗位和个人。在日常施工中随时检查，出现问题及时反馈和纠正。

根据不同施工阶段和季节特征及时调整环保工作内容，每周对于环保工作进行一次例行检查并记录检查结果，内容包括：施工概况、污染情况以及环境影响等；污染防治措施的落实情况、可行性和效果分析；存在的问题预测和拟采取的纠正措施及其他需说明的问题。

应设置专人负责应急计划的执行，至少每季度进行一次应急计划落实情况的检查工作，一旦发生事故或紧急状态时，要积极处理并且及时通知建设单位。在事故或紧急状态发生后，组织有关人员及时对事故或紧急状态发生的原因进行分析，并制定和实施减少和预防环境影响的措施。

第四节　建筑工程保险与担保

一、建筑工程保险

（一）建筑工程保险的类型

工程项目保险是指向保险公司缴纳一定的保险费，由保险公司建立保险基金，一旦发生所投保的风险事故造成财产或人身伤亡，即由保险公司用保险基金予以补偿的一种制度。它实质上是一种风险转移，即建设单位或施工承包单位通过投保，将原应承担的风险责任转移给保险公司。

工程项目保险分为两大类：强制保险和自愿保险。强制保险是指工程所在国政府以法规明文规定施工承包单位必须办理的保险。自愿保险是施工承包单位根据自身利益的需要自愿购买的保险，这种保险非强行规定，但对于施工承包单位转移风险很有必要。

1. 建筑工程一切险（包括第三者责任险）

建筑工程一切险是以建筑工程中的各种财产和第三者的经济赔偿责任为保险标的的保险。即对工程项目在施工期间工程本身、施工机具或工地设备所遭受的损失予以赔偿，对因施工给第三者造成的物质损失或者人身伤亡承担赔偿责任。

2. 安装工程一切险

安装工程一切险属于技术险种，其目的在于为各种机器的安装及钢结构工程的实施提供尽可能全面的专门保险。安装工程一切险主要是用于安装机器、设备、储油罐、钢结构、起重机、吊车和包含机械因素的各种建造工程。

3. 人身意外伤害险

人身意外伤害险是指被保险人在保险有效期间内，因遭遇非本意、外来的、突然发生的意外事故，致使其身体蒙受伤害而残疾或死亡时，保险人依照合同规定给付保险金的保险。

4. 职业责任险

职业责任险是指以专业技术人员因为工作疏忽、过失所造成的依法应负的民事赔偿责任为标的的保险。工程项目标的额巨大、风险因素多，工程项目事故造成的损害往往数额巨大，而责任主体的赔偿能力相对有限，这就有必要借助保险来转移职业责任风险。在工程建设领域，这类保险对工程勘察、设计、监理和项目管理单位尤为重要。

（二）建筑工程保险的内容

1. 建筑工程一切险

建筑工程一切险是承保以土木建筑为主体的工程项目在整个建造期间因自然灾害或意外事故造成的物质损失，以及因建造而给第三者造成的物质损失或者人身伤亡的保险。

（1）被保险人与投保人

①被保险人

在工程建设期间，建设单位和承包单位对所建工程都承担有一定风险，即具有可保利益，可向保险公司投保建筑工程一切险。保险公司则可以在一张保险单上对所有涉及该项工程的有关各方都予以合理的保险保障。建筑工程保险一张保单下可以有多个被保险人，这是工程保险区别于其他财产保险的特点之一。

建筑工程一切险的被保险人一般可包括以下各方：

A. 建设单位或工程所有人；

B. 总承包单位及分包单位；

C. 建设单位聘请的建筑师、设计师、工程师和其他专业顾问；

D. 其他关系方，如贷款银行或者其他债权人。

②投保人。

A. 全部承包方式，由承包单位负责投保；

B. 部分承包方式，在合同中规定由某一方投保；

C. 分段承包方式，一般由建设单位投保；

D. 施工单位只提供劳务的承包方式，一般也由建设单位投保。

（2）保险项目与保险金额

建筑工程一切险的保险项目包括物质损失部分、第三者责任以及附加险三部分。

①物质损失

A. 建筑工程。包括永久和临时性工程及物料。这是建筑工程保险的主要保险项目。该部分保险金额为承包工程合同的总金额，也即建成该项工程的实际价格，包括设计费、材料设备费、施工费（人工及施工设备费）、运杂费、税款及其他有关费用。

B. 建设单位提供的物料及项目。是指未包括在工程合同价格之内的，由建设单位提供的物料及负责建筑的项目。该项保险金额应按这一部分标的重置价值确定。

C. 安装工程项目。是指承包工程合同中未包含的机器设备安装工程项目。该项目的保险金额为其重置价值。所占保额不应超过总保险金额的20%。超过20%的，按安装工程一切险费率计收保费；超过50%，则另投保安装工程一切险。

D. 施工用机器、装置及设备。是指施工用的推土机、钻机、脚手架、吊车等机器设备。此类物品一般为承包单位所有，其价值不包括在工程合同价之内，因而作专项承保。该项保险金额应按机器、装置及设备的重置价值确定。

E. 场地清理费。指发生承保风险所致损失后，为了清理工地现场所必须支付的一项费用，不包括在工程合同价格之内。该项保险金额一般按大工程不超过其工程合同价格的 5%，小工程不超过工程合同价格的 10% 计算。

F. 工地内现成的建筑物。是指不在承保的工程范围内的，建设单位或承包单位所有的或由其保管的工地内已有的建筑物或财产。该项保险金额由双方共同商定，但最高不得超过该建筑物的实际价值。

G. 建设单位或承包单位在工地上的其他财产，是指上述六项范围之外的其他可保财产。该项保险金额由双方共同商定。

以上各部分之和为建筑工程一切险物质损失部分的总保险金额。货币、票证、有价证券、文件、账簿、图表、技术资料，领有公共运输执照的车辆、船舶和其他无法鉴定价值的财产，不能作为建筑工程一切险的保险项目。

②第三者责任

是指被保险人在工程保险期内因意外事故造成工地及工地附近的第三者人身伤亡或财产损失依法应负的赔偿责任。保险金额一般通过一个赔偿限额来确定，该限额根据工地责任风险的大小确定。通常有两种方式：

A. 只规定每次事故的赔偿限额，不具体限定为人身伤亡或财产损失的分项限额，也不规定在保险期限内的累计赔偿限额，这种方式适用责任风险较低的第三者责任。

B. 先规定每次事故人身伤亡及财产损失的分项赔偿限额，进而规定对每人的限额，然后将分项的人身伤亡限额与财产损失限额组成每次事故的总赔偿限额，最后再规定保险期限内的累计赔偿限额，这种方式适用责任风险较大的第三者责任。

③附加险

根据投保人的特别要求或某项工程的特性需要可以增加一些附加保险，保险金额由双方商定。

2. 安装工程一切险

安装工程一切险是专门承保机器、设备或钢结构工程在安装调试期间，由于保险责任范围内的风险造成的保险财产的物质损失和列明的费用的保险。

（1）安装工程一切险的特点

安装工程一切险和建筑工程一切险在保单结构、条款内容、保险项目上基本一致，是承保工程项目相辅相成的两个险种。与建筑工程一切险相比，安装工程一切险具有以下特点：①建筑工程保险的标的从开工以后逐步增加，保险额也逐步提高，而安装工程一切险的保险标的一开始就存放于工地，保险公司一开始就承担着全部货价的风险。在机器安装好之后，试车、考核和保证阶段风险最大。因为风险集中，试车期的安装工程一切险的保险费通常占整个工期的保费的三分之一左右。②在一般情况下，建筑工程一切险承担的风险主要为自然灾害，而安装工程一切险承担的风险主要为人为事故损失。③安装工程一切险的风险较大，保险费率也要高于建筑工程一切险。

（2）被保险人与投保人

安装工程责任方主要有：建设单位（应对自然灾害及人力不可抗拒的事故负责）；

承包单位（应对不属于卖方责任的安装、试车中的疏忽、过失负责）；卖方（应对机器设备本身问题及技术指标导致安装试车过程中的损失负责）。由于安装期间发生损失的原因很复杂，往往各种原因交错，难以截然区分，因此，将有关利益方，即具有可保利益的，都视为安装工程险的共同被保险人。

安装工程一切险的被保险人包括：A.建设单位；B.承包单位（含分包单位）；C.供货单位；D.制造商，但因制造商的过失引起的直接损失不包括在安装工程险责任范围内；E.技术顾问；F.其他关系方。

一般来说，在全部承包方式下，由承包单位作为投保人投保整个工程的安装工程保险。同时将有关利益方列为共同被保险人。比如非全部承包方式，最好由建设单位投保。

（3）保险项目与保险金额

①安装项目

这是安装工程险承保的主要保险项目，包括被安装的机器设备、装置、物料、基础工程以及工程所需的各种临时设施如水、电、照明、通讯等设施。适用安装工程险保单承保的标的，大致有三种类型：A.新建工厂、矿山或某一车间生产线安装的成套设备。B.单独的大型机械装置如发电机组、锅炉、巨型吊车、传送装置的组装工程。C.各种钢结构建筑物如储油罐、桥梁、电视发射塔之类的安装和管道、电缆的铺设工程等。这部分的保险金额的确定与承包方式有关，在采用完全承包方式时，为该项目的承包合同价；由建设单位投保引进设备时，保险金额应包括设备的购货合同价加上国外运费和保险费、国内运费和保险费及关税和安装费（人工、材料）。

②土木建筑工程项目

指新建、扩建厂矿必须有的工程项目。保险金额应为该工程项目建成的价格，包括设计费、材料设备费、施工费、运杂费、税款及其他有关费用。该项保险金额不能超过安装工程一切险金额的20%，超过20%时，应按建筑工程保险费率计收保险费。超过50%时，则需要单独投保建筑工程一切险。

③安装施工用机器设备

保险金额按重置价值计算。

④建设单位或承包单位在工地上的其他财产

保险金额可由保险人与被保险人商定，但最高不能超过其实际价值。

⑤清理费用

此项费用的保险金额由被保险人自定并单独投保，不包括在工程合同价内。保险金额对大工程一般不超过其工程总价值的5%；对于小工程一般不超过工程总价值的10%。

以上各项之和即可构成安装工程保险物质损失部分总的保险金额。被保险人可以依据工程合同规定的工程造价确定投保金额。第三者责任保险金额的确定与建筑工程一切险相同。

3. 职业责任险

职业责任险是指各种职业人士对自身所需承担的职业责任进行投保，一旦由于职业责任造成其当事人或其他人的损失，则赔偿将由保险公司来承担，赔偿的处理过程也由保险公司来负责。

国际上，职业责任保险通常由提供各种专业技术服务的单位（如医院、顾问公司、律师事务所、会计师事务所等）投保，如果是以个人为服务提供主体的专业技术人员，如私人诊所医生等，则投保单独的个人职业责任保险。不同专业技术人员的保险，承保内容各不相同。通常，职业责任保险只承保合同责任风险，一般不承保法定责任风险，但随法律责任的延伸，职业责任保险的保单也逐步将一些职业人士需要承担的法定责任风险纳入保障范畴。

（1）职业责任险的种类和特征

①职业责任险的种类

国际上，按照职业人士所面对的风险不同，通常将职业责任保险划分为三大类，包括医疗责任类、技术职业类、法律和商业责任类，其中医疗责任类的具体险种包括内科、外科、牙科及药剂师等责任保险，典型风险是人身伤害和间接损失；技术职业类的具体险种主要指建筑师、工程师、顾问工程师等责任保险，主要风险包括当事人的损失、工程项目的损失和间接的财产损失等；法律和商业责任类包括律师、会计师和公证人等责任保险，主要风险因素比较复杂，具有很大的潜在风险。

②职业责任险的特征

职业责任险是一种广义的财产保险，具有一般财产保险的特征，但是职业责任险也具有自身的特殊性。

（2）职业责任险的承保方式

职业责任险的承保方式通常有以下三种形式：

①以损失为基础的承保方式

又可称为期内发生式承保方式。即在保单有效期内，以损失发生为基础，不论建设单位或受损失的第三方提出索赔的时间是否在保单有效期内，只要在保单有效期内发生由职业责任而造成的损失，保险公司都需承担责任。这种以损失为基础的承保方式，使保险公司的责任期延长到了保险合同有效期之后。为了防止责任期太长而使保险人承担过大的风险，通常都会规定一个宽限期。由于职业责任风险的发生可能需要一个较长的时间和诱因，但这种诱因并不是在任何时候都会出现。因此，责任的宽限期太短，对保险公司的风险不大，职业责任风险得不到保障，会挫伤工程勘察、设计、监理等职业人员投保的积极性；如果宽限期太长，则保险公司的风险太大。从国际通行的做法看，采用了这种承保方式的责任保险保单，其宽限期限一般不超过 10 年。

②以索赔为基础的承保方式

又可称为期内索赔式承保方式。即只要索赔是在保单的有效期内提出，对过去的疏忽或过失造成的损失就由保险公司承担赔偿责任，而不管导致索赔的事件发生在何时。这种承保方式实际上使保险的有效期提前到保险合同的有效期之前，考虑到工程事故发生的滞后性，引起索赔的事件往往是在保单有效期之前，为了减少保险公司的承保风险，通常都对这种索赔设置一个追溯期。在第一次投保时，追溯期可设置为零，其后相应延长，但追溯期最长不宜超过 10 年。这种承保方式比较适用连续投保，任何时候都必须保证保单是有效的。首先，提供专业技术服务和实际提出索赔之间可能有相当大的时间滞后。其次，对建筑师、咨询工程师、监理工程师等提出的大多数职业责任索赔，不但是在提供专业技术服务之后，而且可能是在工程项目竣工移交建设单位之后。因此，如果提出索赔时，保险单无效，则对该索赔就失去了保险意义。

由此可见，这种以索赔为基础的承保方式能较好地适宜职业责任风险的特点，由于必须保持保单有效，专业技术人员需要连续投保，有利于保险公司稳定客户，也有利于降低保险费用。

③项目责任保险

对某些情况而言，上述两种方式的承保都不是最佳方式。从灵活方便的角度出发，可以针对具体工程项目来购买职业责任险，保险单内的资金仅限用于投保的项目，而不得用于其他工程项目引起的索赔或赔偿。这种保险方式不必像上述保单一样连续投保，其保险的有效期通常是从投保开始至建设单位接收该工程时止，其后设置一个宽限期，一般为 10 年，这个 10 年的期限，一般是指从建设单位接收该工程后的 10 年期限，而不是指从购买保险日开始的随后 10 年期限，10 年的责任期限结束后，对职业人士来说是绝对免责的。

4. 工程质量保证保险

工程质量保证保险是指投保人与保险人约定，工程竣工后一定期间内因内在缺陷造成主体结构、渗漏质量问题，由保险人承担保险责任的保险。

工程质量保证保险起源于法国，又名"内在缺陷保险"或者称"十年期责任保险"。内在缺陷保险有着悠久的历史。

二、建筑工程担保

（一）担保的方式

我国《担保法》规定的担保方式有保证、抵押、质押、留置以及定金，具体分析如下：

1. 保证

保证是指保证人和债权人约定，当债务人不履行债务时，保证人按照约定履行债务或者承担责任的行为。保证的方式为一般保证和连带责任保证。保证方式没有约定或约定不明确的，按连带责任保证承担保证责任。一般保证是指当事人在保证合同中约定，当债务人不履行合同时，由保证人承担保证责任的保证方式。连带责任保证是指当事人在保证合同中约定保证人与债务人对债务承担连带责任的保证方式。

2. 抵押

抵押是指债务人或者第三人不转移对财产的占有，将该财产作为债权的担保。当债务人不履行债务时，债权人有权依照法律规定以该财产折价或者以拍卖、变卖该财产的价款优先受偿。抵押该财产的债务人或第三人为抵押人，获得该担保的债权人为抵押权人，提供担保的财产为抵押物。

3. 质押

质押是指债务人或者第三人将其动产或权利移交债权人占有，将该动产或权利作为债权的担保。债务人不履行债务时，债权人有权依照法律规定以该动产或权利折价，或者以拍卖、变卖该动产或者权利的价款优先受偿。质押包括动产质押和权利质押，权利质押（汇票、支票、债券、存款单、股票、股份、专利权等）。

4. 留置

留置是指依照法律的规定，债权人按照合同约定占有债务人的动产，债务人不按照合同约定的期限履行债务的，债权人有权依照法律规定留置该财产，以该财产折价或者以拍卖、变卖该财产的价款优先受偿。

5. 定金

定金是指合同当事人可以约定一方向对方给付一定数额的款项作为债权的担保。给付定金的一方不履行合同约定的债务的，无权要回定金；收受定金的一方不履行合同约定的债务的，应当双倍返还定金。定金的数额由当事人约定，但不能超过主合同标的额的 20%。

（二）担保的类型

1. 投标担保

投标担保，或投标保证金，属于投标文件的重要组成部分。所谓投标保证金，是指投标人按照招标文件的要求向招标人出具的，以一定金额表示的投标责任担保。其实质是为了避免因投标人在投标有效期内随意撤回、撤销投标或者中标后不能提交履约保证金和签订合同等行为而给招标人造成损失。

2. 履约担保

所谓履约担保，是指招标人在招标文件中规定的要求中标人提交的保证履行合同义务的担保。

履约担保的形式有银行保函、履约担保书和保留金。在保修期内，工程保修担保可以采用保留金的形式。

3. 预付款担保

预付款担保是指承包人与发包人签订合同后，承包人保证正确、合理使用发包人支付的预付款而提供的担保。工程项目合同签订以后，发包人支付给承包人一定比例的预付款，一般为合同金额的 10%，但需要由承包人的开户银行向发包人出具预付款担保。

4. 支付担保

支付担保是指发包人向承包人提交的，保证按照合同约定支付工程款的担保。

（1）支付担保的形式

①银行保函。

②履约保证金。

③担保公司担保。

④抵押或者质押。

发包人支付担保应是金额担保。实行履约金分段滚动担保。支付担保的额度为工程合同总额的 20% ~ 25%。本段清算后进入下段。已完成担保额度，发包人未能按时支付，承包人可依据担保合同暂停施工，并且要求担保人承担支付责任和相应的经济损失。

（2）支付担保有关规定

《建设工程施工合同（示范文本）》关于发包人工程支付担保的内容："发包人承包人为了全面履行合同，应互相提供以下担保：发包人向承包人提供支付担保，按合同约定支付工程价款以及履行合同约定的其他义务；承包人向发包人提供履约担保，按合同约定履行自己的各项义务。"

一方违约后，另一方可要求提供担保的第三人承担相应责任。提供了担保的内容、方式和相关责任，发包人和承包人除在专用条款中约定外，被担保方与担保方还应签订担保合同，作为合同附件。

第七章　建筑设计原理

第一节　建筑的艺术性与设计

一、形式美法则

经过长期探索，人们摸索出一些基本的形式美创作的规律，作为建筑艺术创作所遵循的准则，沿用至今（虽然建筑美学的内涵在今天已经更为丰富），这些法则包括：

1. 变化与统一

变化与统一是指作品的内涵和变化虽极为丰富，但不显杂乱，特点和艺术效果突出。反映在设计上，有如下一些类型：①色彩的变化统一。②几何形的变化统一。③造型风格的变化统一。④建筑形体和细部尺度的变化统一。⑤材料的变化统一。

2. 对比与协调

对比是将对立的要素联系在一起，协调是要求它们产生对比效果而非矛盾与混乱。设计会追求协调的效果，将所有的设计要素结合在一起去创造协调，但是缺少对比的协调易流于平庸。对比与协调手法的要点是同时采用相互对立的要素，使其各自的特点通过对比相得益彰，但是在量上必须分清主次，一般是占主导地位的要素提供背景，来衬托和突出分量少的要素。

①色彩对比。②材料质地对比，如天然的材料与人造材料对比，光洁与粗糙、软与硬的对比等。③造型风格对比，如曲直对比、虚实对比、简繁对比、几何形与随意形的对比等。

3. 对称

设计对象在造型或者布局上有一对称轴，轴两边的造型是一致的。对称的形象给人稳定、完美、严肃的感觉，但易显得呆板。重要建筑、纪念性建筑或建筑群的设计常用对称的形式。

4. 均衡

均衡是不对称的平衡，均衡使设计对象显得稳定，又不失生动活泼。

均衡主要是指建筑物各部分前后左右的轻重关系，使其组合起来可给人以视觉均衡和安定、平稳的感觉；稳定是指建筑整体上下之间的轻重关系，给人以安全可靠、坚如磐石的效果。要达到建筑形体组合的均衡与稳定，应考虑并处理好各建筑造型要素给人的轻重感。一般来说，墙、柱等实体部分感觉上要重一些，门、窗、敞廊等空虚部分感觉要轻一些；材料粗糙的感觉要重一些，材料光洁的感觉要轻一些；色暗而深的感觉上要重一些，色明而浅的感觉要轻一些。另外，经过装饰或线条分割后的实体相比没有处理的实体，在轻重感上也有很大的区别。

5. 比例

比例是研究局部与整体之间在大小和数量上的协调关系。比是指两个相似事物的量的比较，而比例是指两个比的相等关系（如黄金比）。

比例还能决定建筑物、建筑块体的艺术性格。如一个高而窄的窗与一个扁而长的窗，虽然二者的面积相同，但由于长与宽的比例不同，使其艺术性格迥异：高而窄的窗神秘、崇高，扁而长的窗开阔、平和。

建筑比例的选择应注意使各部分体形各得其所、主次分明，局部要衬托与突出主体，各部分形体要协调配合，形成有机的整体。正确的做法是：主体、次体、陪衬体、附属体等应各有相适应的比例，该壮则壮，该柔则柔，该高则高，该低则低，该挺则挺，该缩则缩。这是在运用比例时如何取得协调统一应注意的原则。建筑比例的选择，还应与使用功能相结合，应当在使用功能和美的比例之间寻找到恰当的结合点。如门的比例与形状，要根据用途来设计。如果是一队武士骑马出征，又或是他们凯旋时，门道就必须宽敞而高大，足以让长矛和旗帜通过，因此，法国巴黎凯旋门就建造得高大壮观。而人们日常居所的门，则需选取适人出入并与居室相配的比例和尺度，不能建得过于宽大，而应追求适度与和谐之美。

6. 尺度

尺度这一法则要求建筑应在大小上给人真实的感觉。大尺度给人的感染力更强，但其大小要通过尺子才能衡量，人们常用较熟悉的门窗和台阶等作为尺子去衡量未知大小的建筑，如果改变这些尺子的大小，会同时改变人对建筑大小的正确认识。例如同样面积的外墙，左图看上去是一幢大的建筑，而右边却显现为一幢小建筑，虽然两墙的面积大小一样。这一法则同时要求建筑的空间和构件等，其大小尺度应符合使用者。例如在幼儿园里，无论什么尺度都应较成人的更小，才能适于儿童使用。

大的尺度使建筑显得宏伟壮观，多用于纪念性建筑和重要建筑；小的以及人们熟悉的尺度用于建筑，会让人感到亲切。风景区的建筑也当采用了小体量和小尺度，争取不煞风景，不去本末倒置地突出建筑。

尺度在整体上表现人与建筑的关系，建筑可分为三种基本尺度：自然的尺度、亲切的尺度、超人的尺度。

自然的尺度是一种能够契合人的一定生理与心理需要的尺度，如一般的住宅、厂房、商店等建筑的尺度。它注重满足人生理性、实用性的功能要求，有利于人的生活和生产活动。具有这种尺度的建筑形式，给人的审美感受是自然平和。例如，中国传统建筑的基本形式院落住宅就体现出了"便于生"的自然尺度。从庭院住宅的设计理念上看，首先考虑的是适合人居的实用功能。所以，庭院住宅在尺度与结构上都保持着与人适度的比例，就连门、窗等细小部件，也总是与人体保持着适形、适宜的尺寸。置身于这种宁静温馨的庭院住宅中，会给人以舒适、平和之感。

亲切的尺度是一种在满足人的某种实用功能的同时，更多地具有审美意义的尺度。通常这类建筑内部空间比较紧凑，向人展示出比它实际尺寸更小的尺度感，给人以亲切、宜人的感觉。这是剧院、餐厅、图书馆等娱乐、服务性建筑喜欢使用的尺度。如一个剧院的乐池，在不损害实用性功能的前提下，可设计得比实际需要的尺寸略小些。这样，可增加观众与演出人员之间的亲切感，使舞台、乐池与观众席之间的情感联系更为紧密。

总之，自然的尺度意味建筑形式平易近人，偏于实用性和理智性；亲切的尺度更注重建筑的形式美，其特点是温馨可亲；超人的尺度突出了建筑的壮美或狞厉，能使人产生崇高感或敬畏感。所以，不同的建筑尺度，能给人以不同的精神影响。

建筑物的美离不开适宜尺度，而"人是万物的尺度"，以人的尺度来设计和营造始终是建筑的母题。建筑艺术中的尺度又是倾注了人的情感色彩的主观尺度，它已不是单纯的几何学或物理学中那种用数字直接显示的客观尺度。也就是说，"人必须与建筑物发生联系，并且把自己的情感投射到建筑物上去，建筑美的尺度才能形成"。所以，建筑美的尺度包含着两个方面属性，既有客观的物理的量，又有主观的审美感受。

7. 节奏

节奏是机械地重复某些元素，产生动感和次序感，常用来组织建筑体量或构件（如阳台、柱子等）。

8. 韵律

韵律是一种既变化又重复的现象，饱含动感和韵味。

二、常用的一些建筑艺术创作手法

1. 仿生或模仿

仿生是模拟动植物或者其他生命形态来塑造建筑，模仿是通过仿制的方法来塑造建筑。

2. 造型的加法和减法

可通过"加法"与"减法"来创造建筑形态。"加法"是设计时对建筑体量和空间采取逐步叠加和扩展的方法；而减法是对已大体确定的体量或空间，在设计时逐步进行删减和收缩的方法。两种方法同时使用，可使建筑形式产生无穷变化。

3. 母题重复

母题重复的特点是将某种元素或特征反复运用，不断变化，不停地强调，直至产生强烈的特征。这些元素可大可小，还可以是片段等，变化丰富而又效果统一。

4. 基于网格或模数的统一变化

基于网格或者模数的统一变化，是借助单一的元素，通过多样组合产生丰富变化，同时又保持其特性。这个方法与母题重复不一样，其特点是重复时元素的大小不变。

5. 错位

在建筑造型、建筑表面或在人对建筑认知习惯上的错位，会给人新奇的印象。

6. 缺损与随意

这种手法打开了人们的想象空间，激发人们欲将其回归完美的冲动，使作品有了更丰富的内涵。

7. 扭曲与变形

这种手法带有夸张的成分，是设计师对于建筑造型另辟蹊径的尝试，它拓展了人们对建筑艺术新的认知。

8. 表面肌理设计

建筑的表面肌理类似建筑的外衣，是建筑形象的重要组成要素，肌理塑造的优劣与否、新颖与否，直接影响建筑的艺术效果。

9. 对光影的塑造

光照以及阴影，能使建筑内部空间和外立面产生特殊的氛围和效果，这些效果是设计师刻意去塑造、去追求的。

10. 渐变

渐变是指建筑的某些基本形或元素逐渐地变化，甚至从一个极端微妙地过渡到另一个极端。渐变的形式给人很强的节奏感和审美情趣。

三、建筑的风格流派

建筑的艺术性也体现在各种设计风格与流派方面，比如现代主义和后现代派就有以下一些有代表性的风格流派。

1. 功能派

其特点是凭借纯几何体，以及混凝土、钢筋与玻璃（特别是模板痕迹显露的素混凝土外观），使建筑物形象及材料样貌清晰可见。功能派认为，"建筑是住人的机器"和"装饰就是罪恶"，推崇"少就是多"。

2. 粗野主义

粗野主义是以比较粗犷的建筑风格为代表的设计倾向。其特点是着重表现建筑造型的粗犷、建筑形体交接的粗鲁、混凝土的沉重和毛糙的质感等，并将它们作为建筑美的标准之一。

3. 高技术派

高技术派的作品着力突出当代工业技术成就，崇尚"机械美"，在室内外刻意暴露梁板、网架等结构构件以及风管、线缆等各种设备和管道来强调工艺技术与时代感，例如法国巴黎蓬皮杜国家艺术与文化中心。

4. 典雅主义

典雅主义的特点是吸取古典建筑传统构图手法，比例工整严谨，造型简练精致，通过运用传统美学法则来使现代的材料与结构产生规整、端庄、典雅的美感。

5. 白色派

作品以白色为主，具有一种超凡脱俗的气派和明显的非天然效果，对纯净的建筑空间、体量和阳光下的立体主义构图和光影变化十分偏爱，白色派代表人物有理查德·迈耶等。

6. 后现代

建筑的"后现代"是对现代派中理性主义的批判，主张建筑应该具有历史的延续性，但又不拘于传统，而不断追求新的创作手法，并讲求"人情味"。后现代常采用混合、错位、叠加或裂变的手法，加之象征和隐喻的手段，去创造一种融感性与理性、传统和现代、行家与大众于一体的、"亦此亦彼"的建筑形象。

四、建筑艺术语言的应用

建筑艺术是运用一定的物质材料和技术手段，根据物质材料的性能和规律，并按照一定的美学原则去造型，创造出既适宜于居住和活动，又具有一定观赏性的空间环境的艺术。也可以说，建筑是人类建造的，供人进行生产活动、精神活动、生活休息等的空间场所或实体。

建筑艺术是实用与审美、技术与艺术的统一，即是一种协调了实用目的和审美目的的人造空间，是一种活的、富有生机的意义空间。

（一）体形与体量

建筑是由基本块体构成体形的，而各种不同块体具有不同性格。比如圆柱体由于高度不同便具有了不同的性格特征：高瘦圆柱体向上、纤细高圆柱体挺拔、雄壮；矮圆柱体稳定、结实。卧式立方体的性格特征主要是由长度决定的：正方体刚劲、端庄；长方体稳定、平和。又如：立三角有安定感，倒三角有倾危感，三角形顶端转向侧面则有前进感，高而窄的形体有险峻感，宽而平的形体则有平稳感。高明的建筑师可以通过巧妙地运用具有不同性格的体块，创造出建筑物美而适宜的体形。

体形组合的统一与协调是建筑体形构成的要点。一幢建筑的外部体形往往由几种或多种体形组合而成，这些被组合在一起的不同体形，必须经过形状、大小、高矮、曲直等的选择与加工，使其彼此相互协调，而某些小体形又自具特色；然后按照建筑功能的要求和形式美的规律将其组合起来，使它们主次分明、统一协调、衔接自然、风格显著。比如意大利文艺复兴时期的经典建筑圣马可教堂与钟塔便显示了这种特性。拜占庭建筑风格的圣马可教堂，其平面为希腊十字形，有五个穹隆，中央和前面的穹隆较大，直径为 12.8 m，其余三个较小，均通过帆拱由柱墩支撑；内部空间以中央穹隆为中心，穹隆之间用筒形拱连接，大厅各部分空间相互穿插，连成一体。在它前面的是著名的圣马可广场。广场曲尺形相接处的钟塔，以其高耸的形象起着统一整个广场建筑群的作用，既是广场的标志，也是威尼斯市的标志，教堂与钟塔形成对比统一，相得益彰。

体量是指建筑物在空间上的体积，包括建筑的长度、宽度、高度。建筑体量一般从建筑竖向尺度、建筑横向尺度和建筑形体三方面提出控制引导要求，一般规定上限。体量的巨大是建筑不同其他艺术的重要特点之一。同时，体量大小也是建筑形成其艺术表现力的根源。

建筑体量的控制应考虑地块周边环境。以北京天安门广场上的建筑为例，天安门城楼、人民大会堂、国家博物馆、人民英雄纪念碑等建筑的体量都很巨大，但在开阔的天安门广场上却没有大而不当的感觉，建筑体量与所处空间的大小有了很好的呼应。和天安门广场相连的东西长安街上的建筑体量也较巨大，这一方面是因为大体量建筑可以很好地体现北京作为国家政治中心的庄严形象，另一方面也是由于建筑要与整个北京恢宏大气的城市格局相协调。

（二）空间与环境

建筑与空间性有着密切的关系。空间的形状、大小、方向、开敞或封闭、明亮或黑暗等，都有不同的情绪感染作用。开阔的广场表现宏大的气势令人振奋，而高墙环绕的小广场给人以威慑；明亮宽阔的大厅令人感到开朗舒畅，而低矮昏暗的庙宇殿堂，就使人感觉压抑、神秘；小而紧凑的空间给人以温馨感，大而开敞的空间给人以平和感，深邃的长廊给人以期待感。高明的建筑师可以巧妙地运用空间变化的规律，如空间的主次开阖、宽窄、隔连、渗透、呼应及对比等，使形式因素具有精神内涵和艺术感染力。

建筑艺术是创造各种不同空间的艺术，它既能创造建筑物外部形态的各式空间，又能创造出建筑物丰富多样的内部空间。建筑像一座巨大的空心雕刻品，人可以进入其中并在行进中感受它的效果，而雕塑虽然可以创造各种不同的立体形象，却不能创造出能够使用的内部空间。

建筑空间有多种类型，有的按照建筑空间的构成、功能、形态，区分为结构空间、实用空间、视觉空间；有的按照建筑空间的功能特性，区分为专用空间（私属空间）及共享空间（社会空间）；有的按照建筑空间的形态特性，区分为固定空间、虚拟空间及动态空间；而更普遍的区分方法则是按照建筑空间的结构特性，将其分为内部空间或室内空间、外部空间或室外空间。内部空间是由三面——墙面、地面、顶面（天花、顶棚等）限定的具有各种使用功能的房间。外部空间是没有顶部遮盖的场地，它既包括活动的空间（如道路、广场、停车场等），也包括绿化美化空间（如花园、草坪、树木丛带、假山、喷水池等）。

建筑空间的艺术处理，是建筑美学的重要部分。《老子》一书指出："凿户牖以为室，当其无，有室之用。"即开出门窗，有了可以进入的空间，才有房屋的作用，即室之用是由于室中之空间。建筑的空间处理，首先应能充分表达设计主题、渲染主题，空间特性必须与建筑主题相一致。例如，纪念建筑一般选择封闭的、具有超人尺度的纵深高耸空间，而不选择开敞的、具有宜人尺度的横长空间，因为这种特性的空间适合休闲建筑或文化娱乐场馆，能给人自由、活泼、舒适的感觉。

处理好主要空间与从属空间的关系，才能形成有机统一的空间序列。例如，广州的中山纪念堂，其内部空间构成就显示了突出的主从空间关系。八边形多功能大厅是主要空间，会议、演出、讲演均在这里进行。周围的从属空间，如休息廊、阳台、门厅、电器房、卫生间等，在使用性质上都是为多功能大厅服务的。多功能大厅空间最大、最高，处于中心位置，它的外部体量也最大、最高，也同样处于中心位置，统领其他从属建筑，而从属建筑又把主体建筑烘托得突出而完美。另外，建筑空间是以相互邻接的形式存在的，相邻空间的边界线可采用硬拼接，以形成鲜明轮廓；也可以采用交错、重叠、嵌套、断续、咬合等方法组织空间，形成了不确定边界和不定性空间。

此外，空间以人为中心，人在空间中处于运动状态，是从连续的各个视点观看建筑物的，观看角度的这种在时间上延续的移位就给传统的三度空间增添了新的一度空间。就这样，时间就被命名为"第四度空间"。人在运动中感受和体验空间的存在，并赋予空间以完全的实在性。所以，空间序列设计应充分考虑到人的因素，处理好人和空间的动态关系。

建筑一经建成就长期固定在其所处的环境中，它既受环境的制约，又对环境产生很大的影响。因此，建筑师的创作不像一般艺术家那样自由，他不是在一个完全空白的画布上创作，而是必须根据已有的环境、背景进行整体设计和构图。所以，建筑的成功与否，不仅在于它自身的形式，还在于它与环境的关系。正确地对待环境，因地制宜，趋利避害，往往不仅给建筑艺术带来非凡的效果，而且给环境增添活力。倘若建筑与环境相得益彰，就会拓展建筑的意境，增强它的审美特性。我国园林建筑作为建筑与环境融为一体的典范，就特别善于运用"框景""对景""借景"等艺术语言。如北京的颐和园，就巧妙地把它背后的玉泉山以及远处隐约可见的西山"借过来"，作为自己园林景观的一部分，融入了其空间造型的整体结构之中，使得其艺术境界更加广阔和深远。

建筑与环境的关系非常密切，一般来说，建筑是环境艺术的主角，它不仅要完善自己，还要从系统工程的概念出发，充分调动自然环境（自然物的形、体、光、色、声、嗅）、人文环境（历史、乡土、民俗）和环境雕塑、环境绘画、建筑小品、工艺美术、书法以至文学的作用，统率并协调它们，构成整体。有了这样的综合考虑，处理好建筑与环境的关系，不仅可以突出建筑的造型美，而且还具有协调人与自然、人与社会和谐关系的精神功能。因此，建筑应充分与环境和景观结合，为了人们提供轻松舒适、赏心悦目的氛围。

（三）色彩与质地

色彩是建筑艺术语言的一个不容忽视的要素，建筑外部装修色彩的历史悠久。我国是最早使用木框架建造房屋的国家，为保护木构件不受风雨的侵蚀，早在春秋时代就产生了在建筑物上进行油漆彩绘的形式。工匠们用浓艳的油漆在建筑物的梁、枋、天花、柱头、斗拱等部位描绘各种花鸟人物、吉祥图案，用来美化建筑和保护木制构件。这种绘饰的方法，奠定了我国建筑色彩的基础。

建筑色彩的选择应考虑到多方面的因素：

第一，要符合本地区建筑规划的色调要求（我国很多城市都有城市色彩专项规划）。统一规划的建筑色调，会使建筑的色彩协调而不零乱，能呈现出和谐的整体美。

第二，建筑物的外部色彩要与周围的环境相协调。首先，要与自然环境相协调。在这方面，澳大利亚悉尼歌剧院就是成功的范例。歌剧院位于悉尼港三面临海、环境优美的便利朗角上。为使它与海港整体气氛相一致，建筑师在设计这座剧院的屋顶时选择了四组巨大的薄壳结构，并全部饰以乳白色贴面砖。远远望去，宛如被鼓起的一组白帆，又像一组巨大的海贝，在阳光下闪烁夺目、熠熠生辉，与港湾的环境十分和谐。其次，要与人工环境相协调。建筑色彩的选择应考虑与周围其他人工建筑的色彩协调。如曲阜的阙里宾舍，紧靠知名度极高的孔庙，为了取得风格与色彩上的协调一致，建筑物的外形采用传统风格，并以我国传统民居的灰色、白色为基调，选用青砖灰瓦。

第三，要根据建筑物的功能性质，选择与其相适应的色彩。建筑的内部装修色彩与人的关系更为密切，能对人的心理产生影响，甚至能影响人的生活质量和工作效率。例如，工厂中的色彩调节就十分重要，我国有一家纺织厂就利用色彩调节的原理改造厂区，获得了很大的成功。他们选用天蓝色作为生产车间墙壁、机器设备的主调，在棉花与纺线的相映之下，宛如蓝天白云，使人产生置身大自然的美好感受。同时，车间地板被涂成铁锈红色，进一步增添了温暖亲切的气氛，较大地提高了生产效率。可见，室内装修色彩的合理使用，不但能美化室内环境，还能使人心情舒畅，并有利于人的潜在能力的发挥。

所以，建筑色彩要符合建筑的功能特性。如医院的门诊部应使用给人以清洁感的色彩，手术室内最好采用血液的补色蓝绿色为基本色调。俱乐部、小学、幼儿园等不宜选用冷色调，应该采用明快的暖色调。饭店的不同用色可以创造出不同的风格，一般来说，大型宴会厅可选用彩度较高的颜色，如适当地运用暖色调可收到富丽堂皇的效果；而供好友聚会小酌的小餐室，以选用较为柔和的中性色为宜，有利于营造温馨优雅的浪漫氛围。商店的室内色彩与商品有着极为密切的关系，在考虑色彩的配置时，要注意突出商品的性能及特点。有些商品貌不引人，就应在背景色彩及放置的方法、位置上多下功夫。有些商品本身包装十分华美醒目，背景色就要尽量单纯一些，以免喧宾夺主。此外，装修店铺的门面时，店铺若是老字号，室内及门面的色调就应以传统色彩为主，追求古朴典雅的风格。可选用深棕、枣红等作为商店的主色调，也可选用原木制品。而经营现代工业产品的商店，可以选用明快浅淡的色彩为主，比如银灰、米黄、乳白色等，以突出现代风格。

与建筑色彩关系密切的还有材料所造成的建筑形式的质地。建筑材料不同，建筑形式给人的质感就不同。石材建筑的质感偏于生硬，给人以冷峻的审美感受；木材建筑的质感偏于熟软，给人以温和的审美感受；金属材料的建筑闪光发亮，颇富现代情趣；玻璃材料的建筑通体透明，给人以晶莹剔透之美。所以，不同的材料质地给人以软硬、虚实、滑涩、韧脆、透明与浑浊等不同感觉，并影响着建筑形式美的审美品格。生硬者重理性，熟软者近人情；重理性者显其崇高，近人情者显其优美。

根据建筑物的功能使用适宜的建筑材料，以造成特有的质感和审美效果，这类成功之作很多。如北京奥运国家游泳中心水立方，其膜结构已成为世界之最。水立方是根据细胞排列形式和肥皂泡天然结构设计而成的，这种形态在建筑结构中从来没有出现过，创意非常奇特。整个建筑内外层包裹的 ETFE 膜（乙烯 - 四氟乙烯共聚物）是一种轻质新型材料，具有良好的热学性能和透光性，可调节室内环境，冬季保温，夏季阻隔辐射热。这类特殊材料形成的建筑外表看上去像是排列有序的水泡，让人们联想到建筑的使用性质——水上运动。水立方位于奥林匹克体育公园，与主体育场鸟巢相对而立，二者和谐共生、相得益彰。

除了材料的运用外，建筑质感的形成，还可以通过一定的技术与艺术的处理，从而改变原有材料的外貌来获得。例如，公园里的水泥柱子过于生硬，若将它的外形及色彩做成像是竹柱或木柱，便能获得较好的审美效果。还可以通过使用壁纸漆、质感艺术涂料等墙面装饰新材料，在墙面上做出风格各异的图案以及具有凹凸感的质地，掩盖原建筑材料的外貌，使墙壁更加美观，或者使其达到特定的质感审美效果。

五、建筑艺术的唯一性

建筑作品同其他任何一种艺术品一样，都具备唯一性，不可复制和抄袭。能大量复制的，仅仅是工艺品或日用品，而非艺术品。这就解释了为什么建筑设计反对抄袭，因为抄袭既是窃取别人的成果，也会损害原作者的权益，贬损他的作品由艺术品成为工艺品。我国现行的《中华人民共和国著作权法实施条例》规定，"建筑作品，是指以建筑物或者构筑物形式表现的有审美意义的作品"，是受到保护的。

六、建筑艺术的时尚性

时尚，就是人们对社会某项事物一时的崇尚，这里的"尚"是指一种高度。时尚是一种永远不会过时而又充满活力的一类艺术展示，是一种可望而不可即的灵感，它能令人充满激情，充满幻想；时尚是一种健康的代表，无论是人的衣着风格、建筑的特色还是前卫的言语、新奇的造型等，都可以说是时尚的象征。

首先，时尚必须是健康的，其次，时尚是大众普遍认可的。如果仅仅是某个比较另类的人，想代表时尚是代表不了的，即使他特有影响力，大家都跟风，也不能算时尚。因为时尚是一种美，一种象征，能给当代和下一代留下深刻印象和指导意义的象征。

每个时代都有引领潮流的建筑师，都有新颖的建筑艺术风格，这些风格为众多设计师追随，为大众所接受和推崇而风靡一时，使建筑留下了时间的刻痕，追求时髦也使得建筑的审美趋势易形成明显的潮流，而不合时宜的又少有艺术性的作品，会显得另类而难以被接受。这些现象反映建筑有着时尚性，但这种时尚的时效性更为长久。

审美疲劳是人的共性，表现为对审美对象的兴奋减弱，不再产生较强的形式美感，甚至对对象表示厌弃，即所谓"喜新厌旧"。但它也推动了时尚的此起彼伏，层出不穷。

在建筑界，时尚往往体现为一种建筑新的风格为设计师及用户所推崇，从而风靡一时，时尚性也要求建筑设计不走老路而应向前看，使作品具备了"时代的烙印"。

第二节　建筑的技术性与设计

一、建筑结构技术简介

建筑结构简称结构，是在建筑中受力并传力的，由若干构件连接而构成的平面或空间体系，类似动物的骨骼系统。结构必须具足够的强度、刚度和稳定性。

（一）结构类型

按材料不同，一般分为木结构、砖石结构、混凝土结构、钢筋混凝土结构、钢结构、预应力钢结构、砖混结构等。

1. 木结构

木结构是指在建筑中以木材为主制成的结构，通常用榫卯、齿、螺栓、钉、销、胶等连接。

2. 砖石结构

砖石结构是指用胶结材料（如砂浆等），将砖、石、砌块等砌筑成一体的结构，可用于基础、墙体、柱子、烟囱、水池等。砖石结构是一种古老的传统结构，从古至今一直被广泛应用，如埃及的金字塔、罗马的斗兽场，我国的万里长城、河北赵县的安济桥、西安的小雁塔、南京的无梁殿等，现在一般用民用和工业建筑的墙、柱和基础等。

3. 素混凝土结构

素混凝土结构是由无筋或不配置受力钢筋的混凝土制成的结构。此结构类型广泛适用于地上、地下、水中的工业与民用建筑，水利、水电等各种工程。

4. 钢筋混凝土结构

钢筋混凝土结构是指采用钢筋增强的混凝土结构。钢筋混凝土结构在土木工程中的应用范围极广，各种工程结构都可由钢筋混凝土建造。

5. 钢结构

钢结构是指以钢材制成的结构。如果型材是由钢带或钢板经冷加工而成，再以此制作的结构，则称为冷弯钢结构。钢结构由钢板和型钢等制成的钢梁、钢柱、钢桁架组成，各构件之间采用焊缝、螺栓或者铆钉连接，常见于跨度大、高度大、荷载大、动力作用大的各种工程结构中。

6. 预应力钢结构

预应力钢结构是指在结构负荷以前，先施以预加应力，使内部产生对承受外荷有利的应力状态的钢结构。预应力钢结构广泛应用的领域是大型建筑结构，如体育场馆、会展中心、剧院、商场、飞机库、候机楼等等。

7. 砖混结构

砖混结构建筑物的墙、柱等采用砖或者砌块砌筑，梁、楼板、屋面板等采用钢筋混凝土构件。砖混结构在我国应用较普遍，和砖石结构不同的是，砖石结构的水平构件是用拱来替代的。

（二）大跨度结构

大跨度结构通常是指跨度在 30 m 以上的结构，主要用于民用建筑中的影剧院、体育场馆、展览馆、大会堂、航空港以及其他大型公共建筑，在工业建筑中则主要用于飞机装配车间、飞机库和其他大跨度厂房。

在古罗马已经有大跨度结构，如公元 120 ~ 124 年建成的罗马万神庙，穹顶直径达 43.3 m，用混凝土浇筑而成。

我国于 20 世纪 70 年代建成的上海体育馆，其圆形平面直径为 110 m，为钢平板网架结构。目前，以钢索及膜材做成的结构最大跨度已达到 320 m。

大跨度建筑迅速发展的原因，一方面是社会发展需要建造更高大的建筑空间，来满足群众集会、举行大型的文艺体育表演、举办盛大的各种博览会等需求；另一方面则是新材料、新结构、新技术的出现，促进了大跨度建筑的进步。

大跨度建筑的主要结构类型包括：

1. 拱券结构及穹隆结构

自公元前开始，人类已经对大型建筑物提出需求，但当时的技术还不能建造大型屋顶，因此，这些大型建筑都是露天的（如古罗马斗兽场），仅局部采用拱券结构图。

穹隆结构也是一种古老的大跨度结构，早在公元前 14 世纪就有采用。到了罗马时代，半球形的穹隆结构已被广泛地运用，比如万神庙。神殿的直径为 43.3 m，屋顶就是一个混凝土的穹隆结构。

2. 桁架结构与网架结构

桁架也是一种大跨度结构，虽然它可以跨越较大的空间，但是由于其自身较高，而且上弦一般又呈曲线的形式，所以只适合作屋顶结构。

3. 网架结构

网架结构是一种新型大跨度空间结构，具有刚度大、变形小、应力分布均匀、能大幅度地减轻结构自重和节省材料等优点。它可用木材、钢筋混凝土或钢材来制作，具有多种形式，使用灵活方便，可适用于多种平面形式的建筑。网架结构按外形分为平板网架与壳形网架。平板网架一般是双层，有上下弦之分。壳形网架有单层、双层、单曲和双曲等。与一般钢结构相比，网架可节约大量钢材和降低施工费用。另外，由于空间平板网架具有很大的刚度，所以结构高度不大，这对大跨度空间造型的创作，具有无比的优越性。

4. 壳体结构

壳体结构厚度极小，却可以覆盖很大的空间。壳体结构有折板、单曲面壳和双曲面壳等多种类型。壳体结构体系非常适用于大跨度的各类建筑，如悉尼歌剧院，其外观为三组巨大的壳片，耸立在一南北长 186 m、东西最宽处为 97 m 的现浇钢筋混凝土结构的基座上。

5. 悬索结构

悬索结构跨度大、自重轻、用料省、平面形式多样、运用范围广。它的主剖面呈下凹的曲面形式，处理得当既能顺应功能要求又可以节省空间和降低能耗；它的形式多样，可为建筑形体和立面处理提供新形式；由于没有烦琐支撑体系，因此是较为理想的大跨度屋盖结构的选型。悬索结构体系能承受巨大的拉力，但要求设置能承受较大压力的构件与之相平衡。

6. 膜结构

膜结构是以性能优良的织物为材料，或是向膜内充气，由空气压力支撑膜面，或是利用柔性钢索或刚性骨架将膜面绷紧，从而能够覆盖大面积的结构体系。膜结构自重轻，仅为一般屋盖自重的 1/30 ～ 1/10。

（三）异形造型

当今世界，出现了越来越多的具有异形化造型倾向的建筑。地标性建筑如体育场馆、博物馆、展览馆、音乐厅、电视台、歌剧院等，往往采用复杂的曲面造型来传达设计师的理念，形成具冲击力的视觉效果，并且营造独特的文化氛围。从国家大剧院的"巨蛋"、奥运会的"鸟巢"、央视大楼的"大裤衩"，再到东方之门的"秋裤"，人们对异形建筑的争议从来没有停止过。需要指出的是，评价一个建筑物不能仅看其造型和外立面，应该多加思考，同时看它是否能够经得起时间的考验。

异型建筑有很多突破常规的地方，这使得它在设计、施工中均存在诸多需要解决的课题。与常规造型的结构相比，它在形体建模、表面划分、结构模型提取及分析、光学声学分析、冷热负荷计算、可持续优化等诸多方面，均需要通过特定的手段才能加以解决，异型建筑的绘图也需采用专门软件才能完成。施工方面，异型建筑必须结合三维数字模型，并借助一定的程序代码才能提取出信息，指导构件的加工制作安装。

二、民用建筑结构选型

建筑设计着重于建筑的适用及美观，而结构设计更重要的是房屋的安全。要做到房屋既实用美观，又安全可靠，要求建筑设计和结构设计必须相互配合，如地震区建筑设计应符合抗震概念设计的要求，不应采用严重不规则的设计方案。不然，则首先要调整建筑平面尺寸和立面尺寸，然后再设置防震缝，把体型复杂不规则的建筑划分为多个较规则的结构单元。结构方案设计时也要根据工程的具体情况进行方案比较，除了安全适用外，还要进行技术经济分析，要做到经济合理、技术先进，这是结构设计的基本原则，也是结构选型的原则。

（一）结构选型的原则

1. 结构安全

①房屋结构单元平面及竖向布置应符合规范要求，不能出现严重不规则的结构单元。对体型复杂、严重不规则的建筑，应通过调整建筑方案或设防震缝来满足规范要求。设防震缝应考虑结合伸缩缝、沉降缝及施工缝的设置。②各种结构的最大适用高度及高宽比，在规范中均有规定，结构选型应在最大适用高度范围内选择。适用高度的高低能够反映出各种结构的承载能力及抗风、抗震能力，是结构安全重要的可比条件。③结构防火属结构安全重要的条件之一。木材本身就是燃烧体，因此很多房屋不能采用木结构或木构件。钢构件本身的耐火极限很低，必须采取有效的防火措施，才能达到一定的耐火等级。相比之下，混凝土结构和砌体结构耐火性能就要好得多。④房屋设计使用年限要求结构有足够的耐久性，这也是结构安全的一个条件。各种结构都有影响耐久性的因素，如木结构的腐烂和虫蛀、钢结构的锈

蚀、砌体材料的风化、混凝土的碱集料反应等。碱集料反应是指混凝土集料中某些活性矿物（活性氧化硅、活性氧化铝等）与混凝土微孔中的碱溶液发生的化学反应，其反应生成物体积增大，会导致混凝土结构发生破坏。

2. 适用

适用性是指需要满足使用功能的要求。各种房屋都有不同的使用功能，基本都反映在建筑方案中，如房屋用途、平立面布置、层数及高度、有无地下室及其他用途等。各种用途的房屋都有不同的使用特点，如住宅分单元使用，要求空间不大；办公楼要有明亮及空间较大的办公室；教学楼以教室为主，人流密集，需要明亮的大空间；影剧院分前厅、观众厅、舞台、休息室等不同使用功能区，观众厅以及舞台要求大空间；体育馆要求空间最大，若有看台则人流更密集，疏散要求更高。各种结构对使用功能适用程度不一样，现从以下几个方面进行比较。

（1）建筑平面布置的灵活性（按从好到差排列）

钢结构、混凝土框架、框架–剪力墙、板柱–剪力墙、筒体、剪力墙、砌体结构、木结构。

（2）结构高度的适用性（按从高到低排列）

钢结构、钢–混凝土混合结构、混凝土筒中筒、框架–核心筒、剪力墙、框架–剪力墙、部分框支剪力墙、框架、板柱–剪力墙、砌体结构、木结构。

（3）与地下结构的协调性（按从好到差排列）

混凝土结构、砌体结构、钢结构、木结构。

（4）空间大小的适应性（按从大到小排列）

钢结构、混凝土排架、框架、框架–剪力墙、筒体、板柱–剪力墙、剪力墙、砌体结构和木结构。

3. 经济合理

（1）结构材料价格（按从低到高排列）

木结构、砌体结构、混凝土结构、钢结构。

（2）结构自重（按从轻到重排列）

木结构、钢结构、混凝土框架、框架–剪力墙、板柱–剪力墙、筒体、剪力墙、砌体结构。

（3）结构施工工期（按从短到长排列）

钢结构、木结构、混凝土结构、砌体结构。

（4）结构维护费用（按从低到高排列）

混凝土结构、砌体结构、钢结构与木结构。

4. 技术先进

技术先进主要是指结构体系应推广应用成熟的新结构、新技术、新材料、新工艺，有利于加快建设速度，有利于工业化、现代化及确保工程质量。按上述条件，各结构体系技术先进性排列如下：

（1）钢结构

钢结构构件可以在工厂大批加工，现场组装，工业化程度高，建设速度快，工程质量易保证。钢结构可与各种新型装配式板材配套使用，且钢材可重复利用，有利于环保和节能。钢结构强度高、自重轻，是超高层建筑常用的结构形式，钢结构中的各类筒体结构是高层建筑适用高度最高的结构，钢网架或钢网壳常用空间结构中。随着钢结构的广泛应用，其技术将不断发展。

（2）混凝土结构

混凝土结构体系中的结构形式很多，技术发展很快，不断派生出新的结构形式，如钢－混凝土混合结构、异形柱框架结构、短肢剪力墙结构等。为提高混凝土结构的建筑高度，可采用高强度混凝土、钢管混凝土及型钢混凝土等新结构、新技术、新材料。预应力技术已广泛应用在混凝土梁、板、柱中，混凝土预制构件可实现工厂化生产，且各种施工新工艺不断涌现，加快了房屋建设速度，所以，混凝土结构是高层建筑用得最多的结构形式。

（3）砌体结构

随着黏土砖的逐步淘汰，各种节能、环保、高强的砌体材料不断发展，构造措施日益完善，因此，砌体结构仍然具有发展前途，是单层及多层建筑的主要结构形式，而且配筋砌体剪力墙结构扩展了砌体结构应用范围。但是砌体结构劳动生产率低，不利于加快建设速度。

（4）木结构

我国森林资源不太丰富，基于环保要求不能大量砍伐木材，因此工程中限制使用木结构，从而使木结构技术的应用和发展受到制约，现代木结构技术含量低。且木结构最多只能建到三层楼，还有防火、防腐、防蛀等问题，因此木结构设计方案选择面很窄。

（二）结构选型

当拿到某一建筑方案时，首先应了解房屋的使用功能，如房屋的用途、房屋的高度及整体布局等；接着应该了解建设地区的地震基本烈度、基本风压、工程地质、场地土类别，以及当地结构材料供应情况、施工技术条件等；然后根据上述设计原则进行综合分析对比，选择了合理的结构形式。一般先在房屋适用高度范围内选出若干可能的结构，进行使用条件的分析对比，然后再进行经济条件和技术条件的分析对比。

（三）建筑施工技术

1. 3D 打印技术

3D 打印技术已被广泛用于制造业等领域，也开始向建筑业延伸，这项技术将来甚至可以彻底颠覆传统的建筑行业。据估计，3D 打印的建筑不但质量可靠，还可节约建筑材料 30% ~ 60%、缩短工期 50% ~ 70%、减少人工 50% ~ 80%。

2. BIM 技术

BIM（建筑信息模型）不但将数字信息进行集成，还是一种将数字信息用于设计、建造、管理的数字化方法。这种方法支持建筑工程的集成管理环境，可以使建筑工程在其整个进程中显著提高效率、减少大量风险。BIM 技术是一种应用于工程设计建造管理的数据化工具，通过参数模型整合各种项目的相关信息，在项目策划、运行和维护的全生命周期过程中进行共享和传递，使工程技术人员对各种建筑信息作出正确理解和高效应对，为了设计团队以及包括建筑运营单位在内的各方建设主体提供协同工作的基础，在提高生产效率、节约成本和缩短工期方面发挥重要作用。

3. 卫星定位技术

利用北斗或 GPS 卫星定位，除可对建筑及场地的施工精确定位以外，还可以对工程量进行更精确计算。总平面图里，建筑及场地的关键点的定位，都是利用了大地坐标，借助卫星提供的信息进行的，大大提高了施工放线的精度。

三、新建筑与技术

（一）新型或特别的材料

新材料或一些特别的建筑材料，也会催生新的建筑形式，促进建筑属性的优化和进化。

1. 金属外围护

钛金属板经过特殊氧化处理，其表面金属光泽极具质感，且具备耐候性。钛金板用于建筑外围护构件，使建筑外观为之一新。

2. GRC

GRC 即玻璃纤维增强混凝土，是一种通过模具造型，使建筑构件较轻而造型、纹理、质感与色彩变化多端，能充分表达设计师想象力的材料。

3. GRG

GRG 是预制玻璃纤维加强石膏板，它有足够的强度，可制成各种平板或者各种艺术造型，常用于室内空间的再塑造，以及建筑构件的制作。

4. ECM 外墙装饰挂板

ECM 外墙装饰挂板产品采用特种轻质硅酸盐材料、活性粒子渗透结晶防水材料等十几种材料经科学配方加工而成，可以塑造很多异型的建筑构件，也可以模仿各种石材、木材、金属板等建筑材料。

5. 生态墙顶技术

使用这种技术，能在建筑外表面上栽花种草，可塑造良好的生态效应和新型的建筑外观。

6. 光伏材料

光伏材料使用太阳能与建筑一体化应用技术，既可利用建筑外表获得清洁能源，又使建筑获得全新的外观。

7. 新光源

新光源包括 LED、光导纤维和发光纤维技术，既节省能源，又为建筑与环境增光添彩。

LED 灯可制成各种灯具和点光源，适宜大面积分布，它消耗电能较少，效果独特。光导纤维可借助一个光源产生众多的发光点，塑造出变化万千的发光效果。

（二）新型或特殊的结构形式

新颖的建筑造型，一般采用新型的或特殊的结构形式以及新材料。

1. 索网结构

例如，哈萨克斯坦的成吉思汗后裔帐篷娱乐中心，就采用了索网结构，以 ETFE 材料做外围护结构。

2. 混合框架 + 核心筒结构

北京怀柔的金雁饭店，采用了混合框架 + 核心筒结构及太阳能幕墙，造型独特，节能环保。

3. 膜结构

膜结构是由多种高强薄膜材料及加强构件（钢架、钢柱或钢索）通过一定的方式使其内部产生一定的预应力以形成某种空间形式，作为覆盖结构，并且能承受一定的外部荷载作用的一种空间结构形式。

4. 异形钢结构

上海光源：圆环建筑，为了钢筋混凝土框排架结构体系，屋盖为异形钢结构屋盖，与混凝土框排架柱的连接为固定铰支座及弹性限位支座，造型由 8 组螺旋上升的钢筋混凝土拱壳面及弧形玻璃条带共同组成。

第三节　建筑的经济性与设计

一、建筑经济性的概念

（一）投入与产出

以最低的成本建造出符合要求的建筑才是最经济的。在建筑设计中融入经济性理念，也就是在进行设计时既要考虑建筑功能上的需要，又要考虑建筑成本的支出。评价一项建筑工程也要综合分析建筑的外观、功能以及成本支出。经济性好的建筑，不是低投入、高消耗的建筑，而是能够合理地支配土地、资金、能源、材料与劳力等建设资源，并在长期的综合比较后能够保持数量、标准和效益三者之间适当平衡且相对经济的建筑；是一种不仅外形美观而且建造、管理以及维修等所有费用都相对合算的建筑；是在建筑投入使用后，不经过新的投资或是投入较少的资金却仍能保证可持续运转的建筑。对了我国这样的发展中国家来说，寻求良好的经济效益是很有必要的。

（二）全寿命过程

从一项建筑工程的计划、设计、建造直到建成后的使用，这些阶段都是前后相继、相互关联的，我们可以将这整个一系列的过程称之为"全寿命过程"。

在前工业社会中，建筑物的费用绝大部分体现在一次建造中。但是，随着科学技术的不断发展，建筑物为满足多种使用功能要求，增添了采暖、通风、照明、电梯等各种设施。这些设施及整个建筑物在建成之后的经常运行及管理中，还要有相当大的费用支出。在能源短缺的形势下，这种经常性的支出往往要高出建筑物一次造价，甚至高出几倍之上。因此，尽量控制和减少建筑物后期运营费用显得特别重要。

为了达到经济的目标而盲目压低造价，忽视建筑物长期使用中的经常消耗，也会使建筑的全寿命费用增加而造成浪费。比如，中华人民共和国成立初期的一些建筑为了节省建筑材料和造价，用减薄砖墙、把双层玻璃改为单层等方法来降低墙体维护结构的厚度，造成维护结构保温性能的不足。这样虽然节省了第一次投资，降低了建筑造价，却会引起经常性采暖能耗的增加，实际上降低了建筑效益。

建筑的经济性不仅要重视节约第一次投资，还要重视交付使用后的能源耗费和经营管理费用开支。建筑师的任务也不仅仅限于研究如何节约一次造价，还要把包括建筑物投入使用以后的长期支出（即全寿命费用）和它产生的收益相比较，一起达到最佳的产品效益。

实践中，建筑师要建立"全寿命过程"经济性理念，全面掌握建筑结构、材料、设施、设备的性质、性能和各项技术指标，以及它们在建筑使用中的重要性、所占投资的比例，结合不同的经济条件和使用目的加以分析、综合，从而提高建筑建造、运营过程的整体经济性。

（三）近期与远期相结合

建筑设计一定要考虑长远利益，只考虑眼前利益而造成建筑需短期内改造和改建的行为会造成巨大的经济损失。当建筑物的用途要求发生改变、原先满足功能要求的建筑可能不再适应新的功能需要时，建筑物长期的经济效益就会有所降低。建筑师要有长远的观点，设计过程中对建筑物所能满足的功能要求以及在将来可能花费的费用等都要充分考虑，既合理布置建筑最初所要满足的使用功能，又要考虑到将来建筑所能适应的使用要求。

（四）综合效益观念

建筑物作为一项物质产品，应当产生经济、社会及环境三方面的效益。这三种效益随着产品性质不同各有所侧重，但每个产品应尽可能地兼顾这三个方面。建筑师要树立综合效益观念，全面地理解建筑经济性的含义。

在与环境、社会两大效益的相互关联中，经济效益起到的是基础性的作用。没有经济效益的建筑，其环境效益、社会效益也无从谈起。反过来，建筑活动只有在有效地塑造出舒适的空间环境、体现出良好社会效益的基础上，才能最终实现其经济效益。随建筑性质的变化，三者之间会各有所侧重，但是任何情况下都要尽可能地兼顾协调这三个方面。不管是为了经济效益而忽视环境和社会效益，还是只从远景和环境效益出发，提出过高的建设要求，使投资者无利可图，都是片面的做法。建筑是应当从社会利益、城市与建筑整体的环境效益、业主投资者的经济利益以及整体的经济效益出发，来进行建筑创作。

建筑设计的经济性目标并不是单纯地指一时一地的高经济回报，而是要重视对环境和生态的保护、对资源的节约使用和再利用等。世界上的可用资源是有限的，我们必须有效合理地分配使用这些资源。片面追求经济的增长，对于自然资源的过度消耗，只会严重损坏人类的生存环境。任何情况下都要强调经济效益、环境效益和社会效益三者的统一。

二、建筑设计过程中的经济性考虑

（一）准确把握建筑总图布局

1. 总图布局中的节约用地

建筑师在设计时，应当充分考虑用地的经济性，尽量采用先进技术和有效措施，寻求建设用地的限制与建筑意向之间的最佳结合点，使场地得到最大限度的利用，使设计得到最有利可图的允许用途。

（1）充分利用地形

为了适应基地形状，充分发挥土地的作用，可采用将建筑错落排列、利用高差丰富空间效果、在建筑群的交通联系上进行精心设计等方法。在用地中，较完整的地段可以布置大型的较集中的建筑组群；在零星的边角地段，可以采用填空补缺的办法，布置小型的、分散的建筑或点式建筑。例如，上海重庆南路中学的总平面图布局中，充分考虑了用地形状，将教学楼体型与用地形状很好地结合，在用地很小的情况下留出了较为完整的运动场地，并保证了教室良好的朝向和通风条件。

对于坡地、地脊等特定的场地来说，更应因地制宜地利用山坡的自然地形条件，根据建设项目的特点进行总体布置，力求充分发挥用地效能。在考虑充分结合地形时，还需综合考虑建筑朝向、通风、地质等条件，尤其是山地丘陵等地质较为复杂的地形，只有在对地质做全面了解之后才能做出合理的总体布局。

坡地地形中，建筑与地形之间不同的布置方式会对造价产生不同的影响。建筑与等高线平行布置，当坡度较缓时，土石方及基础工程均较省；坡度在 10% 以下时，仅需提高勒脚高度，建筑土石方量很小，对整个地形无须进行改造，较为经济；坡度在 10% 以上时，坡度越大，勒脚越高，经济性进一步下降，此时应对坡地进行挖填平整，分层筑台；坡度在 25% 以上时，土石方量、基础以及室外工程量都大大增加，宜采用垂直等高线或与等高线斜交的方式布置。垂直等高线布置的建筑，土石方量较小，通风采光及排水处理较为容易，但与道路的结合较为困难，一般需采用错层处理的方式。与等高线斜交的布置方式，有利根据朝向、通风的要求来调整建筑方位，适应的坡度范围最广，实践中采用得最多。

（2）避开不利的地段

建设项目的选址，必须全面考虑建设地区的自然环境和社会环境，对选址地区的地理、地形、地质、水文、气象等因素进行调查研究，尽量选择对于建筑稳定性有利的场地，不应在危险地段建造建筑（如软弱地基、溶洞或人防、边坡治理难度大的地方等），选择地下水位深、岩石坚硬及粗粒土发育的地段。同时，从环境保护角度出发，应尽量避免产生污染和干扰，统一安排道路、绿化、广场、庭院建筑小品，形成良好的环境空间。

（3）合理规划布局及功能分区

在总平面图布局过程中，要结合用地的环境条件以及工程特点，将建筑物有机地、紧密地、因地制宜地在平面和空间上组织起来，合理完成建筑物的群体配置，使用地得到最有效的利用，提高场地布局的经济性。场地的使用功能要求往往与建筑的功能密不可分。例如，在中小学的总平面图布局中，应充分考虑各类用房的不同使用要求，将教学区、试验区、活动区和后勤区分别设置，避免相互交叉，并保证其使用方便。在进行总平面图设计时，还要考虑长远规划和近期建设的关系，在建设中结合近期使用以及技术经济上的合理性。近期建设的项目布置应力求集中紧凑，同时又有利于远期建设的发展。

（4）合理布置建筑朝向及排列方式

合理布置建筑朝向、间距、排列方式，并使建筑与周围环境、设备设施协调配合，可以有效提高建筑容积率，节约用地。以住宅建筑为例，可以看出建筑朝向及排列方式对建筑用地的影响。

①行列式布置

行列式布置是住宅群布置的最为普通的一种形式，这种布置形式一般都能够为每栋建筑争取好的朝向，且便于铺设管网和布置施工机械设备。但千篇一律的平行布置会形成单调的重复，使空间缺乏变化。比如，在住宅小区的规划设计中，为提高容积率，住区的总平面设计中常会采用较为经济的行列式布局，使住宅具备朝向好、通风畅、节约用地、整体性强等优点。但是如果在建筑层数受到限制的情况下追求过高的容积率，总体的规划设计就会受到较大的限制，难以形成多元化的空间组织关系，小区环境的设计也会受到影响。设计中应兼顾经济效益、社会效益和环境效益，创造出符合现代居住生活和管理模式需要的居住空间来。

另外，适当加大建筑长度可以节约用地，但是平行布置的两排住宅长度不宜过大，应结合院内长、宽、高的空间比例进行考虑，以免形成狭窄的空间。这时可以将住宅错接布置，或利用绿化带适当分隔空间。例如，上海阳光欧洲城四期经济适用房的规划设计中，虽然对容积率的要求不是很高，但是由于经济方面的原因，甲方不允许采用扭转围合、南入口处理等手法来营造多样的空间。设计者为适应住户对舒适、安全、环境等方面日益增高的标准，利用平接、错接的手法组织建筑单元，并创造出空间与平面形态变化流畅的绿地系统，避免了单调的住宅布局。

②自由多样化布置

自由多样化布置使几栋住宅建筑成一定的角度，在节约用地上有明显的优势，并且可以获得较为生动的空间效果。在地势平坦且满足日照通风等条件的情况下，采用相互垂直的布置能够获得大面积的完整、集中的内院，可以用于绿化或作为休息娱乐场所。而且，内院与内院之间通过空间上的处理相互联系，可以产生空间重复和有节奏感的效果。为适应地形，住宅之间也常常会成一定角度斜向布置。这样的布置形式不仅可以与环境协调，结合地形节省土石方，还可以形成两端宽窄不等的空间，避免单调。

成角度的布置方式中，通过适当增加东西向住宅，可使其日照间距与南北向住宅的间距重叠起来，较好地利用地形并节约用地。南方地区应采取相应的措施尽量避免东西向房屋的西晒问题。例如，在南北向布置的条形住宅端头空地中布置一些点式住宅，能够较好地克服西晒并减少长条形建筑对日照通风的阻挡。

③周边式布置

周边式布置是建筑沿街坊或院落周边布置的形式，这种布置形式形成近乎封闭的空间，具有一定的空地面积，便于组织公共绿地和小型休息场地，且有利于街景和商业网点布局，组成的院落也相对比较完整。对于寒冷及多风沙地区，还可阻挡风沙及减少院内积雪，有利节约用地，提高建筑密度，不失为节约用地的一种方案。

在地形较为复杂的情况下，大面积统一采用一种布置方式往往是不容易的。因此，应当根据地形、地貌，结合考虑日照及通风，因地制宜地组织建筑布局。

（5）合理开发地下空间

随着城市的发展，城市内各种用地日趋紧张，地下空间的拓展可以扩大城市的可利用空间，促进城市土地的高效利用，带来巨大的社会效益和环境效益。从节约土地、节约能源和开拓新的空间等角度出发，对于地下空间进行开发利用是一个必然的发展趋势。

地下交通的发展，可以节约大量土地，还具备准时快速、无噪声、节约能源、无污染等优点，并能有效地降低事故率和车祸率。地下空间的开发对城市历史文化的保护也有重要贡献。通过利用地下空间，我们还可以将一些诸如废物处理厂、垃圾焚化炉等影响城市景观的设施，以及产生大量噪声的工厂移到地下，减少地面污染。

经济性是影响地下空间开发利用的主要因素。由于自然环境、空气污染、安全及防火以及施工复杂等方面的问题，地下工程的建筑投资一般为地面相同面积工程建设的 3 ~ 4 倍，最高可达 8 ~ 10 倍。但衡量地下空间利用的经济性应当从社会效益、环境效益、经济效益三方面全面考虑。

2. 总图布局中的环境效益

（1）适宜的建筑容积率与建筑高度

创造良好的建筑环境与建筑上追求商业利润的矛盾在我国比较突出。现在许多大中城市的建筑容积率过高，导致局部环境较差，甚至还会对社会面貌、道路交通以及设备设施等造成不良影响，直接损害社会效益和环境效益。因此，各建设项目对容积率以及建筑高度等应有严格控制，不能只顾眼前或局部利益，也不能脱离实际提出过高的标准，应当坚持适宜的建筑环境要求。

中国的城市用地十分有限，所以垂直化建造是必然的结果。随着城市土地存储量的不断减少，以及建筑技术的飞速发展，高层建筑的建设将是一段时期发展的重要途径和趋势。增加建筑层数可以节约建筑用地，当建筑面积规模一定时，层数越高，建筑物基底所占用地就越少。一般来说，长条形平面房屋层数较少时，增加层数对节约用地所起的作用较为明显。层数的增加，使日照、采光、通风所需的空间随之增大，但总的来说还是节约用地的。

由于建筑层数的增加也会带来造价增高、能源消耗增加、施工复杂及安全隐患等问题，因此，一般来说8层以下的住宅通过降低层高带来的节地效果较好。建筑师在设计中应根据具体情况进行分析，选择合理的层数，使之既能满足人们生活生产的要求，又能达到节约用地的效果。

虽然节约用地是降低成本的有力措施之一，但也不能因为一味地节约用地而对环境造成负面影响。居住小区设计方案的技术经济分析，核心问题是提高土地利用率。在居住小区的规划与设计中，合理地提高容积率是节约用地行之有效的措施，但这是应该以控制建设密度，保证日照、通风、防火、交通安全的基本需要，保证良好的人居环境为前提的。若是设计和组织不当，可能还会造成土地的实际使用效率下降。合理的容积率不仅可以充分利用土地、降低了成本，还有利于可持续发展以及创造良好的人居环境。因此，住宅建筑的总体设计中可以结合以下准则：在不必采用高层楼房就能达到所要求密度的地方，仅从节约资金的角度考虑就不应修建高楼；在为了得到所要求的密度而需要一些高层建筑的地方，高层建筑的数量应保持最小；密度较高时，宁可使用少量的高达20层的高层建筑而不采用大量的中等高度的建筑；紧凑的平面布局有助于把高层建筑的数量保持到最小限度，并且尽量保证最多数量低层建筑，以取得所要求的密度。

（2）合宜的停车场布置

停车场的布置也反映出很大的环境效益问题。随着私家车拥有量的不断增加，在经济发达的城市里如何解决大量的停车位已成为相当严峻的问题。室外集中设置停车场，或在沿街住宅与红线之间设停车位的做法都会对景观造成较差的影响。现在，室外停车场多采用以植草砖铺装，这种场地可以按照1/2的比例计入绿化面积。这样的做法可以消除水泥地面停车场对环境的负面影响，但若将植草砖铺装的停车场地按1/2的比例计入绿化面积，其经济效益显然远远大于环境效益。室内停车方式可以节约土地，环境效益较好，但是造价却相对较高。现在也有一些小区将室内环境较差的底层住宅架空，利用架空层的一侧设车库，另一侧供居民活动或作为自行车停放区。类似的还有利用楼间空地，抬高底层，将其下面用作停车库的做法，也可以充分利用楼间空地面积，提高了土地利用率。

（3）合宜的景观布置

保证一定比例的绿地面积是实现较好的环境效益的基本要求。国外很多国家都建设有标准较高、环境较好的城市绿地，甚至在高层密集的城市中心区也会留有大片的城市绿地。环境效益的好坏又会直接影响项目整体效益的好坏，因此在设计中应当注重建筑与周围环境的关系，力求达到建筑与环境的最佳融合。

建筑设计应当与自然很好地结合，建立可持续发展的建筑观，在策略上、技术上做出合理的控制。在欧洲的许多城市仍然沿用一种小石块铺筑的步行场地道路，就连耗资百亿美元的慕尼黑新机场也是采用此种道路。这种石块铺筑的道路有着坚固、便宜的优点，而且还有小雨时可渗透、不积水、不溅水的特点，和中国历代庭院中采用的鹅卵石墁地相似。只此一项所减少的水泥用量，就对环境保护带来很大的潜在效益。

考虑环境建设的经济性，既要计算一次性建设投资，也要计算建成后的日常运行和管理费用。标准过低或奢华浪费，或是设计好的室外环境工程由于日常运行和管理费用较高而弃之不用，都会造成经济上的浪费，以至于影响整个工程的综合效益。要想实现较好的环境效益，既要充分利用自然环境，又要注意内外环境的一致协调，还要考虑到环境的保持和维护费用，不搞华而不实、脱离实际、维护费用较高、中看不中用的"景观"。

（二）充分发挥建筑空间效益

充分发挥建筑的空间效益，就必须要有合理高效的空间布局，不但要处理好建筑与外部环境的协调关系，还要充分利用空间，达到节约土地资源的目的。空间的高效性，要求建筑的内部功能具有合理清晰的组织，各组成部分之间有方便的联系，采用的形式也要与空间的高效性相符合。在进行空间布局设计时，要将建筑物使用时的方便和效率作为设计的出发点。

1. 空间形态

（1）简单高效的平面形状

平面设计一般要求布局紧凑、功能合理、朝向良好，建筑平面形式规整，外形力求简单、规整，并能提高平面利用系数，力求避免设计转角和凹凸型的建筑外形。建筑物的形状对建筑的造价有显著的影响，一般来说，建筑平面越简单，它的单位造价就越低。在平面设计中，每平方米建筑面积的平均外墙长度是衡量造价的指标之一。墙建筑面积比率越低，设计就会越经济。当一座建筑物的平面又长又窄或者它的外形设计得复杂而不规则时，其建筑周长与建筑面积的比率必将增加，造价也就随之增高。在建筑面积相同的条件下，以单位造价由低到高的顺序排列，选择建筑平面形状的顺序是：正方形、矩形、L形、工字形和复杂不规则形。此外，增加拐角设计也会增加施工的费用。现在，很多建筑为立面新奇有变化，在平面上切角、加圆弧曲线，在立面上凹进、凸出，造成平面不规整，使得折角多、曲线多，导致建筑面积利用率低，空间浪费大，造价也较高。

在平面布局中，采用加大进深、减小面宽的方法可以降低建筑物的周长与建筑面积的比率，节约用地。但是进深与面宽之间也要保持合适的比例，过分窄长的房间会造成使用上的不便。如果每户面宽太小还会产生黑房间，使得部分空间丧失使用功能。以一般的二室户大厅小室普通住宅为例，一梯三户住宅的面宽应在 4.2 ~ 4.8 m，一梯二户住宅面宽应在 5.1 ~ 5.7 m，过大或过小都不合适。进深以 12 m 左右为宜，低于 10 m 的进深就视为不经济。不同的工程项目中，不同的功能、外观、使用方式、造价等设计标准，分别对平面形状的设计过程起不同程度的影响。例如，就造价而言，正方形的平面是最为经济的，但对住宅、学校、医院建筑等对自然采光有较高要求的建筑来说就不适用。一座大型的正方形建筑，在其中心部分的采光设计上必然是要受到较大限制的。对于这些类型的建筑而言，建筑的进深也要受到控制，因为当建筑物的进深增加时，为获得充足的光线有时就需要增加建筑层高，这样建筑造价就会随之增加，节约用地所取得的经济效益也可能会被抵消。因此在设计时，针对不同的实际情况应采取不同的处理措施，设计中要保持各要素之间的平衡，也就是遵循"适用、经济、美观"的原则，经过了综合分析得出理想的方案。

（2）经济美观的建筑外形

在满足使用合理、方便生产的原则下，采用合理的建筑外形，尽量增加场地的有效使用面积，是缩减建设用地、节约投资的有效途径。建筑是科学与艺术的结合，建筑的形式要随功能、环境、材料、构造与技术、社会生活方式以及文化传统等因素而定。形式作为外在的东西，应当是内在建筑要素的外部综合表现，因而它是以其他建筑要素的合理结合为支撑的。形式与内部各要素的完美结合能有效地节约投资，同样可以提高建筑的经济性。

一个完美的建筑，其内容与形式应该是一致的，与内容相脱离的形式不但不美观，而且会造成不必要的浪费。建筑师应当利用现代社会的成就，合理布置功能，将功能的适用作为造型的基本依据，同时也让造型给功能以必要的启示。现在一些设计师在设计时往往从形式出发，形式决定功能，立面决定一切，或是通过运用先进的建筑技术来追求新奇的形式，既不考虑建筑的经济性，也不重视建筑功能。例如，有的建筑为了强调立面通透或虚实对比，将本应封闭的房间开了大窗户，甚至做成玻璃幕墙，而需要自然采光的房间却只有小窗甚至无窗，结果是只好看不好用。这样难免会造成建筑设计一味追求形式、缺乏内涵的状况，设计出来的建筑也很难顾及经济合理性以及与周围环境的协调性。对住宅、学校、厂房等与人民利益密切相关的建筑，适用与经济尤为重要，绝不能一味追求时髦与形式。

当然，追求建筑的经济性并不意味着单调乏味、简陋粗糙，给城市景观造成不良的负面影响。在有限的条件下，通过精心的设计，仍然可以营造出赏心悦目的建筑形态。

2. 空间利用率

（1）功能布局合理

一个合理的平面设计方案，不仅可以节省建筑材料、降低工程造价、节约用地，还可以提高建筑空间的使用效率，发挥建筑空间的最大潜能。

建筑内的交通空间常常也会占据较大的面积，因此交通空间的合理布置也相当重要。有关调查结果表明，一些高层公寓大楼的通道面积与层面积之比高达29%，而研究表明，15%的比例就已经足够了。所以，只有合理地安排交通空间，才能够有效地节约空间，降低了造价。

（2）充分利用空间

应通过空间的充分利用，发挥建筑中每平方米的使用价值，使建筑功能与空间的处理紧密结合。

3. 空间使用灵活性

（1）灵活的功能布局

住宅建筑在我国的建筑总量中占很大比例，住宅的合理设计及使用具有重要的经济性作用。我国家庭发展过程中不断改变的居住需求不能像西方国家一样通过频繁而方便地更换住宅来满足，因此在住宅设计中应当考虑适应不同时期需求的灵活性。未来的居住建筑将向可变性、实用性、开放性的方向发展。可变性住宅中，门、窗、厨、卫、阳台等的设计是统一标准化布置的，其余的则留给居住者自己去完成。这样，居住者就可以根据个人的喜好对住宅的室内空间进行灵活的布置。例如，利用隔断和活动门随意改变住房的整体和内部格局，和利用拆装式家具改变室内布局等，使住宅更符合起居和生活需要。

（2）多功能的空间组织

随着城市化进程的加速，人们对建筑的使用要求也日益变化。为适应经济、社会、环境的新需求，建筑必然要向多功能空间的方向发展，应通过建筑内部各组成部分之间的优化组合，使它们共存于一个完整的系统之中。多功能的系统化组合，可以避免建筑单一功能的局限，创造更为广泛和优越的整体功能。

就目前状况而言，为了节约建筑用地和充分利用建筑空间，具备多种功能的建筑更能满足人们的需要，例如居住建筑中功能齐全、户内灵活隔断的住宅，公共建筑中集文化、娱乐、休息等于一体的多功能建筑，工业建筑中的灵活车间、通用车间、多功能车间等。现在我们经常可以看到地下部分为停车场，底层和裙房布置商店、餐厅、银行和娱乐设施，中层部分为办公用房，上部为公寓、旅馆的多功能大厦。

（3）空间的多功能使用

空间的多功能使用例子有：会议厅、宴会厅、众多小餐厅、展厅的方案，会议厅、舞厅、展厅的方案，室内运动场、集会厅、避难中心等。又比如，人防工程在平时与战时有不同用途，等。

4. 空间舒适性

建筑的适用性原则是不变的，但其内容是发展的。舒适是更高层次上的适用，为满足现代人的心理需要，现代的建筑"适用"性更强调舒适性与愉悦性。随着人们生活水平的提高，人们对建筑使用的舒适性提出了更高的要求，越来越多的建筑开始逐步改善其室内使用环境的舒适度。经济性和舒适的标准有着密切的关系，如果为了降低建筑成本而压缩建筑面积或者降低建筑标准，虽然减少了一时的成本支出，却导致建筑在使用要求上也随之降低，并没有达到设计上的经济要求。我们所提倡的设计经济，是在不降低舒适标准的前提条件下降低了成本。在设计过程中，只有把成本和舒适标准统一起来综合考虑，才能够实现设计上的经济性。同时，在设计中也要考虑建筑在整个寿命期间的舒适标准和成本。

（1）适宜的空间尺度

建筑设计要确保建筑经济性与舒适性的合理结合。空间尺度不宜过大，应以适宜为标准。建筑物的层高在满足建筑使用功能的条件下应尽可能地降低。据有关资料分析,层高每降低 10 cm,可减少投资约 1%,增加建筑面积 1 ~ 3 m2。在不降低卫生标准和功能要求的前提下,降低层高可缩短建筑之间的日照及防火距离,节约用地,还可减少墙体材料用量,降低工程造价和减少能耗,减轻建筑自重,从而有效地降低工程造价。多层住宅房屋前后间距一般大于房屋栋深,有时降低层高可以比单纯地增加层数带来更为有效的节地效果。

降低层高带来的经济效益是显著的,但室内空间高度过低会导致居住的压抑感。因此,降低层高要适度,并可将节约的投资用于扩大面积,因为面积加大、空气量不变,降低层高也不一定会妨碍室内的采光,且降低层高所带来的一些压抑感也会因空间比例的调整带来的宽敞感而有所抵消。在小面积住宅中降低层高之后,可以通过采用以下措施来消除空间压抑感:加大窗户尺寸,采用不到顶的半隔断来扩大视野、减少空间阻塞;尽量减少墙面水平划分,避免采用各种线脚;适当降低窗台以及踢脚线高度;在户内过道或居室进门位置上部设置吊柜,通过空间对比给人以开敞的感觉;改变墙面颜色、室内采用顶灯或壁灯等方法也有助于增加亮度和开阔感,消除压抑感。

(2) 低能耗高舒适度

高舒适度就是健康舒适程度,包括了人体健康所要求的合理的温度(20 ~ 26℃)、湿度(40% ~ 60%RH)、空气质量、光环境质量、噪声环境质量、卫生条件等。要实现这些目标,就必然要增加成本、消耗更多的能源。为节约能源并同时保证健康舒适的居住条件,就必须走高舒适度、低能耗的可持续发展之路。

保证空间的舒适度就要保证良好的热环境、气环境、声环境和光环境等。我国大部分冬冷夏热地区住宅的总体规划和单体设计中,都要尽量做到为住宅的主要空间争取良好朝向,满足冬季的日照要求,充分利用天然能源。这是改善住宅室内热环境最基本的设计,也是最基本的节能措施。对于能源的有效利用有多种考虑,一是减少能源消耗,二是对能源的利用按阶段、有计划地实施,以更有效地利用资源。

(三) 结构选型合理

随着科学技术的迅速发展,结构形式逐渐向"轻型、大跨、空间、薄壁"的方向发展,由一般的梁柱线型结构向板梁合一、板架合一的板型结构和薄壁空间结构过渡,过去广泛采用的梁板结构也逐渐被壳体(薄壳)结构、折板结构、悬索结构、板材结构(单 T 板、双 T 板、空心板)所代替。采用先进的结构形式和轻质高强的建筑材料,对减轻建筑物的自重、提高设计方案的经济性有很大的作用。但是,建筑创作的新概念不能脱离现实,建筑结构的设计要结合建材工业的发展,并对新材料、新设计进行经济分析。选择合理的结构形式,不但能够满足建筑造型及使用功能的要求,还能达到受力的合理完善及造价的经济。

1. 合理的结构体系

结构上的合理性已经不仅仅意味着只需保证结构安全性,人们对结构设计提出了更高层次上的"科学"要求。结构在保证安全可靠的前提下，还要满足受力合理、节约造价的要求。结构的合理性体现的是建筑的内在美，结构受力的科学合理是与建筑的外形美观相一致的。考虑结构与形式间的关系问题，还须结合合理的结构传力系统和传力方式，以符合逻辑的结构形式来表达建筑的美。受力合理一向是结构设计中追求的目标，简洁合理的传力系统可以避免增加不必要的传递构件和附属建筑空间。受力的科学性在很大程度上取决于设计者对结构受力情况的了解。因此，设计者对建筑结构中各部分受力的性质和大小，可能产生的结构组合、效应，结构的特点，以及产生某种效应时起控制作用的结构部位等，都应有系统的概念与了解。

2. 与功能相结合

在建筑的空间围合中，当结构覆盖的空间与建筑实际应用所需的空间趋于一致时，可以大大提高空间的利用率，并且减少照明、供暖、通风、空调等设备方面的负荷。一般常见的长方体空间能够比较容易地与其所采用的承重墙、框架结构等结构形式取得协调，但是对于大体量的建筑空间或是变化丰富的建筑空间来说，结构空间与实际使用空间的充分结合就相对困难。此时就更应当认真考虑空间的形状、大小和组合关系等因素，灵活使用各种建筑结构形式，力求结构空间与使用空间的协调一致。

3. 减少结构体系所占面积

合理的结构体系要求以较少的材料去完成各种功能要求的建筑，在保证安全的前提下尽量减少实体所占面积。我国曾经出现过结构设计中的"肥梁、胖柱、深基础"现象，现在有些钢筋混凝土高层建筑中的用钢量已经超过国外同等高度钢结构的用钢量。如果为满足坚固性而盲目加大构件截面、增加材料用量，就会造成不必要的浪费，不能够达到经济、合理的标准。结构和材料的合理运用是节约空间的有效手段。按照建筑各层荷载的大小，尽可能地减薄墙身、减少结构自重，可节约基础用料。在建筑及结构布置时，应尽量使各种构件的实际荷载接近定型构件的荷载级别，充分发挥材料强度，减少建筑自重。

例如，与钢结构相比，钢筋混凝土结构坚固耐久，强度、刚度较大，便于预制装配，采用工业化方法施工能加快施工速度，能有效地节省钢材和木材，降低成本，提高劳动生产率，具有良好的经济效益。而钢结构自重轻、强度高，用钢结构建造的住宅自重是钢筋混凝土住宅的1/2左右。因此，跨度较小的多层建筑采用钢筋混凝土结构较为经济；当跨度较大时，混凝土结构的自重占承受荷载的比例很高，此时用钢筋混凝土结构就不一定经济了。

钢结构占有面积小，可增加使用面积，满足建筑大开间的需要。高层建筑钢结构的结构占有面积只是同类钢筋混凝土建筑面积的28%。采用钢结构可以增加使用面积4%～8%，实际上增加了建筑物的使用价值，增加了经济效益。与普通混凝土结构相比较，钢结构更能增加使用面积，提高得房率。一般来说，钢结构可以增加8%～12%的使用空间，其建筑面积和使用面积比例可以达到1：9.2左右，而普通结构大约为1：8.5或1：7.5。钢结构的可塑性还可以使室内空间具备更大的灵活性，充分甚至超值发挥空间的利用率。普通砖混结构中，上下层墙体必须相互对应，而钢结构的采用可以使不同的楼层墙体自由组合，可以更为合理地布置空间。由此可见，钢结构对提高综合经济效益的作用是显著的。在采用钢结构时，也应对钢材的形状、厚度、重量和性能数据有所掌握，从而进行合理设计，正确确定构件的形式和截面尺寸，采用了经济的结合方法，节约钢材用量，力求使建筑设计方案满足结构的合理性。

（四）因地制宜选用建筑材料

随着时间的推移，建筑在时间和地域上都有了很大的发展。从最初的使用天然材料搭建房屋，到熟练运用各种构配件建造住所，再发展到由专业人员设计住宅，我们可以看出，建筑的进化演变，是材料、工艺技巧和客观经济条件之间相互作用的结果。科学技术的发展为建筑设计带来前所未有的创新领域，新材料、新工艺、新技术实现了建筑的现代化与形式的多样化，建筑材料逐渐向轻质、高强、多功能、经济与适用的方向发展。建筑的结构形式对建筑经济性有着直接的影响，而建筑材料和建筑技术的发展则直接决定结构形式的发展。

随着可供人们使用的材料范围越来越广，人们对于各种材料性能的了解也更加全面广泛，材料已经越来越能够被人们更加经济地使用。建筑师应当能够根据不同的气候及环境条件，灵活经济地选用建筑材料及设备。选择材料及形式时，应根据建筑的规模、类型、结构、使用要求、施工条件和材料供应等情况，全面综合考虑，选择最适宜的建筑材料。在保证坚固、适用的前提下，注重材料的节约，并尽量利用地方性的轻质、高强、廉价的材料，保证技术上的可能性与经济上的合理性。

经济合理地选择建筑材料和技术，才能既使建筑物达到功能的合理使用，又降低建筑造价。建筑的经济性既可以从对材料更好的开发利用中获得，也可从新型材料的使用中获得，还可以从标准化和材料构配件尺寸的一致上获得，根据不同的实际条件可以采用不同的材料使用方案。

1. 充分发挥材料特性

在材料的选择上，仅考虑其价格是不够的，还应考虑其特性并让其作用充分发挥出来。中国古代建筑使用木结构，通过合理地选择建筑结构及形式，能够将木材的特性发挥到极致。

2. 合理运用新型材料

传统的建筑材料一般体量较大、较沉重，形状及大小多变。由于传统材料缺乏规则性和均匀性，给技术的发展带来一定的阻碍。因此，虽然传统材料本身价格较低，但在使用上却需花费较多的人力和资金。为有效降低建筑工程造价，材料品种范围的扩大和材料的标准化成为迫切的需要。新材料的不断发展显示出其广泛的适应性，它们一般比传统材料更轻、更规则，质地更均匀。新型建筑材料能够适用于更广泛的设计之中，解决更多的设计问题，而且在材料的使用上比传统材料更方便、造价更低。

新型的建筑材料既可以改善建筑的使用功能，便于施工，还能够减少维修费用。使用越灵活、运用范围越广的建筑材料，对建筑成本的限制越小，例如现代建筑中广泛运用的钢材和混凝土；而使用范围越窄的材料，建筑成本也就越高。新型建筑材料的开发促进建筑生产技术的飞速发展，钢索、钢筋混凝土等作为建筑的承重材料，突破了土、木、砖、石等传统材料的局限性，为了实现大跨、高层、悬挑、轻型、耐火、抗震等结构形式提供了可能性。一项工程的建成需要大量的建筑材料，对一般的混合结构来说，如果采用轻质、高强度的建筑材料，建筑自重可减轻 40%～60%，可以节省大量材料及运费，还可以减少建筑用工量、加快建设速度、降低工程造价。

建筑技术的改良和材料的进一步发现和利用，不仅使得建筑设计具备更大的灵活性，而且也可以使材料本身的使用变得更经济。例如，钢筋混凝土作为两种材料的有效结合，充分利用了混凝土的受压性能和钢筋的受拉性能，使材料实现了受压和受拉性能的平衡，但是只有在产生挠度、混凝土裂开时，钢筋才能充分发挥作用。预应力钢筋混凝土是钢筋混凝土的进一步发展，它将材料的被动结合转化为主动结合，具有强度大、自重轻、抗裂性能好等优点。材料性能的高效结合使结构能够更好地控制应力、平衡荷载和减少挠度，可以在许多情况下代替钢结构。预制混凝土构件可以加快施工速度，虽然结构构件较为昂贵，但只要通过精心设计，使其最大限度、最有效地发挥作用，还是经济可行的。预应力平板可以比普通钢筋混凝土平板更薄或者可以达到更大的跨度，因此在跨度较大时使用预应力技术更为经济。

3. 充分运用地方材料

在建筑活动中巧妙地利用当地建筑材料，展现材料真实的特性，不仅可以使建筑具有独特的地方特色，还可大大节省运输量，有效地降低造价。

（五）选择合理的建造方案

不同的工艺要求反映在结构设计中差别很大，不同的施工方法导致截然不同的建筑处理。结构设计时，不但要根据材料的特性进行设计，还要考虑现场施工条件的可能性。

例如，从经济方面比较，采用整体现浇的施工方法，施工费用较大，但是建筑整体性较好；采用预制式装配，施工费用较小，建筑整体性却较差。从构造形式来看，现场浇筑模板的尺寸大小会影响墙面的肌理效果，而且间断施工浇筑会导致不同部位间的连接产生问题；采用预制式装配方式，会出现构件间的连接、搬运吊装、容差裂缝、固定等问题。能否采用合理的构造处理方式，对于建筑的细部以及整体形式效果都有很大的影响。无论是从经济的角度出发，还是从构造形式的角度出发，建筑设计都要综合考虑现场施工的便利性。

例如，大部分钢结构的构配件都是在工厂制作之后运到工地进行安装的。这种工艺对运输、安装设备要求较合理，施工费用较省。但对某些用钢量较大的结构来说，在结构设计中还应注意对构件的合理分段。分段太多则节点材料用量就多，分段太少则会造成主体材料利用率降低，都会降低了结构的经济性。所以，在分段时应根据结构内力的变化，兼顾施工方便，充分利用设备的功能，以尽可能发挥材料的强度。

还有一些大型钢结构建筑采用现场拼焊后整体吊装，或是局部拼焊后大件吊装的施工方法。虽然这种施工方法可以节约不少节点的用钢量，但是因为其场地要求较高，设备复杂、体量较大，如设备重复使用率较低的话往往也是不经济的。因此对于这类结构设计，就需特别处理好钢材的交叉焊缝以及整体起吊吊点、起吊时塔脚支承铰接点等问题。

第八章　建筑内部空间组合设计

第一节　建筑空间组合原则

一、功能分区合理

建筑设计立意构思和建筑的使用功能对建筑空间的组合有着决定性影响，它们不仅对单个使用空间和交通联系空间提出量（大小尺寸）、形（形状）和质（采光、通风、日照等舒适程度）等方面的制约，而且对建筑空间组合也相应提出量、形、质的制约。建筑空间组合往往先以分析使用空间之间的功能关系着手，这种方法通常称"功能分析"法。

目前，功能分区已是进行单体建筑空间组合时首先必须考虑的问题。对于一幢建筑来讲，其功能分区是将组成该建筑的各种空间，按不同的功能要求进行分类，并根据它们之间的密切程度加以划分，使功能既分区明确又联系方便。在分析功能关系时，可用简图表示各类空间的关系和活动顺序。具体进行功能分区时，可从以下几方面着手分析。

（一）使用功能的分类

在针对各种不同的建筑进行设计时，首先，应对这种建筑的使用功能进行归类，使性质相近、特征类似的空间按类型聚集，以便于按顺序进行空间的组合。比如商场可分为营业厅、仓储、行政管理、辅助用房四大类功能；旅馆可分为客房、餐饮、娱乐、商业、行政管理、辅助用房六大类功能；博物馆则可分为陈列、藏品贮藏、行政管理、学术研究、加工、辅助用房六大类功能。分类为下一步按次序组合空间创造了条件。另外，建筑设计可按单元归类，在一些建筑物的各个组成部分相对独立，各独立部分的使用功能基本相同，相互间功能联系甚少，形成一种特定的单元时，应将各种单元归类，便于叠加和拼接。如住宅建筑设计即先分出若干单元，再进行累加和拼连。

（二）空间的主与次

组成建筑物的各类空间，按其使用性质必然有主次之分，在进行空间组合时，这种主从关系也就应恰当地反映在位置、朝向、通风采光、交通联系以及建筑空间构图等方面。就以食堂为例，它包括餐厅、厨房、办公管理三个组成部分，其中餐厅应居于主要部位，其次是厨房，最后才是办公管理，这三者应有明确的划分，互不干扰，但又需有方便的联系。因此在组合时，餐厅应布置在主要位置上，成为建筑构图的中心，并争取最优的朝向，良好的通风采光和富有特色的视野。

另外，分析空间的主次关系时，并不是说次要的、辅助的部分不重要，可以随意安排。相反，只有在次要空间和辅助空间进行妥善配置的前提下，才能保证主要空间充分发挥作用。如居住建筑中，若厨房、浴厕等辅助空间设计不当，必将影响居室的合理使用。同样，如在商业建筑中，尽管营业厅的位置、形状、内部柜架布置等主要功能考虑得很周到，但是若仓库的位置布置不当，亦将大大影响营业厅货源的及时补充，直接关系到销售状况。

（三）空间的"闹"与"静"

按建筑物各组成空间在"闹"与"静"方面所反映的功能特性进行分区，使其既分隔，互不干扰，又有适当的联系。如旅馆建筑中，客房应布置在比较安静隐蔽的部位，而公共活动空间，如餐厅、商店、娱乐用房等则应相对集中地安排在便于接触旅客的显著位置，并和客房有一定的隔离。在具体布局时，可从平面空间上进行划分，亦可从垂直方向进行分隔。

（四）空间联系的"内"与"外"

在民用建筑的各种使用空间中，有的对外联系的功能居于主导地位，而有的对内关系密切一些。所以，在进行功能分区时，应具体分析空间的内外关系，将对外性较强的空间尽量布置在出入口等交通枢纽的附近，对内性较强的空间则力争布置在比较隐蔽的部位，并使其靠近内部交通的区域。

另外，在考虑建筑的使用功能的主次、闹静、内外等方面进行分区时，既可在水平面(同层)进行分区，称为水平分区；也可在垂直面(异层)进行分区，称为垂直分区，以满足关系明确、互不干扰的分区特点。如商业建筑设计时，常将管理用房置于顶层，仓储、车库却布置于地下，使营业厅的有效营业面积增大，增加了商业效益。

二、流线组织明确

各类建筑由于使用性质不同，往往存在着多种流线组织。从流线的组成情况看，有人流、货流之分。从流线的集散情况看，有均匀的、比较集中的。一般建筑的流线组织方式有平面的和立体的。在小型建筑中流线较简单，常采用平面的组织方式；

规模较大、功能要求较复杂的民用建筑，常需综合平面和立体方式组织人流的活动，以利于缩短流程，又使人流互不交叉。如某铁路旅客站，其一层为交通售票、行包作业和部分候车，二层为候车、餐厅、文娱等。除基本站台外，上车均在二楼经高架厅至各站台，下车经地道至出站口，进出站旅客流线组织明确，互不干扰。

在大、中型演出的建筑中，为了达到一定的规模，常设有楼座观众厅，就必然采用平面和立体的方式进行人流路线组织。

医院门诊部建筑，由于每日就诊的病人较多，就诊的时间比较集中，为减少互相感染，对各科室布置和人流组织要尽量避免往返交叉。为防止病人接触感染，门诊部中下列科室应设置单独出入口：一般门诊出入口（供内科、外科、五官科、口腔科及行政办公等使用），为门诊部的主要出入口；儿科出入口；急诊出入口等。规模稍大的门诊部可单独设产科出入口和结核科出入口。

以上仅为出入建筑物的主要活动人流的路线组织状况。实际上，建筑物中的流线活动还常包括次要人流，甚至货物等的流线。就以中型铁路旅客站的流线组织为例，它应满足两方面要求，即使各种流线避免互相交叉、干扰和最大限度地缩短旅客流程距离，避免流线迂回。为此，除将进站流线与出站流线分开外，还应使旅客流线与行包流线分开、职工出入口和旅客出入口分开，其中进站流线应放在首位，因站房内部流线主要是旅客的进站流线。

百货商店建筑中，应组织好顾客、货物和职工三条流线。三者应有各自独用的出入口，其中顾客出入口应布置在接近行人的位置，货运出入口应布置在背离大街却又方便进出的部位，并不与顾客流线发生交叉。但顾客、商品、售货员三者又必须在营业厅中会聚，且在销售过程中还应考虑随时补充商品的需要。所以，商店中的流线组织又有其独特之处。

三、空间布局紧凑

在对建筑各组成空间进行合理的功能分区和流线组织的前提下，着手空间组合才能为布局紧凑提供基本保证。在进行具体组合时还应尽可能压缩辅助面积。在建筑总面积中包括使用面积（如教学楼中的教室、办公室等，住宅中的居室、厨房等）和辅助面积（如门厅、过道、楼梯及卫生间等）。合理压缩辅助面积，相对说来就增加了建筑的使用面积，使空间组合紧凑。而在辅助面积中，以交通面积占主要比重，所以，在保证使用要求的条件下，缩短交通路线，将有利使空间布局紧凑，具体可以从以下几方面进行。

（一）加大建筑物进深

以城市型住宅为例，纵墙承重的大开间住宅平面类型逐渐减少。由于住宅建筑的经济指标控制较严格，如何发挥每一平方米建筑面积的使用效率，这一问题就更为突出。平面组合时应尽可能加大进深，有助于节约用地和使平面布局紧凑。当前在一般标准的住宅中，小方厅住宅平面形式越来越受欢迎，也就因它除作为交通联系之用，又能兼作用餐、接待等多种功能，充分发挥了面积的使用效率。点式住宅中，围绕垂直交通向四周布置住户的布局方式就能有效地压缩公共交通面积。

（二）增加层数

在不影响功能使用的前提下，适当增加建筑物层数，也有利使空间组合紧凑。如以幼儿园为例，单层建筑对幼儿进行户外活动的确较有利，但平面布局往往过于分散，交通面积较大。适当增加层数，对幼儿活动完全是可以胜任的，这样有利于缩减交通面积，使空间布局紧凑。

（三）利用建筑物尽端布置大空间，缩短过道长度

如在办公楼建筑中利用尽端作会议室，在教学楼建筑中利用尽端布置合班教室等，可缩短过道长度。

四、结构选型合理

结构理论和施工技术水平对建筑空间组合和造型起着决定性的作用。随着科学技术的进步，以及新结构、新材料的发展，建筑业发生巨大的变革。

目前建筑中常用的结构形式不外乎三种类型：墙体承重结构、框架结构和空间结构。一般中、小型民用建筑，如住宅、旅馆、医院等多选择墙体承重结构；大型办公楼、宾馆、商场等多选择框架结构；而大跨度公共建筑，如影剧院、体育馆等多选择空间结构；当然，随科学技术的不断发展，像钢结构、膜结构等一些新型的结构技术也会更加普及。

（一）墙体承重结构

目前国内选用墙体承重的一般民用建筑中，以配合钢筋混凝土梁板系统形成混合结构形式最为普遍。由于梁板经济跨度的制约，这种结构形式仅适用于那些空间不太大、层数不太多的中、小型民用建筑，如住宅及较低档次的中小学、办公楼、医院等以排比空间为主的建筑类型。

这种结构形式的特点是外墙和内墙同时起着支撑上部结构荷载与分隔建筑空间的双重作用。在进行空间组合时，应注意以下几点：（1）结合建筑功能和空间布局的需要确定承重墙布置方式：纵墙承重或横墙承重。并应使承重墙的布置保证墙体有足够的刚度。（2）承重墙的开间、进深尺寸类型应尽量减少，以利于楼板、屋顶的合理布置，结构、构件的规格要统一。（3）上下层承重墙应尽可能对齐，开设门窗洞口的大小应控制在规范规定的限度内。（4）墙体的高、厚比，即自由高度与厚度之比，应在合理的允许范围之内。如半砖厚墙的高度不能超过 3 m，并不能作承重墙考虑等。

（二）框架结构

框架结构是采用钢筋混凝土柱和梁作为承重构件，而分隔室内外空间的围护结构和内部空间分隔墙均不作为承重构件，这种使承重系统与非承重系统明确分工是框架结构的主要特点。这种结构为建筑外貌配置大面积玻璃窗创造了条件。建筑的内部空间组合亦获得较大的灵活性，可根据功能需要将柱、梁等承重结构确定的较大空间，进行二次空间组织，空间可开敞、半开敞或封闭。空间形状亦可随意分隔成折线或曲线形等不规则形状。

近几十年来，由于对建筑层数不断增加的迫切愿望，建筑结构设计也得到了进一步的发展。对高层建筑结构来说，抵抗水平力是很重要的，如筒状抗剪墙和框架结合的筒体结构，其基本目标是增加结构刚度，使整个建筑物形成一个一端固定在地下的空心筒状悬臂构件，以便较好地抵抗水平荷载。外墙柱子趋向于互相靠近（中距1.2m至3m），窗孔较窄，密布的柱子与刚性上、下窗间墙连成一个带孔的刚性筒。这种"筒"的概念以多种形式被应用于近代钢结构和钢筋混凝土结构高层建筑中。其优越性为获得无柱的大空间，给使用者提供了空间自由分隔的最大灵活性。

（三）空间结构

1. 悬索结构

悬索结构主要是充分发挥钢索耐拉的特性，以获得大跨度空间。因为悬索结构体系在荷载作用情况下承受巨大的拉力，要求能承受较大压力的构件与之相平衡。常见的悬索结构有单向、双向和混合三种类型。

2. 空间薄壁结构（薄壳结构）

由于钢筋混凝土具有良好的可塑性，故作为壳体结构的材料是比较理想的。当选择的形状合理时，可获得刚度大、厚度薄的高效能空间薄壁结构，它又具有骨架和屋盖双重作用的优越性，成为大跨度公共建筑广泛采用的一种结构形式。常用的形式有筒壳、折板、波形壳、双曲壳等。巴西圣保罗体育馆，在圆形平面的顶上采用钢筋混凝土折板屋面，顶盖中央为钢筋窗，安装黄色玻璃纤维板。其主厅直径为65m，圆形的平面形式使观众有较好的视线，观众最远视距不大于40m。法国的格勒诺布尔冰球馆，根据设计者意图将薄壳结构进行组合与剪裁，斜向切去短壳的四角而造成巨大的悬挑（大壳挑出44m，小壳挑出33m），这在世界上都是罕见的。为解决这巨大的悬挑，采用了双层薄壳，中空1.3m，它增强了壳体刚度，也使庞大的周边构件得以隐藏其中，从而保持了壳面的平整和完美。

3. 空间网架结构

空间网架结构多采用金属管材制造，能承受较大的纵向弯曲力，用于大跨度公共建筑，具有很大的经济意义。这种结构形式在国内的不少大跨度建筑中亦常采用，因它既可在地面操作，待拼装成整体后再上升就位，减少了空间作业，又可根据平面布置需要，组合成多种形式。此外，还有充气结构体系已在国外的大跨度公共建筑中采用。所谓充气结构，是指充气后的薄膜系统，使它能承受外力，形成骨架或与围护系统相结合的整体。这种结构体系，国内亦已开始研究，并逐步开始尝试和应用。

从以上分析可看出，结构对建筑的空间形成和造型特征起着重大的作用，优秀的建筑设计往往是和良好的结构形式融为一体的。国外大跨度结构的成功实践表明，跳出各类空间结构的基本模式，充分挖掘各类空间结构的内在潜力，才能创造多种多样、别具一格的空间形式。

五、设备布置恰当

在民用建筑的空间组合中，除需要考虑结构技术问题外，还须深入考虑设备技术问题。民用建筑中的设备主要包括上、下水，采暖通风，空气调节，电器照明以及弱电系统等。在进行空间组合时，应考虑以下几方面。

充分考虑设备的要求，使建筑、结构、设备三方面相互协调。如高层旅馆建筑，常将过道的空间降低，上部作为管道水平方向联系之用。而在客房卫生间背部设竖井，作为管道垂直方向联系的空间。

恰当地安排各种设备用房位置，比如采暖用的锅炉房、水泵房，空调用的冷冻机房以及垂直运输设备需要的机房等。在高层建筑中，除在底层和顶层考虑设备层外，还需在适当层位布置设备层，一般相隔20层左右或在上下空间功能变换的层间设置。

某些人流进出频繁或大量集中的公共空间如商场、体育馆、影剧院等，往往需要考虑中央空调系统，由于风道断面大，极易和空间处理及结构布置产生矛盾，应给予足够的重视。

空调房间中的散热器、送风口、回风口以及消防设备如烟感器等的布置，除需要考虑使用要求外，还要与建筑细部装饰处理相配合。同时，还应采取专门的技术措施，以降低设备机房及风管等产生的噪声。对人工照明与电气亦应采取相应的技术措施，以解决防火、设备隔热等问题。

在大量的中、小型民用建筑的空间组合中，对卫生间和设置上、下水的房间，在满足功能要求的同时，应使设备位置尽可能地集中，并使上、下层布置处于同一空间位置上，以利于管道配置。

建筑中的人工照明应满足以下要求：保证一定的照度、选择适当的亮度分布和防止眩光的产生，另外采用了优美的灯具能创造一定的灯光艺术效果。

第二节　建筑空间组合形式

建筑空间组合包括两个方面：平面组合和竖向组合，它们之间相互影响，所以设计时应统一考虑。由单一空间构成的建筑非常少见，更多的还是由不同空间组合而成的建筑，建筑内部空间通过不同的组合方式来满足各种建筑类型的不同功能要求或不同建筑形式要求。

一、毗邻空间的组合关系

两个相邻空间之间的连接关系是建筑空间组合方式的基础，可以分为四种类型。

（一）包含

一个大空间内部包含一个小空间。两者比较容易融合，但小空间不能与外界环境直接产生联系。

（二）相邻

一条公共边界分隔两个空间。这是最常见的类型，两者之间的空间关系可以互相交流，也可以互不关联，这取决于公共边界的表达形式。

活动移门打开使室内外融为一体，闭合则室内空间自成一体。

（三）重叠

两个空间之间有部分区域重叠，其中重叠部分的空间可以为两个空间共享，也可以与其中一个空间合并成为其一部分，还可以自成一体，起到衔接两个空间的作用。

（四）连接

两个空间通过第三方过渡空间产生联系。两个空间的自身特点，如功能、形状、位置等，可以决定过渡空间的地位与形式。

一栋典型的建筑物必定是由若干不同特点、不同功能、不同重要性的内部空间组合而成的，不同性质的内部空间的组合就需要不同的组合方式，进一步可分为平面组合方式和竖向组合方式。

二、建筑空间平面组合的基本方式

（一）集中式组合

集中式组合是指在一个主导性空间周围组织多个空间，其中交通空间所占比例很小的组合方式。如果主导性空间为室内空间，可称为"大厅式"；如果主导性空间为室外空间，则可称为"庭院式"。在集中式空间组合中，流线一般为主导空间服务，或将主导空间作为流线的起始点和终结点。这种空间组合常用影剧院、交通建筑以及某些文化建筑中。

（二）流线式组合

7

这种组合方式中没有主要空间，各个空间都具有自身独立性，并按流线次序先后展开。按照各空间之间的交通联系特点，又可以分为走廊式、串联式和放射式。

1. 走廊式组合

走廊式组合是各使用空间独立设置，互不贯通，用走廊相连。走廊式组合特别适合于学校、医院、宿舍等建筑。走廊式组合又可分为内廊式、外廊式以及连廊式三种。

2. 串联式组合

串联式组合是各个使用空间按照功能要求一个接一个地互相串联，一般需要穿过一个内部使用空间到达另一个使用空间。与走廊式组合不同的是，没有明显的交通空间。这种空间组合节约了交通面积，同时，各空间之间的联系比较紧密，有明确的方向性；缺点是各个空间独立性不够，流线不够灵活。串联式组合较常用于博物馆、展览馆等文化展示建筑。

3. 放射式组合

放射式组合是由一个处中心位置的使用空间通过交通空间呈放射性状态发展到其他空间的组合方式。这种组合方式能最大限度地使内部空间与外部环境相接触，空间之间的流线比较清晰。它与集中式组合的向心型平面的区别就是，放射式组合属于外向型平面，处于中心位置的空间并不一定是主导空间，可能只是过渡缓冲空间。放射式组合较多用于展览馆、宾馆或者对日照要求不高的地区的公寓楼等。

（三）单元式组合

单元式组合是先将若干个关系紧密的内部使用空间组合成独立单元，然后再将这些单元组合成一栋建筑的组合方式。这种组合方式中的各个单元有很强的独立性和私密性，但是单元内部空间的关系密切。单元式组合常用于幼儿园和城市公寓住宅中。其实，在一栋建筑之中并不会只单一地运用一种平面空间组合方式，必定是多种组合方式的综合运用。

三、建筑内部空间竖向组合的基本方式

（一）单层空间组合

单层空间组合形成单层建筑，在竖向设计上，可根据各部分空间高度要求的不同而产生许多变化。单层空间组合具有灵活简便、施工工艺相对简单等特点，但同样由于占地多、对场地要求高等原因，一般用于人流量、货流量大，对外联系密切或用地不是特别紧张的地区的建筑。

（二）多层空间组合

多个空间在竖向上的组合可以分别形成低层、多层、高层建筑。此类竖向组合方式显得比较多样，主要有叠加组合、缩放组合、穿插组合等几种。

1. 叠加组合

此类组合方式主要应做到上下对应、竖向叠加，承重墙（柱）、楼梯间、卫生间等都一一对齐。这是应用最广泛的一种组合方式，教学楼、宿舍、普通公寓楼等都是按这种方式进行组合设计的。

2. 缩放组合

缩放组合设计主要是指上下空间进行错位设计，形成上大下小的倒梯形空间或下大上小的退台空间。此类空间组合在和外部环境的协调处理上较好，容易形成具有特色的建筑空间环境，在山地建筑设计中较为多见。

3. 穿插组合

穿插组合主要是指若干空间由于功能要求不同或设计者希望达到一定的空间环境效果，在竖向组合时，其所处位置及空间高度也就有所不同，这样就形成各空间相互穿插交错的情况。这样的竖向组合在建筑空间设计里是较为常见的，如剧院观众厅、图书馆中庭空间、大型购物商场等大体量空间。

当然，一幢完整的建筑，其内部空间在竖向组合上也是由多种组合方式来实现的，丰富优美的内部空间是设计师设计此类建筑的出发点之一，要完成这样一栋建筑，就应该熟练运用此类方法。

第三节 建筑空间组合设计的处理手法

一、建筑多个空间之间的处理手法

（一）分隔与围透

各个空间的不同特性、不同功能、不同环境效果等的区分归根到底都需要借助分隔来实现，一般可以分为绝对分隔和相对分隔两大类。

1. 绝对分隔

顾名思义，绝对分隔就是指用墙体等实体界面分隔空间。这种分隔手法直观、简单，使得室内空间较安静，私密性好。

同时，实体界面也可以采取半分隔方式，如砌半墙、墙上开窗洞等，这样既界

定了不同的空间，又可满足某些特定需要，避免空间之间的零交流。 7

2. 相对分隔

采用相对分隔来界定空间，又可以称为心理暗示，这种界定方法虽然没有绝对分隔那么直接和明确，但是通过象征性同样也能达到区分两个不同空间的目的，并且比前者更具有艺术性和趣味性。相对分隔可以分为以下几种方法：（1）空间的标高或层高的不同。（2）空间的大小或形状的不同。（3）线形物体的分隔。（4）空间表面材料的色彩与质感的不同。（5）具体实物的分隔，如通过家具、花卉、摆设等具体实物来界定两个空间，这种界定方法具有灵活性和可变性。

更进一步来说，其实空间之间的关系都可以用围和透来概括，不论是内部空间之间，还是内部空间和外部环境之间。刚才讨论过的绝对分隔可以总结为围，相对分隔就可以称为透。"围"的空间使人感觉封闭、沉闷，但它有良好的独立性和私密性，给人一种安全感。"透"的空间则让人心情畅快、通透，但它同样也有不足之处，比如私密性不够。所以，在建筑空间组合中，应该针对建筑类型、空间的实际功能、结构形式、位置朝向来决定是以围为主还是以透为主。

（二）对比与变化

两个相邻空间可以通过呈现出比较明显的差异变化来体现各自的特点，让人从一个空间进入另一个空间时产生强烈的感官刺激变化来获得某种效果。

1. 高低对比

若由低矮空间进入高大空间，通过对比，后者就显得更加雄伟，反之同理。

2. 虚实对比

由相对封闭的围合空间进入到开敞通透的空间，则会使人有豁然开朗的感觉，进一步引申，可表现为明暗的对比。

3. 形状对比

两个空间的形状的对比既可表现为地面轮廓的对比，也可以表现为墙面形式的对比，以此打破空间的单调感。

（三）重复与再现

重复的艺术表现手法是与对比相对的，某种相同形式的空间重复连续出现，可以体现一种韵律感、节奏感和统一感，但运用过多，容易产生单调感与审美疲劳。

重复是再现表现手法中的一种，再现还包括相同形式的空间分散于建筑的不同部位，中间以其他形式的空间相连接，起到强调那些相类似空间的作用。

（四）引导与暗示

虽然一栋复杂的建筑之中包括各种主要空间与交通空间，但是流线还需要一定的引导和暗示才能实现最初的设计走向，比如外露的楼梯、台阶、坡道等很容易暗示竖向空间的存在，引导出竖向的流线，利用顶棚、地面的特殊处理引导人流前进的方向，狭长的交通空间能吸引人流前行，空间之间适时增开门窗洞口能暗示空间的存在等。

（五）衔接与过渡

有时候两个相邻空间如果直接相接，会显得生硬和突兀，或使两者之间模糊不清，这时候就需要用一个过渡空间来交代清楚。

过渡空间本身不具备实际的功能使用要求，所以过渡空间的设置要自然低调，不能太抢镜，也可以结合某些辅助功能如门廊、楼梯等，在不知不觉中起到衔接作用。

（六）延伸与借景

在分隔两个空间时，可以有意识地保持一定的连通关系，这样，空间之间就能渗透产生互相借景的效果，增加空间层次感。具体方法有以下几种：（1）增开门窗洞口，如中国古典园林。（2）运用玻璃隔断，比如现代小住宅设计。（3）绿化水体等元素在两个空间中的连续运用。

二、建筑内部的空间集群——序列

前面对几种空间之间的处理手法进行了说明和分析，但它们基本都是仅仅解决了相邻空间组合的问题，具有自身的独立性和片面性，如果没有一个综合整体的空间序列组织，就不会体现出建筑整体的空间感觉和特点。所以说，要想使建筑内部的空间集群体现出有秩序、有重点、统一完整的特性，就需要在一个空间序列组织中把围透、对比、重复、引导、过渡、延伸等各种单一的处理手法综合运用起来。

空间序列组织主要考虑的就是主要人流的路线，不同使用功能的建筑的内部空间集群的人流路线是不同的。比如展览馆的人流路线就是参观者的参观路线，这个流线就要求展厅之间的排序要流畅和清晰，各个展厅空间需得到强调，其他过渡空间则一带而过。又比如剧院的人流路线就是观众的进出场路线，由于一个剧院中的各个演出厅之间的关系不大，只需相应的人流能便捷地到达相应演出厅，这时的空间序列组织只需要重点考虑入口大厅到达某一演出厅的流线，演出厅之间的流线可以不用强调。一般来说，沿着主要人流相应展开的空间序列都会经历引导、起伏、压抑、高潮等过程，最主要的就是高潮部分，不然整个空间序列就会显得没有中心和松散。要想突出高潮部分，就要综合运用前述各种方法。

第四节　建筑空间组合设计的方法步骤

　　建筑空间组合是一项综合性工作，不仅要考虑全局，也应照顾到局部和细节，需要设计者耐心地加以推敲分析，才能达到令人满意的效果。

一、基地功能分区

　　要满足建筑功能布局的合理性，不但要从建筑自身的特性出发，还要做到与周边环境协调一致，与基地的功能分区相对应。

（一）划分功能区块

　　依照不同的功能要求，可将基地的建筑和场地划分成若干功能区块。

（二）明确各功能区块之间的相互联系

　　用不同线宽、线形的线条，加上箭头，表示各功能区块之间联系的紧密程度和主要联系方向。

（三）选择基地出入口位置与数量

　　根据功能分区、防火疏散要求、周围道路情况以及城市规划的其他要求，选择出入口位置与数量。这种选择和建筑出入口的安排是紧密相关的。

（四）确定各功能区块在基地上的位置

　　根据各功能区块自身的使用要求，结合基地条件（形状、地形、地物等）和出入口位置，可以先大体确定各功能区块的位置。

二、基地总体布局

　　基地总体布局的任务是确定基地范围内建筑、道路、绿化、硬地以及建筑小品的位置，它对单体建筑的空间组合具有重要的制约作用，通常应考虑以下几方面因素以及"场地设计与总图布置"的内容。

1. 各功能区块面积的估算

各功能区块都应根据设计任务书的要求和自身的使用要求采取套面积定额或在

地形图上试排的方法，估算出占地面积的大小并确定其位置与形状，一般先安排好占地面积大、对场地条件要求严格（如日照、消防、卫生等）的功能区块。

2. 安排基地内的道路系统

道路系统包括车行系统（含消防车）和人行系统两大部分。道路系统的布置既要处理与基地周边道路的关系，又要满足基地内车流、人流的组织以及道路自身的技术要求。

3. 明确基地总体布局对单体建筑空间组合的基本要求

建筑空间组合设计应当充分考虑基地的大小、形状，建筑的层数、高度、朝向以及建筑出入口的大体位置等，找出有利因素和不利因素，寻求最佳的组合方案。最后，在进行单体建筑空间组合的过程中，也需要再次对基地的总体布局做适当修改。

三、建筑的功能分析

1. 建筑功能分析的内容

建筑功能分析包括各使用空间的功能要求以及各使用空间的功能关系。

使用空间的功能要求包括朝向、采光、通风、防震、隔声、私密性及联系等。

各使用空间的功能关系包括使用顺序、主次关系、内外关系、分隔和联系的关系、闹与静的关系等。

2. 建筑功能分析的方法

现代建筑设计理论发展到今天，对于建筑功能分析的手段和方法已比较多样化，有矩阵图分析法、框图分析法等。

框图分析法是将建筑的各使用空间用方框或圆圈表示（面积不必按比例，但应显示其重要性和大小），再用不同的线形、线宽加上箭头表示出联系的性质、频繁程度和方向。此外，还可在框图内加上图例和色彩，表示出闹静、内外、分隔等要求。

对使用空间很多、功能复杂的建筑，建筑的功能分析应由粗到细逐步进行。首先，可将一幢建筑的所有使用空间划分为几个大的功能组团（也称功能分区）。

每个功能组团由若干个有密切联系、为同一功能服务的使用空间组成，并具有相对的独立性。按照上述方法，对这些功能组团进行功能分析，并布置在一定的建筑区域内，便形成了建筑的功能分区。然后，再在各功能组团中进行功能分析，确定对每个使用空间的布置。这种功能分析，是一个从无序到有序，不断深化、不断调整的过程。对更复杂的建筑，往往还要进行多级的功能分析。

3. 建筑功能分析的综合研究

建筑的功能往往很复杂，相互之间存在很多矛盾。建筑空间组合应根据不同的建筑类型和所处的具体条件，抓住主要矛盾进行综合研究，以确定每个使用空间的相对位置。

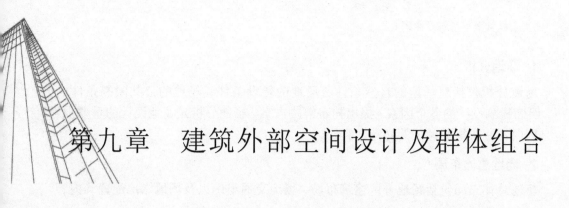

第九章　建筑外部空间设计及群体组合

第一节　建筑场地设计

一、场地设计的概念

建筑设计中涉及的外界因素范围很大，从气候、地域、日照、风向到基地面积、地貌以及周边环境、道路交通等各个方面。关注建筑总体环境，综合分析内部外部等综合因素，进而进行场地设计，是建筑设计工作的重要环节。

场地设计的概念在国外早已被普遍接受，这与国外严格的城市规划管理紧密相连。近年来随着我国城市规划方面不断发展并和国际接轨的要求，特别是 20 世纪末开始实施的国家注册建筑师考试制度，场地设计在国内受到普遍的重视，各大专院校建筑学专业也相继把场地设计作为专门课程独立开设。

场地设计是对工程项目所占用地范围内，以城市规划为依据，以工程的全部需求为准则，根据建设项目的组成内容及使用功能要求，结合场地自然条件和建设条件，对整个场地空间进行有序与可行的组合，综合确定建筑物、构筑物及场地各组成要素之间的空间关系，合理解决建筑空间组合、道路交通组织、绿化景观布置、土方平衡、管线综合等问题。使建设项目各项内容或者设施有机地组成功能协调的一个整体，并与周边环境和地形相协调，形成场地总体布局设计方案。这意味它是一个整合概念，是将场地中各种设施进行主次分明、去留有度、各得其所的统一筹划，由此可见，它是建筑设计理念的拓宽与更新，更是不可或缺的设计环节。

随着设计体制的改革，我国建筑市场与国际市场接轨，场地设计这一课题越来越具有了积极的现实意义。此外，随着我国经济的健康发展，社会对城镇空间品质的要求越来越高，场地设计在城镇建设过程中将起到不可替代的作用。

二、场地设计的内容

场地设计总体来说包括以下内容。

1. 场地分析

场地分析包括对场地的自然条件、场地的建设条件、场地的公共限制条件的分析，明确影响设计的各个因素，提出初步解决方案。场地分析是场地设计的重要内容，也是国内外注册执业考试的必考内容。

2. 场地总体布局

场地总体布局包括场地分区建筑布局、场地交通组织以及场地绿地配置等内容。

3. 竖向设计

竖向设计包括平坦场地的竖向布置、坡地场地的竖向布置、场地排雨水土方量计算等内容。

4. 道路设计

道路设计包括场地道路布置、停车设施布置等内容。

5. 绿化设计

绿化设计包括绿化布置、绿化种植设计及环境景观设施等内容。

6. 管线综合

管线综合包括场地管线的综合布置等内容。

三、场地布置的要求

以下是国家规范条文对于一些常见的建筑场地布置的具体设计要求。

1.《民用建筑设计通则》

（1）基地应与道路红线相连接，否则应设通路与道路红线相连接。（2）基地如有滑坡、洪水淹没或海潮侵袭可能时，应有安全防护措施。（3）建筑物与相邻基地边界线之间应按建筑防火和消防等要求留出空地或通路。（4）建筑物高度不应影响邻地建筑物的最低日照要求。（5）大型、特大型的文化娱乐、商业服务、体育、交通等人员密集建筑的基地，应符合如下规定：①基地应至少一面直接临接城市道路，该城市道路应有足够的宽度，以保证人员疏散时不影响城市正常交通。②基地沿城市道路的长度应按建筑规模或疏散人数确定，并至少不小于基地周长的1/6。③基地应至少有两个以上不同方向通向城市道路的（包括以通路连接的）出口。④基地或建筑物的主要出入口，应避免直对城市主要干道的交叉口。⑤建筑物主要出入口前应有供人员集散用的空地。⑥根据噪声源的位置、方向和强度，应在建筑功能分区、道路布置、建筑朝向、距离及地形、绿化和建筑物的屏障作用等方面采取综合措施，以防止或减少环境噪声。（6）基地内通路。①基地内应设通路和城市道路相连接，通路应能通达建筑物的各个安全出口及建筑物周围应留的空地。②通路的间距不宜大于160m。③长度超过35m的尽端式车行路应设回车场。供消防车使用的回车场不应小于 12m×12m，大型消防车的回车场不应小于 15 m×15 m。（7）通路宽度：①考虑机动车与自行车共用的通路宽度不应小于 4m，双车道不应小于 7m。②消防车用的通路宽度不应小于 3.50m。③人行通路的宽度不应小于 1.50m。（8）通路与建筑物间距：基地内车行路边缘至相邻有出入口的建筑物的外墙间的距离不应小于 3m。

2.《文化馆建筑设计规范》

（1）功能分区明确，合理组织人流和车辆交通路线，对喧闹与安静的用房应有合理的分区与适当的分隔。（2）基地按使用需要，至少应设两个出入口。当主要出入口紧临主要交通干道时，应按规划部门要求留出缓冲距离。（3）当文化馆基地距医院、住宅及托幼等建筑较近时，馆内噪声较大的观演厅、排练室、游艺室等，应布置在离开上述建筑一定距离的适当位置，并且采取必要的防止干扰措施。（4）舞厅应具有单独开放的条件及直接对外的出入口。

3.《商店建筑设计规范》

（1）大中型商店建筑应有不少于两个面的出入口与城市道路相邻接；或基地应有不小于 1/4 的周边总长度和建筑物不少于两个出入口与一边城市道路相邻接。（2）大中型商店基地内，在建筑物背面或侧面，应设置净宽度不小于 4m 的运输道路。基地内消防车道也可与运输道路结合设置。

4.《电影院建筑设计规范》

（1）电影院基地选择应根据当地城镇建设总体规划，合理布置，并应当符合下列规定：①基地的主要入口应临接城镇道路、广场或空地。②主要入口前道路通行宽度除不应小于安全出口宽度总和外，且中、小型电影院不应小于 8m，大型电影院不应小于 20m，特大型电影院不应小于 25m。③主要入口前的集散空地，中、小型电影院应按每座 0.2m^2 计，大型、特大型电影院除应满足此要求外，且深度不应小于 10m。（2）总平面布置应功能分区明确，人行交通与车行交通、观众流线与内部路线（工艺及管理）明确便捷，互不干扰，并且应符合下列规定：一面临街的电影院，中、小型至少应有另一侧临内院空地或通路，大型、特大型至少应有另两侧临内院空地或通路，其宽度均不应小于 3.5 m。

5.《中小学校建筑设计规范》

（1）运动场地的长轴宜南北向布置，场地应为弹性地面。
（2）风雨操场应离开教学区、靠近室外运动场地布置。
（3）音乐教室、琴房、舞蹈教室应设在不干扰其他教学用房的位置。
（4）两排教室的长边相对时，其间距不应小于 25m。教室的长边和运动场地的间距不应小于 25 m。

6.《托儿所、幼儿园建筑设计规范》

（1）托儿所、幼儿园室外游戏场地应满足下列要求。①必须设置各班专用的室外游戏场地，每班的游戏场地面积不应小于 60m^2，各游戏场地之间宜采取分隔措施。

②应有全园共用的室外游戏场地，其面积不宜小于下式计算值：室外共用游戏场地面积（m²）=180+20（N-1），其中180、20、1为常数，N为班数（乳儿班不计）。（2）托儿所、幼儿园宜有集中绿化用地面积，并严禁种植有毒、带刺的植物。（3）在幼儿安全疏散和经常出入的通道上，不应设有台阶。必要时可设防滑坡道，其坡度不应大于1：12。

7. 《汽车库、修车库、停车场设计防火规范》

（1）汽车库不应与甲、乙类生产厂房、库房以及托儿所、幼儿园、养老院组合建造；当病房楼与汽车库有完全的防火分隔时，病房楼的地下可设置汽车库。为车库服务的附属建筑，可与汽车库、修车库贴邻建造，但是应采用防火墙隔开，并应设置直通室外的安全出口。（2）汽车疏散坡道的宽度不应小于4m，双车道不宜小于7m。（3）两汽车疏散出口之间的间距不应小于10m；两个汽车坡道毗邻设置时应采用防火隔墙隔开。（4）停车场的汽车疏散出口不应少于两个，停车数量不超过50辆的停车场可设一个疏散出口。

8. 《城市用地竖向规划规范》

（1）用地自然坡度小于5%时，宜规划为平坡式；用地自然坡度大于8%时，宜规划为台阶式。（2）挡土墙、护坡与建筑的最小间距应符合下列规定：①居住区内的挡土墙与住宅建筑的间距应满足住宅日照和通风的要求。②高度大于2m的挡土墙和护坡的上缘与建筑间水平距离不应小于3m，其下缘与建筑间的水平距离不应小于2m。③挡土墙和护坡上、下缘距建筑2m，已可以满足布设建筑物散水、排水沟及边缘种植槽的宽度要求；但上缘与建筑物距离还应包括挡土墙顶厚度，种植槽应可种植乔木，至少应有1.2m以上宽度，故要求保证3m。

9. 《高层民用建筑设计防火规范》

（1）高层建筑的底边至少有一个长边或周边长度的1/4且小于一个长边长度，不应布置高度大于5.00m、进深大于4m的裙房，且在此范围内须设有直通室外的楼梯或直通楼梯间的出口。（2）高层建筑的周围应设环形消防车道。当设环形车道有困难时，可沿高层建筑的两个长边设置消防车道。当高层建筑的沿街长度超过150m或总长度超过220m时，应在适中位置设置穿过高层建筑的消防车道。高层建筑应设有连通街道和内院的人行通道，通道之间的距离不宜超过80m。（3）高层建筑的内院或天井，当其短边长度超过24m时，宜设有进入内院或天井的消防车道。（4）消防车道的宽度不应小于4m。消防车道距高层建筑外墙宜大于5m，消防车道上空4m以下范围内不应有障碍物。（5）尽头式消防车道应设有回车道或回车场，回车场不宜小于15m×15m。大型消防车的回车场不宜小于18m×18m。

10. 《建筑设计防火规范》

（1）托儿所、幼儿园及儿童游乐厅等儿童活动场所应独立建造。当须设置在其他建筑内时，宜设置独立的出入口。（2）人员密集的公共场所的室外疏散小巷，其宽度不应小于3m。

11. 《综合医院建筑设计规范》

（1）基地选择应符合下列要求：交通方便，宜面临两条城市道路；环境安静，远离污染源；远离易燃、易爆物品；不应邻近少年儿童活动密集场所。（2）总平面设计应符合下列要求：①功能分区合理，洁污路线清楚，避免或减少交叉感染。②应保证住院部、手术部、功能检查室、内窥镜室、献血室、教学科研用房等处的环境安静。③病房楼应获得最佳朝向。④医院出入口不应少于二处，人员出入口不应兼作尸体和废弃物出口。⑤在门诊部、急诊部入口附近应设车辆停放场地。⑥太平间、病理解剖室、焚毁炉应设于医院隐蔽处，并应与主体建筑有适当隔离。尸体运送路线应避免与出入院路线交叉。（3）职工住宅不得建在医院基地内；如用地毗连，必须分隔，另设出入口。（4）病房的前后间距应满足日照要求，且不宜小于12m：①门诊、急诊、住院应分别设置出入口。②在门诊、急诊和住院主要入口处，必须有机动车停靠的平台及雨棚。比如设坡道时，坡度不得大于1：10。

12. 《旅馆建筑设计规范》

（1）在城镇的基地应至少一面临接城镇道路，其长度应满足基地内组织各功能区的出入口、客货运输、防火疏散及环境卫生等要求。（2）主要出入口必须明显，并能引导旅客直接到达门厅。主要出入口应根据使用要求设置单车道或多车道，入口车道上方宜设雨棚。（3）应合理划分旅馆建筑的功能分区，组织各种出入口，使人流、货流、车流互不交叉。（4）在综合性建筑中，旅馆部分应有单独分区，并有独立的出入口；对外营业的商店、餐厅等不应影响旅馆本身的使用功能。（5）总平面布置应处理好主体建筑与辅助建筑的关系；对于各种设备所产生的噪声和废气应采取措施，避免干扰客房区和邻近建筑。

13. 《城市居住区规划设计规范》

（1）住宅侧面间距，应符合下列规定：条式住宅，多层之间不宜小于6m；高层与各种层数住宅之间不宜小于13m。（2）面街布置的住宅，其出入口应避免直接开向城市道路和居住区级道路。（3）小区内主要道路至少应有两个出入口；居住区内主要道路至少应有两个方向和外围道路相连；机动车道对外出入口间距不应小于150m。沿街建筑物长度超过150m时，应设不小于4m×4m的消防车通道。人行出口间距不宜超过80m，当建筑物长度超过80m时，应当在底层加设人行通道。（4）在居住区内公共活动中心，应设置供残疾人通行的无障碍通道。通行轮椅车的坡道宽度不应小于2.5m，纵坡不应大于2.5%。

第二节　竖向设计

综合考虑地形条件、建筑功能、建筑技术等因素的要求，合理地布置道路，进行地面排水组织，解决场地与建筑之间的竖向关系，对室外场地建筑中不同功能区块做出设计与安排，统称为竖向设计。

竖向设计是为了满足道路交通、场地排水、建筑布置和维护、改善环境景观等方面的综合要求，对自然地形进行利用和改造而进行的，以确定场地坡度和控制高程、平衡土石方量等内容为主的专项技术设计。

在干旱贫水地区，竖向设计应做到使雨水就地渗入地下，或使雨水便于收集储存和利用；在降雨量大、洪涝多发地区，为了减少排放至江、河、湖、海的雨水量，竖向设计可考虑雨水就地收集利用。

一、竖向设计的内容

（1）制订利用与改造地形的方案，合理选择、设计场地的地面形式。（2）确定场地坡度、控制点高程、地面形式。（3）合理利用或排除地面雨水的方案。（4）合理组织场地的土石方工程和防护工程。（5）配合道路设计、环境设计，提出合理的解决方案与要求。

二、竖向设计应满足的要求

（1）合理利用地形地貌，减少土石方、挡土墙、护坡和建筑基础工程量，减少对土壤的冲刷。（2）各项工程建设场地的高程要求和工程管线适宜的埋设深度。（3）场地地面排水及防洪、排涝的要求。（4）车行、人行及无障碍设计的技术要求。（5）场地设计高程与周围相宜的现状高程（如周围的城市道路标高、市政管线接口标高等）及规划控制高程之间，有合理的衔接。（6）建筑物与建筑物之间，建筑物与场地之间（包括建筑散水、硬质和软质场地），建筑物与道路停车场、广场之间有合理的关系。（7）有利于保护和改善建设场地及周围场地的环境景观。

三、场地设计标高的确定

（1）场地设计标高应高于或者等于城市设计防洪、防涝标高；沿海或受洪水泛滥威胁地区，场地设计标高应高于设计洪水位标高 0.5 ~ 1.0m，否则必须采取相应的防洪措施。（2）场地设计标高应高于多年平均地下水位。（3）场地设计标高应高于场地周边道路设计标高，且应比周边道路的最低路段高程高出 0.2m 以上。（4）场地设计标高与建筑物首层地面标高之间的高差应大于 0.15m；在湿陷性黄土地区，易下沉软地基地区应适当加大其高差；在潮湿气候地区，可以将建筑物首层地面架空，使其与地面脱开，在土壤与首层楼面之间做通气孔，并用铁笆防护。

四、场地坡度的确定

（1）基地地面坡度不应小于 0.3%；地面坡度大于 8% 时应分成台地，台地连接处应设挡墙或护坡。各专业规范都明确规定最小地面排水坡度为 0.3%。（2）为了便于组织，用地高程至少比周边道路的最低路段高程高出 0.2m，防止用地成为"洼地"。（3）用地自然坡度小于 5% 时，宜规划为平坡式；用地自然坡度大于 8% 时，宜规划为台阶式。（4）在居住区内的公共活动中心，应当设置供残疾人通行的无障碍通道。通行轮椅车的坡道宽度不应小于 2.5 m，纵坡不应大于 2.5%。（5）当居住区内用地坡度大于 8% 时，应辅以梯步解决竖向交通，并宜在梯步旁附设推行自行车的坡道。（6）当自然地形坡度大于 8% 时，居住区地面连接形式宜选用台地式，台地之间应用挡土墙或护坡连接。（7）场地的地面排水坡度不宜小于 0.2%；坡度小于 0.2% 时，宜采用多坡向或特殊措施排水。

五、场地组织形式

1. 平坦地面的组织形式

平坦地面的组织形式是在建筑场地基本平坦，无明显高差变化时，最常采用的是平坡式布置，这时主要考虑的是室外排水组织、室内地坪标高的确定。

2. 台地式组织形式

台地式组织形式适用自然坡度较大，面积较大的场地，是山地建筑常见的组织形式，通过几个不同标高的建筑场地平面分割场地，同时在连接处设挡土墙、护坡。截水沟等构造措施。

第三节　停车场（库）设计

随着小汽车产业的发展，我国大中城市机动车逐步大规模普及。如何对停车设施进行合理地规划，对车辆停放进行有效的管理，处理停车与运行车辆的动、静态关系，成为场地设计的重要内容。

在大型公共建筑设计中，停车是场地设计的重要因素，一般包括了机动车和自行车停车。最常见的是布置在建筑物入口附近，有时考虑到人车分流和建筑立面的需要，布置在一侧或后方。在近年建设的大型住宅小区及公共建筑综合体中多采用地下停车的方式。

停车场设计中最需考虑的因素之一是场地以及与场地有关的条件。行人和车辆的入口处是使停车建筑内部和外部循环起来的关键；而诸如地形因素，在设置多层入口通道以及根据停车建筑占地选用适当的循环系统时都很有用；此外，场地分布条件如障碍物和建筑间距也是影响停车场地（库）占地的因素。

一、停车库的分类

停车库的分类包括按形式分类和按防火类别分类，其内容分别如表 9-1 和表 9-2 所示。

表 9-1 形式分类

类别	按建筑形式分类	按使用性质分类	按运输方式分类
内容	单建式车库	公共车库	坡道式车库
	附建式车库	专用车库	机械化车库
		储备车库	

表 9-2 防火分类

名称类别	I	II	III	IV
汽车库	≥ 300 辆	151 ~ 300 辆	51 ~ 150 辆	≤ 50 辆
修车库	≥ 15 车位	6 ~ 15 车位	3 ~ 5 车位	≤ 2 车位
停车场	≥ 400 辆	251 ~ 400 辆	101 ~ 250 辆	≤ 100 辆

二、防火间距

停车库的防火间距如表 9-3 所示。

表 9-3 车库的防火间距（单位：m）

车库名称	汽车库、修车库、厂房、库房、民用建筑耐火等级		
	一、二级	三级	四级
汽车库	10	12	14
修车库	12	14	16
停车场	6	8	10

三、停车配建指标

公共建筑附近停车场的停车泊位数量，主要取决该公共建筑的使用功能、建筑面积、客流量等，和公共建筑所处区位、服务对象等也有直接关系。目前，国内尚无有关停车位配建指标的统一规定，设计时应当满足当地规划、交通等主管部门的规定，或根据项目的具体情况，并且参照表 9-4 所列出的有关建议指标予以确定。

表 9-4 停车配建指标

类别	单位	停车位数 / 个
旅馆	每客房	0.08 ～ 0.20
办公楼	每 100m²	0.25 ～ 0.40
商业点	每 100m²	0.30 ～ 0.40
住宅	每户	0.50
医院	每 100m²	0.20
游览点	每 100m²	0.05 ～ 0.12
展览馆	每 100m²	0.20
体育馆	每 100 座位	1.00 ～ 2.50

四、停车场出入口设计要求

一般情况下，出入口设计注意以下要求：（1）可能的话，入口和出口最好安排在停车建筑的转角处，避免与内部循环冲突；出入口宽度不小于 7 m。（2）少于等于 50 辆的停车场可设一个出入口，其宽度采用双车道；50 ～ 300 辆的停车场设两个出入口；大于 300 辆的停车场出入口宜分开设置，两个出入口之间的距离宜大于 20m，其宽度采用了双车道。（3）测定从每个方向来的交通量，以及车辆是否必须穿过另一股交通流才能进入停车场。（4）停车场出入口应符合行车视线要求，并应右转出入车道。（5）特大、大、中型汽车库的库址出入口应设于城市次干道，不应直接与主干道连接。（6）汽车库库址的车辆出入口，距离城市道路的规划红线不应小于 7.5m，并在距出入口边线内 2m 处作视点的 120° 范围内至边线外 7.5 m 以上不应有遮挡视线障碍物。（7）同时应满足《民用建筑设计通则》的要求。

另外，车流量较大的基地（包括出租汽车站、车场等），其通路连接城市道路的位置应符合下列规定：（1）距大中城市主干道交叉口的距离，自道路红线交点量起不应小于 70m（入口和出口要远离街道拐角，以免造成交通瓶颈）。（2）距非道路交叉口的过街人行道（包括引道、引桥和地铁出入口）最边缘线不应小于 5m。（3）距公共交通站台边缘不应小于 10m。（4）距公园、学校、儿童以及残疾人使用建筑的出入口不应小于 20m。（5）当基地通路坡度较大时，应当设缓冲段与城市道路连接。

五、停车位布置

停车位的布置应符合如下规定：（1）停车场车位宜分组布置，每组停车数量不宜超过 50 辆，组与组之间距离不小于 6m。（2）停车场出入口应符合行车视点要求，并应右转出入车道。（3）住宅区内采用了道路一侧停车时，停车带宽度不小于 2.5m，路面宽度不小于 7.5m。（4）停车场坡度不应超过 0.5%，以免车辆发生溜滑。（5）需设置一定比例的残疾人停车位，应有明显指示标志，其位置应靠近建筑物出入口处，残疾人停车位与相邻车位之间应留有轮椅通道，其宽度大于等于 1.2m。

六、车辆停放方式

（1）平行式是一种车辆平行于行车道的停车方式，这种方式方便车辆的驶入驶出，通常适用于路边、狭长场地等位置，是最常见的停车方式。但因为其停车面积较大，所以经济性较差。

（2）垂直式是一种车辆垂直于行车道的停车方式，这是停车场布置中最常用的一种停车方式。其停车面积小，经济合理。

（3）斜列式是一种车辆与行车道成一定角度的停车方式，常见的有30°、45°、60°及倾斜交叉几种形式。由于可通过调整停车角度来控制停车带宽度，所以这种形式对于场地的适应性强。

小客车停车场设计参数详见表9-5，停车场通道最小曲率半径详见表9-6。

表9-5　小客车停车场设计参数

停车方式	平行式	斜列式				垂直式	
		30°	45°	60°			
项目	前进停车	前进停车	前进停车	前进停车	后退停车	前进停车	后退停车
垂直通道方向停车位宽度 /m	2.8	4.2	5.2	5.9	5.9	6.0	6.0
平行通道方向停车带宽度 /m	7.0	4.6	4.0	3.2	3.2	2.8	2.8
通道宽度 /m	4.0	4.0	4.0	5.0	4.5	9.5	6.0
单位停车面积 /m²	33.6	34.7	28.2	26.9	26.1	30.1	25.2

表9-6　停车场通道最小曲率半径

车辆类型	最小曲率半径 /m
微型汽车	7.0
小汽车	7.0
中型汽车	10.5
大型汽车	13.0
铰接车	13.0

七、汽车库坡道

汽车库内当通车道纵向坡度大于10%时，坡道上及下端均应设缓坡。其直线缓坡段的水平长度不应小于3.6m，缓坡坡度应为坡道坡度的1/2；曲线缓坡段的水平长度不应小于2.4m，曲线的半径不应小于20m；缓坡段的中点为坡道原起点或止点。

第四节　外部空间的组合形式及处理方法

一、群体与单体

任何建筑都必然要处在一定的环境之中，并和环境保持着某种联系，环境的好坏对于建筑的影响甚大。古今中外的建筑师都十分注意对于地形及环境的选择和利用，并力求使建筑能够与环境取得有机的联系。

建筑群体是由相互联系的单体建筑组成的有机整体。建筑群体空间是由建筑外部空间单元组合而成，它是一个相互关联的整体，是在相互关联的有机整体中不同物体与人的感觉之间产生的相互关系及变化所反映的整体印象而形成的。建筑群体空间中的文化特性通过建筑外部空间单元以及建筑群体组合中的空间关系体现出来。

一个建筑物的设计一般包括总体设计和单体设计两个方面。外部空间的组合形式的关键在于设计过程中要随时处理好总体与单体之间的矛盾，具体地说就是要处理好总体与单体、外部与内部、体型和平面的互动关系。

1. 总体与单体的互动

总体和单体的设计是互相联系、相辅相成的。总体设计是从全局的观点综合考虑组织室内外空间的各种因素，使得建筑物内在的功能要求与外界的道路、地形、环境、气候以及城市规划等诸因素彼此协调，有机结合。因而，它是全局性的。建筑物的单体设计相对来讲则是局部性的问题，它应在总体环境布局原则的指导下进行设计，并且受到总体环境布局的制约。

因此，设计的构思总是先从总体环境布局入手，根据外界条件，探索布局方案，以求解决全局性的问题，在此基础上再深入研究单体设计中各种空间的组合，同时又不断地与总体环境布局取得协调，并且在单体设计趋于成熟时，最后调整和确定总体环境布置。

2. 外部空间与内部空间的互动

建筑总体环境布局同时还是一个"由外到内"和"由内到外"的互动过程。因为在设计构思中然要考虑的因素是多方面的，但不外乎是内在因素和外在因素这两大类。一般来讲，建筑物使用功能、经济及美观的要求是内在因素；城区规划、周围环境、基地条件等则属于外界因素。

西湖联合中心建筑的基地位于一处陡峭的山地一侧，基地条件对设计具有难度但也具有吸引力。如何处理建筑与基地的关系是本设计重点考虑的问题，平面形状为马蹄形的西湖联合中心建筑以层层叠叠的错层式向联合湖岸方向跌落，这种布局方式将建筑调节成了形式多样的办公空间，它使人们在几乎所有的办公空间内都可以观赏到湖面的景色。该建筑的形状及露台也使得相当数量的周边办公室拥有了开敞的室外空间。

3. 体型研究与平面设计的互动

建筑环境布局还应该是一个体型研究与平面设计互动的过程。因为体型研究本身就是为了调整内外产生的矛盾，矛盾一方面来自地段的特殊要求，从外部影响建筑；另一方面来自建筑内部的功能组织的外部表现。所以，体型研究是综合地研究功能与形式的互动关系，而不仅仅是研究形式问题。

二、外部空间的组合形式及处理手法

建筑外部空间造型的表达是通过点、线、面等一系列形式语言实现的。外部空间的整体造型是这些形式的凝结与汇聚，优秀的外部空间设计是这些形式语言灵活运用的充分体现，因而能否熟练地、恰到好处地运用这些元素将成为建筑外部空间设计成功与否的关键。

人的活动是一个连续性、社会性的过程，不可能在某个室内空间中长期静止，必然要在室内外空间中交替出现。空间的方位、大小、形状、轮廓、虚实、凹凸、色彩、质感、肌理以及组织关系等可感知的表现都会直接影响到人的物质和精神的需求。

空间形态是空间环境的基础，它决定空间的整体效果，对空间环境的塑造起着关键的作用。点、线、面作为建筑外部空间造型的基本构成元素（空间的整体造型就是这些元素的凝结与汇聚），是表达空间的最重要的形式语言。能否恰到好处地运用这些语言，将是外部空间设计成功与否的关键。在建筑外部环境中，限定空间的方法一般为三种：围合、设立及基面变化。

（一）围合

围合就是在外部空间中，利用水平面和垂直面（多为虚面）对空间进行处理。参与围合空间的要素可以是多种多样的，一道墙体、一丛灌木、一排栏杆、灯柱等都可成为围合空间的要素。围合空间的界面的虚实程度对产生的空间是否具有封闭感、形态是否清晰有着很大的决定作用。参与围合的界面越连续，面数越多，产生的空间就越封闭；反之，就越开放。

意大利威尼斯圣马可广场最具代表性，它被誉为欧洲最美的客厅。广场平面呈曲尺形，它是由3个梯形广场组合成的封闭的复合广场，大广场与圣马可教堂北侧面小广场的过渡采用一对石狮和台阶，靠海湾的广场和水面用一对方尖碑作为分划。圣马可广场在满足人们视觉艺术力方面有着巨大的成就，两个小广场采用了梯形，利用透视效果取得适宜的开阔度，四周建筑底层全部采用外廊式的作法，使得外部空间渗透到建筑内部，并形成广场单纯、安定的背景，加强广场的亲切感与和谐美。圣马可广场的空间变化很丰富，两个小广场收放对比给人以美的享受，广场除了举行节日欢庆会外，只供游览与散步，与城市交通无关系。

（二）设立

当在空旷的空间中设置一棵大树、一个柱子、一尊小品等，它们都会占领一定的空间，从而对空间进行限定，这种限定会产生很强的中心意识，在这样的空间环境中，人们会感到四周产生磁场般聚焦的效果。这样的例子很多，公园中的大树、广场中心的喷泉以及供休憩的小桌、椅子等周围都会形成设立的空间，这种空间的特征是中心明确、边缘模糊，但是也不是没有边界（边界决定于人的心理）。

圣马可教堂前面的主广场长175m，东边宽90m，西边宽56m，大广场与靠海湾的小广场之间用一个钟塔作为过渡，高耸的钟楼则是人们视线的焦点，在视觉上起到一个被逐步展开的引导作用。

（三）基面变化

对空间进行限定通常是多种方法的综合运用。通过对空间的多元多层次的限定，丰富多彩的空间效果将会充分体现出来。这将满足空间的不同使用性质、审美特点以及地域特色等千变万化的空间需要，从而使人们生活的外部空间更加舒适、丰富、和谐。

基面的变化也是限定空间的一种简单而又行之有效的设计手法，同一高度的水平面具有一定的连续性，它们所限定的空间是一个统一的整体。当水平基面出现高度的差别变化时，人们会感觉到空间有所不同。基面变化包括基面抬高、基面下沉、倾斜以及纹理、材质、色彩的变化。在地面处理上，依赖不同的材料铺设，将需要的那部分场地从背景中标记出来，这是限定空间的最直接简便的办法。利用基面的质感和色彩的变化可以打破空间的单调感，也可产生划分区域、限定空间的功能。如果欲加强限定空间的程度，可以将其升起或凹入，制造高差使其在边缘产生垂直面，以加强空间与周围地面的区分感。高差可以带来很强的区域感，当需要区别行为区域而又须使视线相互渗透时，运用基面变化是很适宜的。比如，要使人的活动区域不受车辆的干扰，与其设置栏杆来分隔空间，不如在二者之间设几级台阶更有效。当基面存在着较大高差，空间会显得更加生动、丰富，抬高的空间由于视线不能企及显得神秘而崇高，下沉的空间因为可以通过视线俯视其全貌而显得亲切与安定。

1. 水平基面

水平基面常通过材质、图案、色彩等表达方式起到空间的暗示及限定作用，比如铺地的图案变化、色彩的区分都赋予空间不同的意义。

2. 抬高的基面

抬高的基面在空间视觉上比水平基面有更凸显的空间变化和限定。抬高的基面一般用在建筑群中的广场空间，或与建筑物本身进行搭配，在建筑外部水平基面和建筑物之间形成空间上升的过渡。如中国传统建筑中的须弥座，使建筑形象更加突出。

3. 下沉的基面

通过下沉的基面来对空间进行限定。

（四）外部空间的序列

要创造有秩序而丰富的外部空间，就要考虑空间的层次。而运用空间就要有空间导向，有序列，有高潮和过渡。外部空间的序列通常表现为"开门见山"和"曲径通幽"两种。外部空间的序列组织与人流活动密切相关，必须考虑主要人流的路径并兼顾到其他各种人流活动的可能性，由道路、建筑物、庭院、广场、地形、环境等因素从配置关系上形成轴线，从而保证各种人流活动都能看到一连串系统的、连续的视觉形象。

外部空间轴线的设置主要有以下方法：（1）沿着一条轴线向纵深方向逐一展开。（2）沿纵向主轴线和横向副轴线依纵、横向展开。（3）沿纵向主轴线和斜向副轴线同时展开。（4）依迂回、循环式展开。

北京故宫的建筑艺术成就主要表现在外部空间组织和建筑形体的处理上，其中用院落空间的大小、方向、开阖和形状的对比变化成功地烘托与渲染气氛，是其最显著的特点。由大清门到天安门用千步廊构成纵深向狭长庭院，至天安门前则扩展为横向的广场，对比十分强烈，气氛由平和转而激昂，突出了天安门的宏伟。天安门至端门的方形广场狭小而封闭，为过渡性空间，经此至"凹"字形的午门广场，广场前的庭院用低矮的廊庑形成狭长的空间，产生强烈的导向性，同时廊庑平缓的轮廓又反衬了午门形体高大威严。太和门广场呈横向长方形，是太和殿广场的前奏，起着渲染作用。太和殿广场形状略近方形，面积约3万平方米，周绕廊庑，四角建崇楼，气氛庄重，体现天子的威严和皇权的神圣。至乾清门广场，空间体量骤减，寓含空间性质的变化，由此进入内廷区，空间紧凑，气氛宁和，至御花园则又转为半自由式园林空间，从而气氛变为自由、幽静、闲适。这种变化丰富、节奏起伏、首尾呼应的空间有机组合不愧为空间艺术的光辉典范。

形式序列最终是通过视知觉序列得以表现的，是在有机秩序框架的基础上，通过空间之间的关系形成视知觉联想的结果。它不是把空间视为一种静态和不变的东西，也不是把它视为各个部分机械地相加之和，或仅仅是一种距离关系、相位关系等。它与视点的运动有关，并且伴随视知觉活动产生。秩序在这个意义上是一种直接的、共时性组织活动的结果，伴随活动的展开，必定会出现韵律、节奏、平衡、和谐等心理感受。

第五节　环境绿化与建筑小品

一、环境绿化

一个良好的建筑群外部空间组合，必定具有优美的环境绿化，这不仅可以改变城市面貌美化生活，而且在改善气候等方面也具有极其重要的作用。

（一）绿化的作用

环境绿化可以改善气候，对局部地区的气温、湿度、气流都有一定的影响。在一般情况下，夏季树荫下的空气温度比城市裸露地的空气温度低3℃，而在草地上的空气温度比沥青路面上的空气温度低2℃～3℃。夏天1hm²树林每日能蒸腾57t以上的水，所以绿地能提高空气的相对湿度。同时，大片树林可以降低风速，发挥了防火作用，并对城市污染空气起净化作用。

城市绿化可以保护环境，对于防止城市空气污染及水土保持都有一定的作用。绿色植物的叶绿素能利用太阳能吸收二氧化碳，制造氧气。生长茂盛的森林，每公顷每天可以吸收二氧化碳1t，产生氧气0.73t。同时绿色植物对二氧化硫、臭气、氯、氨、乙烯等都具有不同程度的吸收，从而起到净化大气的作用。植物的枝叶能起过滤空气和吸附灰尘的作用。许多植物还能分泌一种具有杀菌作用的挥发性物质，消灭单细胞微生物和细菌。绿化还可降低城市噪声，阔叶乔木树冠能吸收落在树上面的音能26%。高层建筑的街道，没有树木比有树木的人行道噪声高5倍。在夏季树叶茂密时，可降低噪声7dB～9dB，秋季可降低3dB～4dB。

园林绿地对战备、防灾有着重要意义，绿化对空袭目标能起掩蔽作用，并能阻挡炸弹碎片的飞散。稠密的林地，在一定程度上可减低核弹爆炸时所发生的光辐射和冲击波的杀伤作用，还能吸收一部分放射性物质，从而削弱放射性污染的危害。

园林绿地可以美化城市，无论在风景透视、空间组织、色彩和体形对比等方面都可以与城市建筑群互相烘托，反映现代城市欣欣向荣的景象。园林结合生产可为社会创造物质财富。例如北京中山公园贯彻了园林结合生产的方针，园内种植13个树种、80多种药用植物并利用水面养鱼，使公园内春季花开满园，秋季金灿灿的果实累累，既绿化了园林又为社会创造了财富。

（二）绿化布置

绿化必须结合总体布置的要求及各类建筑的特点，并且根据不同地区的气候、土壤条件，从实际出发，因地制宜，充分利用总体组合的特点，选择适应性强、既美观又有经济价值的树种。在绿化标准要求较高的地方，应配置四季有景的树种，从绿化整体上看应有主调，再配置以各种植物加以烘托，其外轮廓可随地形起伏而变化，或随设计构思而或高或低、或直或曲。植物配置时要注意不影响建筑物的自然通风，同时，绿化也是一种很好的遮阳措施，对于朝西的建筑墙面或窗洞，利用绿化的栽植和攀藤可弥补朝向不良的缺陷。

1. 小游园的绿化

小游园绿地是城市绿化布置中不可缺少的部分，一方面它可以弥补城市绿地的不足，另一方面可作为行人短时间的休息场所，特别是早晚供附近居民散步、做操、休息等活动，深受群众欢迎。

一般在绿地内设置一定的铺装路面和少量的建筑小品，如亭廊、花架、坐凳、小水池、小型雕塑、画廊等，不但为游人休息活动创造了较好的条件，也提高了游园的艺术性。

小游园的布局形式应和环境取得协调，一般有如下三种。

(1) 规则式

园地中的道路和绿化布置较规整，基本呈直线段分布。

(2) 自由式

园地中的道路曲折，绿地形状自由。

(3) 混合式

园林的绿地布置采取规则式和自由式相结合的方式。

2. 庭园绿化

一些设置庭园的各类民用建筑，都因庭园的绿化得益不浅，庭园的绿化不仅可以起分隔空间、减少噪声、减弱视线干扰的作用，且给环境增添了大自然的美感，为人们创造了一个安静、舒适的休息场地。

庭园绿化的布置应视庭园的性质、规模以及在建筑环境中所处的地位等诸因素来考虑。

(1) 室内庭园

室内空间一般不大，为创造独特的意境，往往在"通天"的空间内进行绿化景物的布设，一般适宜配置半阴生植物，并需要注意透气与排水，适宜植物的生长。皇后广场大厦休息小园就是利用"通天"进行布景的，光线从"通天"照射在景物上，形成生动宜人的环境气氛。

(2) 小院

借鉴古典民居的传统手法，利用天井或小院空间进行绿化，既满足采光和通风的需要，又能美化环境。小院或天井可以设在厅堂房屋的前后左右，也可设在走廊的端点或转折处，灵活安排，构成对景。小院绿化视天井大小而定，但是一般规模不大，组景应简单，配置绿化要注意对采光和通风的影响，对组景的观赏多半只能从"坐赏"或"对景"考虑，处理手法以框景为多。苏州留园鹤所在墙面上大面积地设置窗洞，并通过它去看五峰轩馆的前院，从而把庭园的外部空间引入室内，使室内外空间相互交融渗透，构成了一幅生动的画面。

广州白云机场贵宾休息小院也是成功的一例，通过落地窗可将小院的自然美渗透到室内空间，也可以到窗外近视小园的风景，给人以亲切舒适的感觉。

（3）庭园

一般规模比小院大，在较大的庭园内也可以设置小院，形成园中有园，但其间应有主有次。主庭的绿化是全园组景的高潮，而且庭园的轮廓不一定由建筑轮廓形成，也可以由石山、院墙、林木、水石等作为内庭的空间界限，组成开阔的景象。日本福冈市植物园的庭园。成组布置了灌木和花草，配置一池水景，添上曲折的带形矮凳，给庭园增添了生气，不但美化了环境，而且给游客休息提供了幽静、宜人的场所，深受欢迎。

（4）庭院

规模比庭园大，范围较广，在院内可成组布置绿化，每组树种、树型、花种、草坪等各异，并可分别配置建筑小品，形成了各有特色的景园。

3. 屋顶绿化

随着建筑的发展，平屋顶形式在各类民用建筑中广泛被采用，它不仅可用来作为"地面"进行绿化，配以建筑小品形成屋顶花园，而且有利于热带建筑的屋顶隔热，调节气候。当然，屋顶绿化也不可避免地给建筑结构带来不利的影响。

屋顶绿化布置一般有如下三种形式。

（1）整片式绿化

即在平屋顶上几乎种满绿化植物，主要起生态功能与供观赏用。这种方式不仅可以美化城市、保护环境、调节气候、养护屋顶，而且还具有良好的屋面隔热效果。重庆的屋顶无土栽培是一种蛭石种植屋面，隔热效果良好，既经济实惠，又是一举多得的绿化形式。

（2）周边式绿化

即沿平屋顶四周修筑绿化花坛，中间的大部分场地做室外活动与休息用。

（3）自由式绿化

即在平屋顶上自由地点饰一些绿色盆栽或花坛，形式多种多样，可高可低，可组团式布局也可点饰相结合，形成既有绿色植被又有活动场地的灵活多变的屋顶花园。

屋顶绿化布置在高层建筑的屋顶，可以增加在高层建筑中工作和生活的人们与大自然接触的机会，并且弥补室外活动场所的不足。奥克兰美术馆屋顶花园和广州东方宾馆屋顶花园都深受人们欢迎。

屋顶绿化也有分布在高低结合的建筑群的低层部分的屋顶上，或利用台阶式建筑的平台来美化和绿化环境。

4. 其他建筑地段的绿化

例如，居住区的绿化，应根据住宅区规划中绿化面积大小和住宅建筑物的层数确定绿化的布置。绿化面积小的，采用行列式种植；绿地较大的，则可成片绿化。处在道路两侧的住宅绿化要求隔离街上的噪声，吸附烟尘，以形成居住区安静卫生的环境，因此应选用高大的乔木，在乔木之间种植灌木。居住区内人为的干扰较大，应选择生命力强、管理简单而又尽可能结合生产的庭荫树、灌木和宿根植物。

在公共建筑地段，绿化树种及体型、色彩均应和建筑物相协调。除栽植一些庭荫树外，还可选多种观花、观果的小乔木和灌木。为装饰建筑物还可以选一些藤本植物，如凌霄、爬墙虎、常青藤等进行垂直绿化。

医院建筑绿化可分为门诊部与住院部绿化。门诊部区域的绿化，主要是为候诊病人创造凉爽舒适的环境，供短时间停留、休息。由于该区域人流集散较多，所以门诊部周围绿化需要选用树冠大、遮阴效果好、病虫害少的乔木树。住院部周围的绿化，则要有助于创造一个空气新鲜、环境安静优美、与外界有良好隔离的环境，可供病员休息、散步。树种可选用中草药和具有杀菌作用的松柏、桉树、肉桂、白皮松、复叶槭等树种，并可以布置花坛，栽植花木，同时栽植管理粗放、病虫害少的果树。

机关、学校建筑绿化，应以生长健壮、病虫害少的乡土树种为主，并结合教学生产选择管理粗放，能收实效的经济植物树种，以增加学生的自然科学知识。

托幼机构绿化，除选用乔木树种外，还可以栽植没有毒性的花木和常绿树，如桂花、白皮松、刺柏、百日红、紫荆、海棠等，还可在游戏场边缘安排生物园地，如菜园、果园、小动物饲养地等，以增加儿童的生物知识。

体育场的绿化，要有利于开展体育活动，宜用生长迅速、健壮、挺拔、树冠整齐的乔木为主，避免选用种子飞扬和运动季节里有大量落花、落果的树木，以免妨碍场地清洁和运动员的正常活动。在需要铺草皮的运动场上，应选用耐修剪、耐践踏、生长期长、叶细密的草类，同一草地一般采用同一种草。

公共厕所、医院的停尸房等，需要隔离和隐蔽性较好，因而建筑物周围种植以枝叶浓密的常绿树为宜，如冬青、女贞、侧柏、珊瑚树之类的植物。

二、建筑小品

所谓建筑小品是指建筑中内部空间与外部空间的某些建筑要素。它是一种功能简明、体量小巧、造型别致且带有意境、富于特色的建筑部件。它们富有艺术感的造型，以及恰如其分的同建筑环境的结合，都可构成一幅幅具有鉴赏价值的画面。例如，形式新颖的指示牌、清爽自动的饮水台、造型别致的垃圾箱、尺度适宜的坐凳、形状各异的花斗、简洁大方的书报亭等，对于它们的艺术处理丰富了外部空间环境。

（一）建筑小品在室外建筑至间组合中的作用

建筑小品虽体量小巧，但在室外建筑空间组合中却占有重要的地位，在建筑布局中，结合建筑的性质及室外空间的构思意境，常借助各种建筑小品来突出表现室外空间构图中的某些重点，起到强调主体建筑的作用。

建筑小品在室外建筑空间组合中虽不是主体，但通常它们均具有一定的功能意义和装饰作用，例如，庭院中的一组仿木坐凳，它不仅可以供人们在散步、游戏之余坐下小憩，同时又是庭院中的一景，丰富了环境。又如小园中的一组花架，在密布的攀藤植物覆盖下，提供了一个幽雅清爽的环境，并给环境增添了生气。

建筑小品在室外建筑空间组合中能起到分隔空间的作用，在室外环境中用上一片墙或敞廊就可以将空间分成两个部分或几个不同的空间，在这片墙上或廊子的一侧，开出景窗，不仅可使各空间的景色互相渗透，而且也增加了空间的层次感。

建筑小品在室外建筑空间组合中，除用组景外，有些本身就是一个独立的观赏对象，具有十分吸引人的鉴赏价值。例如西安半坡村展览馆前面的半坡人雕像，人物造型的历史性充分表达了展览馆的性质，同时雕像本身就是一个很有艺术价值的建筑小品；桂林七星岩拱星门不仅引导人们的游览路线，而且在空间层次的划分上具有明显的功能意义，同时它本身就是园林环境中的一景。

由此可知，建筑小品在群体环境中是个积极的因素，对它们恰当地运用，精心地进行艺术加工，使其更具有使用及观赏价值，将会大大提高群体环境的艺术性。

（二）建筑小品在室外环境中的运用

一个生机盎然的室外环境，必定有各式建筑小品相伴随，而各类性质不同的室外空间中选用的建筑小品，在风格和形式上应有所呼应和协调，在选择小品的种类上要符合设计意境，取其特色，顺其自然，巧其点缀。当然建筑小品的种类是很多的，运用时可按下列三种目的进行选用。

1. 分隔空间的小品

在室外空间组合中起分隔作用的建筑小品，比如各种连廊、各式隔墙和各类门窗洞口等，它们在空间处理上可以把两个相邻的空间既分隔开，又联系起来。借助这些建筑小品形成渗透性的空间，增加了空间的层次感和流动感。例如建筑群体中的连廊，不仅将单体建筑连成整体并可供人们散步和观赏廊两侧的景色。廊应与环境地形相结合，避免僵直呆板，可随形而弯、依势而曲。

各类门窗洞口除分隔空间外，还起到转变静态组景和动态景致的作用，景窗不仅有组景作用而且往往本身就具有欣赏价值，窗花玲珑剔透，隐约可见他景，起到含蓄的造园效果。现代景窗采用钢材、水泥、木质等材料均可获得不同的效果，运用时要根据建筑物的风格与环境差异精心设计。

2. 点缀环境、绿化环境小品

在室外空间的组合中点缀环境和绿化环境的建筑小品，如各式各样的花池和花架，它们是空间组景中不可缺少的点缀品，既美化环境又绿化环境。花池往往随地形、位置环境的不同，有单个的、组合式的，也有的和坐椅结合起来，它们按空间组合意境或有规律地布置在庭院、路旁，或散点式布置，或重点形成景点。造型花钵由钢筋混凝土塑造成型，设计成各种形式，给环境增添了新意。

花架可供植物攀缘和悬挂，又是人们避荫休息之处。花架具有亭、廊的作用，它呈长线布置时既能发挥建筑空间的脉络的作用，又可用来划分空间和增加层次的深度；呈点状布置时，就像亭一样形成观赏点，不仅自身成为一个观赏对象，而且可以在此组织对环境景色的观赏。花架的造型是比较灵活和富于变化的，有双排柱和单排柱，有直线和曲线的布置，有属于建筑一部分的附建式，也可采取独立式。它可以在花丛中，也可以在草坪边。在布置花架时不但要充分发挥它的清新的格调，并要注意它同周围建筑和绿化栽培在风格上的统一。

3. 具有实用价值的小品

在室外空间组合中，具有实用价值的建筑小品较多，坐凳、灯、小桥、垃圾箱、指示牌、饮水台、喷泉等。这些小品本身就可以构成各种不同的观赏点，同时它们还具有某种功能意义，供人们使用。

坐凳是供人们小憩的设施，在街道小游园里、商业步行街中、大小庭园中恰当地设置坐凳，给人们一种亲切感。坐凳多设置在有特色的地段，如临水、沿岸、路旁、林荫树下，花丛中和草坪上，有些不便安排的零散地也可点缀坐凳加以组织，甚至在组景上也可以运用它来分隔空间。坐凳的形式很多，在组景中采取何种造型，主要在于与环境的协调。树荫下的一组混凝土仿木树凳粗犷古朴，在大树下围成一圈的水磨石凳会产生一种强烈的对比，在路旁、花草中的曲线矮栏坐凳自由疏展很有新意，沿岸边的带形矮凳简洁大方。

景灯是空间组合不可缺少的小品之一，它在昼间可以点缀环境参加组景，夜间能充分发挥其指示和引导的作用，丰富与加强夜景气氛，特别是临水景灯衬托着波光倒影，更有一番风味。

景灯的造型不拘一格，但应具有一定的装饰性，并与环境风格基本一致。室外灯由于多是远距离观赏，或主要在于观赏其光的效果，造型可简洁质朴。有时可将同类型灯成组地设置形成重点，作为某一组景的趣味中心，属于局部空间中的灯或重点灯，可处理丰富一些，使之耐人寻味。广州拌溪小岛的灯造型简洁，在绿丛景石陪衬下颇有新意，夜晚指路更觉新鲜。北京香山饭店庭院内的石蹲灯隐身于树丛拐角处，其"方中有圆"的造型，在协调园林造景上别具一格，呼应整个饭店设计的"方"与"圆"的几何形主题，既自然又富有风趣。我国传统庭园和日本庭园中的石灯具有强烈的民族风格，在环境中巧置一灯别有风趣。

小桥汀步在有水面的外部空间处理中，是不可少的小品。桥可联系水面各风景点，联结水路网络，并能点缀水上风光，增加了空间的层次。

水面架桥宜轻快质朴，庭院水面一般较狭窄，水势平静，常选用单跨平桥，在水面上巧铺一片薄拱，或两三片平板相折，配以顽石树景，颇具情趣。荷兰赖斯韦特市某公园内的之字小桥，造型轻盈、简练并富于变化。凡尔赛宫苑中的石砌小桥，造型简洁大方，略高于水面，在庭院中形成小的起伏，颇有新意。

汀步在庭院水体中也被大量采用，并有许多创新。荷兰某公园的水上石质汀步，自然浮在水面，引起人们从水上跨越的浓厚兴趣。

铺地不仅可以划分空间，而且采用不同材料与形式可以获得不同的效果。庭院中的路径不同于一般交通的道路，其功能属于散步休息之用，一般应保证人流疏导，但并不以捷径为准则，小径的曲折迂回与一定的景石、景树、圆凳、池岸相配，对创造雅致的空间与艺术效果起到不可低估的作用。小径铺地的材料有石块、乱石、鹅卵石等，可以铺砌多种形式，颇具自然情趣，形态自由、生动。砖铺地可构成间方、人字、斗纹等图案，方法简单，材料易取。综合使用砖瓦石铺地也是一种普通的方法，俗称"花街铺地"。水泥预制块铺地，式样繁多，它们可以成片铺设，也可以散置在草坪中，可以组合拼花，图样千变万化，具较大的适应性。

除上述这些小品外，还有雕塑等小品，雕塑在外部空间组合中可以体现环境的主题，并颇具鉴赏价值。它们的题材不拘一格，形体可大可小，刻画的形象或自然或抽象，表达的主题有严肃有浪漫，它们在环境中的出现使意境趣味倍增。

第六节 室外场地及道路设计

一、室外场地

在建筑群外部环境设计中，由于各群体建筑使用性质不同，对于外部场地的要求也不相同，由此而形成各式各样的场地。例如公共活动场地，为人们交往、团聚、休息等提供场所；而那些人流大而集中的公共建筑的室外场地，其功能主要是承担人流的集散；居住小区的室外场地，主要供人们散步、休息或为了儿童提供户外活动场所。根据使用要求的不同，室外场地一般可分为下列几种形式。

（一）集散场地

对于交通性建筑如铁路旅客站、客运站以及影剧院、体育馆等公共建筑，因人流量和车流量大而集中，交通组织比较复杂，所以在建筑物前面常常需要较大的场地。

（二）活动场地

活动场地是为人们创造良好的室外生活环境的空间。无论是公共建筑、文化建筑还是居住建筑都应为人们提供休息、公共社交或儿童游戏的空间，而且也给外部空间组合增添多变的色彩。例如日内瓦旧城彼隆古堡小广场是一个非常活泼有趣的街心广场，它位于旧城中心区和商业街过渡地带，是一个在垂直方向上高低错落变化的小广场，宽50m～60m，进深20余米，面积虽不大，但是垂直方向高差在4m以上。车流从广场的一侧通过，这为场地完整、安静提供了优越条件。该设计手法比较新颖，垂直方向通过圆形台阶、平台交错组合来解决人流交通，同时配以不同高度的圆形树池、平台、雕像，变化多端。沿一条陡峭的小街向上，直通旧城中心区山顶，通过圆形大台阶顺势而下，便是商业大街。人们往往喜欢坐在广场平台栏杆坐凳上，俯视商业街上熙熙攘攘的人群和往来如梭的车辆，小憩片刻，别有一番乐趣。又如杭州延安路是繁华的商业街，又是城市主要交通干道，为改善人流和车流的矛盾，采用多功能的商业、文化、游憩步行广场布局形式，将各类商店、饭店、小吃店环绕一个设有水池、绿化小品、坐椅、售货棚的步行广场布置，向西湖一面比较开阔。可将优美风景引入广场增加空间的层次感，同时创造一个具有我国传统商业特色的商业、文化、旅游中心。人们在这个空间里可以购物，品尝各类小吃，选择丰富的娱乐活动，也可以散步和小憩，这种广场既富有生活气息，又具一定的功能作用。

（三）停车场地

停车场地主要包括汽车和自行车停车场。在大型公共建筑中，停车场应结合总体布局进行合理的安排。停车场的位置，一般要求靠近出入口，但要防止影响建筑物前面的交通与美观，因而常设在主体建筑物的一侧或后面。停车场地的大小视停车的数量、种类而定，并应考虑车辆的日晒雨淋及司机休息的问题。

根据我国实际情况，在各类建筑布置中应考虑自行车停放场。它的布置主要考虑使用方便，避免与其他车辆的交叉与干扰，所以多选择顺应人流来向而又靠近建筑物附近的部位。

二、道路设计

道路设计在建筑群体布置中是建筑物同建筑地段，和建筑地段同城镇整体之间联系的纽带。它是人们在建筑环境中活动、交通运输及休息场所不可缺少的重要部分。

建筑群总体的道路设计，首先要满足交通运输功能要求，要为人流、货流提供便捷的线路，而且要有合理宽度使人流及货流获得足够的通行能力。运动场、车站码头交通枢纽等的道路设计，要特别重视人流的集散。商场及旅馆等的道路设计不仅要考虑人流，而且要重视货流的运输，有许多建筑群要特别做好内部的人流、货流的道路安排，如医院建筑的总体布置就要给病员、工作人员、供应线、污染物及尸体的运出等提供分工明确的道路系统。

建筑总体的道路设计，要满足安全防火的要求。要有符合防火要求的消防车道，使所有的建筑在必要时都有消防车可以开达。通过消防车的道路宽度不应小于 3.5m（穿过建筑物时不小于 4m，其净空应有 4m 的高度）。按照消防的要求，建筑群内部道路间距不宜大于 160m。"L"形建筑的总长度超过 220m 时，应设置穿过建筑物的车行道供消防车通过。考虑人流的疏散，连通街道以及建筑物内部院落的人行道，其间距不宜超过 80m。

建筑群体的道路设计，还应满足建筑地段地面水的排除及市政设施管线的安排。根据排水要求，道路必须有不小于 0.3% 的纵向坡度。

建筑群体的道路设计，要同城镇道路网有合理的衔接，要注意减少建筑地段车行道出口通向城市干道的数量，以免增加干道上的交叉点，影响城市的行车速度和交通安全。必要的车行道出口，要注意交叉角度与连接坡度，交叉角度以不小于60°（或不大于120°）为宜。

车行道的宽度，车行道的宽度应保证来往车辆安全和顺利地通行。车行道的大小是以"车道"为单位，决定车道宽度时要考虑车辆间的安全间隔及车辆与人行道间的安全间隔。一般一条车道的宽度为：小汽车3～3.2m，载重汽车和公共汽车3.5～3.7m。为便于提高行车速度和保证交通安全，车道常采用偶数。一般双车道的车行道宽为6.5～7.0m，4车道的车行道宽度为13～14 m。

人行道一般都是布置在道路的两侧，个别的布置在道路的一侧。人行道最好布置在绿带与建筑红线之间，或布置在绿带之间。这样可以减少行人受灰尘的影响，亦保证行人的安全。

人行道宽度是以通过了步行人数的多少为根据的，以步行带作单位。所谓步行带即是一个人朝一个方向行走时所需要的宽度，通常采用0.75m作为一条步行带的宽度。根据若干城市建设的经验，认为人行道宽度（指一边）和道路总宽度之比为1：5～1：7比较合适。

道路交叉口通常为圆弧形，道路转弯半径视车辆种类而定。一般小汽车和三轮车的转弯半径为6m，载重汽车的转弯半径为9m，而公共汽车和重型载重汽车的转弯半径为12m。

在商场、剧院、旅馆、展览馆等高层建筑物的总体布置中，常设置停车场。沿道路或在道路中心线的停车道上停车时有三种形式。

第一种：停车方向与道路相平行，这种方式所占的道路宽度最小，但在一定长度的停车道上，所能停车数量比用其他方法停车要少1/2～2/3。

第二种：停车与道路相垂直，这种方式在一定长度的停车道上，所能停放的车辆为最多，但所占地带的宽度需9 m。

第三种：停车与道路相斜交，这种方式停车，车辆自停车道驶出最为方便。

第七节　山地建筑外部空间设计的特点

一、山地特征

（一）地质

山地的地形起伏多变，地质情况一般都比较复杂，尤其是对不良自然地质现象，如断层、滑坡、崩塌、湿陷、溶洞和地基不均匀沉陷等需加以重视。如果疏忽大意任意布置了建筑物，不仅使建筑物极易发生不同程度的裂缝、沉陷或滑动，危害建筑物的安全使用，甚至会导致建筑物遭受破坏，造成严重的伤亡事故和经济损失。因此，结合建筑场地的工程地质特点，对地形、地貌要认真地进行勘察工作。在进行总平面布置时，要根据不同地形和地质条件决定建筑、绿化、道路的分布，并且针对不同的地基分别布置不同性质、不同层数的建筑物，使得地尽其用。

总平面布置中，如果利用山沟和山脚下边坡地布置建筑物时，要注意防止山洪的冲刷和袭击，做好山洪的调查和防洪排洪的处理。所以，在选择基地时必须慎重研究，取得可靠的水文资料。

（二）气候

山区风向和地区风玫瑰图出入很大，由于地形及温差的影响，而产生局部地方风，这类风主要起着通风的作用。产生地方风的原因，是由于地形地貌不同而使气流改变所形成的，由于地形的影响产生不同风向的变化，对建筑物的通风有显著的影响。

在总平面布置时，应认真分析当地气候的特点，合理布置各类建筑物的朝向和位置。

（三）坡度

山地地形复杂，坡度有缓有急。在总平面布置时，对建筑物的开间、进深、通风、朝向、交通组织等各方面不仅要结合地形，而且要注意尽量减少由于平整场地、修建道路以及各种管网工程的土石方工程量，并且避免过多增加房屋基础的工程量。因此，要根据地形坡度选择合理的布置建筑物的方法及经济适用的场地。

按地形坡度，3% 以下为平坡，3%～10% 为缓坡，10%～25% 为中坡，25%～50% 为陡坡，50% 以上是急陡坡。一般坡度在 3% 以下基本上是平地，建筑物和道路的布置都比较自由。在 3%～10% 的缓坡地上布置建筑物仍不受限制，采用筑台或提高勒脚的方法来处理是较经济的。当坡度再提高时，一般采用错层的方法是较恰当的。错层高度一般应根据地形条件、使用要求以及经济效果等因素综合考虑。

另外，根据建筑布置与地形关系的不同，有平行等高线、垂直等高线或斜交等高线布置方式。平行等高线布置建筑物，适合 35° 以下的坡地。它的优点是道路及阶梯容易处理，基础工程量较省。但当与日照，通风要求朝向不符合时，日照、通风差，如双朝向建筑物的背面房间采光、通风就较差，排水需做处理。垂直等高线布置建筑物，适合 25° 以下的均匀坡地。当建筑物朝向、通风与地形之间有矛盾时，或因地形条件受限制，常采用此法布置建筑物。垂直等高线布置的建筑物，土石方工程量比较少，通风、采光以及排水的处理上也较平行等高线布置的建筑物容易。斜交等高线布置建筑物，排水较好，道路及阶梯容易处理，堡坎及土石方工程量较小，可以根据日照、通风的要求调整建筑物方位，但是不适应复杂多变的地形，房屋基础工程较大，建筑用地面积也较大。

二、山地建筑总体布置

（一）单栋建筑利用地形的手法

单栋建筑在设计中如何利用地势特点，灵活组织建筑内部空间的竖向关系，广大劳动人民和设计人员在建筑实践中创造了很多宝贵的经验和空间处理手法，如筑台、抬高勒脚或掉层、错层、跌落或悬挑、附岩、架空等。综合利用这些手法能使建筑物与地形有机地结合起来，既能节约土石方工程量，缩小基地面积，又能扩大使用面积，满足采光、通风、交通组织以及便利生产和生活等功能要求，妥善解决建筑物与地形等多方面的矛盾。

下面介绍几种利用地形的方法。

1. 不影响建筑平面及上部结构的处理

在坡度不大的条件下，采用抬高勒脚和筑台的方法。用填挖土石方、砌筑勒脚堡坎等手段，来创造一个平整基座。这种处理方法施工比较简单，且不牵动建筑的上部结构。

抬高勒脚法的土石方量最省，在相同的地形坡度条件下，进深愈大，勒脚也愈高；同样在深度不变时，坡度愈大，勒脚也愈高，但勒脚太高是不经济的。所以坡度稍大，如在 10% 以上时，应该采用筑台法。筑台法在条件允许时应以挖方为主，筑台的适应坡度随填挖的比例和建筑进深的大小而变化，如果建筑进深不变，填挖各半坡度可达到 25%，如填 1/3、挖 2/3 时，其坡度可达到 33% 左右，这是较经济的。

2. 灵活组织建筑物内部空间

当修建地段的坡度为陡坡时，为了使建筑物与地形更为有机地结合，并使山地建筑取得经济合理的良好效果，常采用错层的方法来解决。

错层可以在建筑物同一楼层做成不同标高，以适应地形的变化，错层高度一般应根据地形条件、坡度缓急、使用要求以及经济效果等因素综合考虑。最常见的是利用双跑楼梯的两个平台分别作为入口来联系错半层的上下两部分。也可随坡度大小不同，采用三跑、四跑或者不等跑楼梯，做出不同高度的错层处理，以适应山地地形、坡向、坡度起伏等复杂条件，而且在丰富空间效果的同时也体现了山地建筑的特有风格。

当建筑的朝向、通风与地形之间有矛盾，建筑必须垂直等高线布置时，采用以建筑开间或单元为单位顶坡错层，使建筑呈现由上而下跌落的外貌，也是错层处理的一种手法。错层中每段跌落的高差和每段跌落的长度可以随地形坡度大小、地段的条件进行调整。在住宅建筑中，以一个组合单元为单位进行各种错层，通常适用于 10% 以下的缓坡地上。如果不但单元之间错层，在单元内部也进行错层，即以几个开间来错层，它的适应坡度就可达到 25% 左右。

如果错层高度大到一个层高，且岩层整体性较好又无地下水渗出，可以把岩层作为房间或走道的一边侧墙，减少土方工程和堡坎工程量。应特别指出的是这种处理必须特别注意靠岩层墙身的防潮和排水的处理，以免影响房间的正常使用。

3. 利用和争取建筑空间

由于地形的变化复杂，山地建筑的基础工程量比平地建筑的基础工程量要大，为了节约基础工程费用，尽量缩小建筑的基底面积，上部建筑可以向四周扩展，以争取更多的使用空间，最常用的方法有悬挑、架空、吊脚等等。

悬挑是利用挑楼、挑廊、挑楼梯等来争取建筑空间，扩大使用面积，在地形复杂、坡常可采用。

筑物基底部分放在柱子上使底部凌空。架空是将建筑物全部放在柱上使建筑底部完全透空。由于吊脚和架空的基础是点式基础，可以保持原来的自然地貌和良好的绿化环境，还可以避免因破坏地层结构的稳定性而产生，如滑坡、塌方之类的工程事故。同时柱的高度可以根据地形变化调整。因此采用吊脚和架空的手法适应地形坡度范围较广，特别在湿热地区采用这种方法对通风、防湿处理都很有利，从而节约了建筑造价。在我国南方或亚非国家常用这种方式使建筑和自然环境紧密配合，效果很好。

建筑物在利用地形时，要有机地结合地形和道路，组织好建筑物的入口，山地建筑物入口处理非常灵活丰富，可以在底层、上层，也可以在中间任何一层，还可以从几个分层入口。分层入口可以少做或不做楼梯，从而节约建筑面积和造价。

（二）山地建筑群体布置中利用地形的手法

在丘陵和山地进行建设，不仅要研究单栋建筑如何适应地形，而且要从建筑群体布置上解决合理利用地形、少挖土石方、节约用地和节约基建投资同满足各类建筑总体设计的功能使用要求的矛盾。同时也要考虑日照、通风、防火间距及道路网的布置、绿化等技术要求，达到利用山地、坡地、荒地和少占或不占良田好土的目的。因此要根据不同的情况，采取了多种多样的布置方式，从而创造具有独特的山地建筑群风貌和经济合理利用用地的手法。

1. 灵活利用地形起伏变，化采用既集中又分散的布置方式

山地丘陵地区的地形变化复杂，进行建筑布局的方法也是多种多样的。一般认为集中式的布局可以少占土地，管理方便，经济效果也较好。但是遇到复杂多变的地形，其中不可避免地出现不可建用地或不可建用地与可建用地不均匀间隔分布，也就是说可建房屋的用地实际上不可能连成一片，再加上地形高差的悬殊，如果仍采用集中方式布置建筑物，反而会多占良田好土，增加土石方工程量，增加修建堡坎、护坡等费用。因此在设计实践中，既要满足功能使用的要求，又要少占或者不占良田好土，尽可能利用坏地、荒地，采用既集中又分散的布置形式会取得良好的效果。

2. 结合地形特点按不同使用要求合理分区的布置形式

山地丘陵地区结合地形特点，因地制宜，根据建筑总体布局的设计要求，进行

合理分区，使各区建筑在不同的标高地带，用道路将各建筑物有机地联系起来，也是山地建筑总体布局的方法之一。

在山地按不同使用要求合理分区，恰当地结合地形进行总体布置，不仅能满足使用要求，还能创造出具有特点的建筑群。

3. 合理利用群地，组合不同的建筑空间

对于建筑的平面关系，既要求适当展开又要求联系紧凑，由于分散布置或大分散小集中布置不能满足功能和建筑艺术的要求，为解决建筑群要求的特殊性与地形变化之间的矛盾，采取内外空间相融合的层层院落的布置方式是比较成功的。若干院落可以保证建筑群内部各部分之间的相对独立性，而院落的层层相连，又保证了建筑群内部紧密的联系。院落可大可小，基底位置可高可低，层叠的院落可左可右，从而充分利用大小台地，使建筑的基底同变化的地形做到充分的吻合。这种布置形式不仅能够满足功能要求和工程技术经济要求，而且变化的空间艺术构图，增加了建筑艺术的感染力。

合理利用台地组合大小不同的开敞空间，同样也可创造出起伏变化的既有分隔又有联系的建筑空间效果。四川某厂招待所也是一个很好的实例。该招待所选在靠近厂生活区的荒地上，从西往东呈 10% 的坡度，西北是陡岩，东南面是农田，在总体布置时将主楼作南北向垂直等高线错层布置，建筑依山就势，高低错落，形成山地独特的建筑群风格。

综上所述，山地总体布置是一项比较复杂的、综合性的技术设计工作。在实践中应根据具体条件，采取各式各样新的手法，因地制宜，有效地组织建筑空间和丰富建筑造型，创造一个高低错落、重点突出，和山势起伏、绿化掩映配合的生动的、独特的建筑风格。

4. 山地特殊地形的改造与利用

山地进行建设要善于利用各种特殊地形，充分发挥每一地段的效能，这也是总体中值得注意的问题。

（1）对一些较大的冲沟可以用作废土、垃圾的处理场地，有计划地逐步填平。填平后可以布置绿化用地或与周围邻近地段统一安排，成为用地较大的建筑物的庭院或绿地。（2）对于一些坡度较缓、深度较浅的冲沟可以略加整理充分利用，或者完全保留原有地形适当组织建筑物和道路网。如住宅区道路可以沿冲沟边缘修筑，建筑物则建于路边的较高地段，冲沟底部进行绿化，形成住宅群中的扩大庭院。（3）自然形成的或由于采石取土而形成的大片洼地或坡地，由于高差较大，可以根据具体情况，采取少量的工程措施，利用自然坡度或高差，修建体育场或露天剧场。这样可以减少大量土石方，提高土地的利用率。

另外，在山地布置建筑群时，还应考虑地质情况、地基承载力等特点，重荷载的建筑物宜布置在土质均匀、土壤承载力较大的挖方地区内，应避免放在填方或半挖半填的地段，以防出现不均匀下沉。

（三）山地总体设计的其他问题

1. 山地建筑的日照间距

山地建筑在总平面群体布置时，由于地形坡度、坡向和建筑布置形式及朝向的不同，对日照间距有一定的影响。

向阳坡地，当建筑平行等高线布置时，坡度越大，日照间距越小。而背阳坡地，坡度越大，日照间距越大。因此，坡度过陡时，建筑宜斜交或垂直等高线布置，或采取斜列式、交错式，以及长短结合、高低层结合及和点式平面结合等处理手法。

当建筑方位与等高线关系为一定时，向阳坡的建筑以东南或西南向间距最小，南向次之，东西向最大，北向坡则以建筑为南北向时间距最大。另外，当房间朝向为一定时，则日照间距以朝向与坡变相一致为最小。例如南向的房间在南向坡上日照间距最小，在北向坡上日照间距最大。但是实际地形坡度的缓陡变化往往是不规则的。因此，不论向阳坡或背阳坡均应按坡度的变化来确定不同的建筑间距，这样不但符合日照要求，而且节约用地。

2. 道路选择

山地或丘陵地总体规划道路时，应全面考虑在纵横断面上合理地结合自然地形的可能性。一般平行于等高线的道路最平坦，垂直于等高线的线路最陡，如所定的路线与等高线斜交，则该路线沿着较平缓的坡度延伸。

当自然地面的坡度为 5% ~ 6% 时，道路最好与等高线接近平行，使道路有较平缓的坡度。当自然地面坡度为 6% ~ 9% 时，可使主要道路与等高线相交成一个不大的角度，以便其他与主要道路相交叉的道路不致有过大的纵坡。在坡度为 12% 的山坡上规划道路时，可将道路规划成盘旋路那样，道路可以呈较小的坡度上升，为缩短行人的步行距离，可以在道路间敷设阶梯人行道。

道路横断面的选择要因地制宜，灵活处理，避免土石方工程量过大，影响道路造价。为节约土石方量，根据不同地形可以采取不同标高的横断面，即将两个不同行车方向的车行道设置在不同的高度上，其间分别用斜坡和挡土墙隔开，在半山腰修建道路时，人行道也可以单侧布置。

道路纵坡一般控制在 5% 以内，个别困难的地段可以稍大，但最好不超过 7%。在实际工作中，在地形复杂、坡度较大的地带，道路的纵坡往往不能满足 7%。人行道的坡度也不宜过大，以 5% 为宜，坡度在 15% 以上时宜采用梯道，梯级的坡度如达到 50%，要求在一定段落插入平缓的道路作为缓冲，从而减轻行人的疲劳。在主要的梯道上，最好在台阶中间加设坡道以便推行自行车。

参考文献

[1] 海晓凤.绿色建筑工程管理现状及对策分析 [M].长春：东北师范大学出版社，2017.07.

[2] 刘冰.绿色建筑理念下建筑工程管理研究 [M].成都：电子科技大学出版社，2017.12.

[3] 王欣海，曹林同，郝会娟.高职高专"十三五"建筑及工程管理类专业系列规划教材·建筑工程安全技术管理 [M].西安：西安交通大学出版社，2017.09.

[4] 胡成海.建筑工程管理与实务 [M].北京：中国言实出版社，2017.12.

[5] 许韵彤.建筑设计手绘技法 [M].沈阳：辽宁美术出版社，2017.03.

[6] 刘晓平.建筑设计实践导论 [M].沈阳：辽宁科学技术出版社，2017.01.

[7] 曹茂庆.建筑设计构思与表达 [M].北京：中国建材工业出版社，2017.03.

[8] 董莉莉，魏晓.建筑设计原理 [M].武汉：华中科技大学出版社，2017.06.

[9] 朱雷，吴锦绣，陈秋光.建筑设计入门教程 [M].南京：东南大学出版社，2017.12.

[10] 李玉洁.基于 BIM 的建筑工程管理 [M].延吉：延边大学出版社，2018.06.

[11] 杨渝青.建筑工程管理与造价的 BIM 应用研究 [M].长春：东北师范大学出版社，2018.01.

[12] 左红军.2018 全国一级建造师执业资格考试过关必备·建筑工程管理与实务 [M].北京：中国建材工业出版社，2018.01.

[13] 中大网校.建筑工程管理与实务 [M].北京：中国建筑工业出版社，2018.05.

[14] 贾宁，胡伟.建筑设计基础·第 2 版 [M].南京：东南大学出版社，2018.08.

[15] 邹德志，王卓男，王磊.集装箱建筑设计 [M].江苏：江苏凤凰科学技术出版社，2018.08.

[16] 朱国庆.建筑设计基础 [M].长春：吉林大学出版社，2018.06.

[17] 孙文文，耿佃梅，周子良.建筑设计初步 [M].哈尔滨：哈尔滨工程大学出版社，2018.07.

[18] 索玉萍，李扬，王鹏.建筑工程管理与造价审计 [M].长春：吉林科学技术出版社，2019.05.

[19] 于欣波，任丽英.建筑设计与改造 [M].北京：冶金工业出版社，2019.09.

[20] 陈煊，肖相月，游佩玉.建筑设计原理 [M].成都：电子科技大学出版社，2019.12.

[21] 郭屹 . 建筑设计艺术概论 [M]. 徐州：中国矿业大学出版社，2019.05.

[22] 杨龙龙 . 建筑设计原理 [M]. 重庆：重庆大学出版社，2019.08.

[23] 孙兆杰，曹明 . 高校规划建筑设计 [M]. 天津：天津大学出版社，2019.07.

[24] 龙炎飞 . 建筑工程管理与实务百题讲坛 [M]. 北京：中国建材工业出版社，2020.04.

[25] 袁志广，袁国清 . 建筑工程项目管理 [M]. 成都：电子科学技术大学出版社，2020.08.

[26] 赵媛静 . 建筑工程造价管理 [M]. 重庆：重庆大学出版社，2020.08.

[27] 姚亚锋，张蓓 . 建筑工程项目管理 [M]. 北京：北京理工大学出版社，2020.12.

[28] 杜峰，杨凤丽，陈升 . 建筑工程经济与消防管理 [M]. 天津：天津科学技术出版社，2020.05.

[29] 贠禄 . 建筑设计与表达 [M]. 长春：东北师范大学出版社，2020.07.

[30] 张文忠 . 公共建筑设计原理 [M]. 北京：中国建筑工业出版社，2020.08.

[31] 徐燊 . 公寓建筑设计 [M]. 武汉：华中科学技术大学出版社，2020.12.

[32] 何培斌，李秋娜，李益 . 装配式建筑设计与构造 [M]. 北京：北京理工大学出版社，2020.07.

[33] 陈思杰，易书林 . 建筑施工技术与建筑设计研究 [M]. 青岛：中国海洋大学出版社，2020.05.